2025年用
共通テスト
実戦模試

❾ 化学

Z会編集部 編

スマホで自動採点！ 学習診断サイトのご案内

スマホでマークシートを撮影して自動採点。ライバルとの点数の比較や，学習アドバイスももらえる！　本書のオリジナル模試を解いて，下記URL・二次元コードにアクセス！

Z会共通テスト学習診断　検索　　→　二次元コード

https://service.zkai.co.jp/books/k-test/

詳しくは別冊解説の目次ページへ

目次

本書の効果的な利用法	3
共通テストに向けて	4
共通テスト攻略法	
データクリップ	6
傾向と対策	8

模試　第1回

模試　第2回

模試　第3回

模試　第4回

模試　第5回

大学入学共通テスト　2024 本試

大学入学共通テスト　2023 本試

大学入学共通テスト　2022 本試

マークシート …………………………………… 巻末

本書の効果的な利用法

▎本書の特長▎

　本書は，共通テストで高得点をあげるために，過去からの出題形式と内容，最新の情報を徹底分析して作成した実戦模試である。本番では，限られた時間内で解答する力が要求される。本書では時間配分を意識しながら，出題傾向に沿った良質の実戦模試に複数回取り組める。

■ 共通テスト攻略法 ── 情報収集で万全の準備を

　以下を参考にして，共通テストの内容・難易度をしっかり把握し，本番までのスケジュールを立て，余裕をもって本番に臨んでもらいたい。

　データクリップ ➡ 共通テストの出題教科や 2024 年度本試の得点状況を収録。
　傾向と対策 　➡ 過去の出題や最新情報を徹底分析し，来年度に向けての対策を解説。

■ 共通テスト実戦模試の利用法

1. **本番に備える**
　本番を想定して取り組むことが大切である。時間配分を意識して取り組み，自分の実力を確認しよう。巻末のマークシートを活用して，記入の仕方もしっかり練習しておきたい。

2. **「今」勉強している全国の受験生と高め合う**
　『学習診断サイト（左ページの二次元コードから利用可能）』では，得点を登録すれば学習アドバイスがもらえるほか，現在勉強中の全国の受験生が登録した得点と「リアル」に自分の点数を比較し切磋琢磨ができる。全国に仲間がいることを励みに，モチベーションを高めながら試験に向けて準備を進めてほしい。

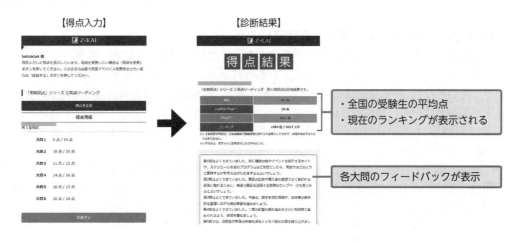

― 3 ―

共通テストに向けて

■ 共通テストは決してやさしい試験ではない。

　共通テストは，高校の教科書程度の内容を客観形式で問う試験である。科目によって，教科書等であまり見られないパターンの出題も見られるが，出題のほとんどは基本を問うものである。それでは，基本を問う試験だから共通テストはやさしい，といえるだろうか。

　実際のところは，共通テストには，適切な対策をしておくべきいくつかの手ごわい点がある。まず，勉強するべき科目数が多い。国公立大学では共通テストで「6教科8科目」を必須とする大学・学部が主流なので，科目数の負担は決して軽くない。また，基本事項とはいっても，あらゆる分野から満遍なく出題される。これは，"山"を張るような短期間の学習では対処できないことを意味する。また，広範囲の出題分野全体を見通し，各分野の関連性を把握する必要もあるが，そうした視点が教科書の単元ごとの学習では容易に得られないのもやっかいである。さらに，制限時間内で多くの問題をこなさなければならない。しかもそれぞれが非常によく練られた良問だ。問題の設定や条件，出題意図を素早く読み解き，制限時間内に迅速に処理していく力が求められているのだ。こうした処理能力も，漫然とした学習では身につかない。

■ しかし，適切な対策をすれば，十分な結果を得られる試験でもある。

　上記のように決してやさしいとはいえない共通テストではあるが，適切な対策をすれば結果を期待できる試験でもある。共通テスト対策は，できるだけ早い時期から始めるのが望ましい。長期間にわたって，①教科書を中心に基本事項をもれなく押さえ，②共通テストの過去問で出題傾向を把握し，③出題形式・出題パターンを踏まえたオリジナル問題で実戦形式の演習を繰り返し行う，という段階的な学習を少しずつ行っていけば，個別試験対策を本格化させる秋口からの学習にも無理がかからず，期待通りの成果をあげることができるだろう。

■ 本書を利用して，共通テストを突破しよう。

　本書は主に上記③の段階での使用を想定して，Ｚ会のオリジナル問題を教科別に模試形式で収録している。巻末のマークシートを利用し，解答時間を意識して問題を解いてみよう。そしてポイントを押さえた解答・解説をじっくり読み，知識の定着・弱点分野の補強に役立ててほしい。早いスタートが肝心とはいえ，時間的な余裕がないのは明らかである。できるだけ無駄な学習を避けるためにも，学習効果の高い良質なオリジナル問題に取り組んで，徹底的に知識の定着と処理能力の増強に努めてもらいたい。

　また，全国の受験生を「リアルに」つなぎ，切磋琢磨を促す仕組みとして『学習診断サイト』も用意している。本書の問題に取り組み，採点後にはその得点をシステムに登録し，全国の学生の中での順位を確認してみよう。そして同じ目標に向けて頑張る仲間たちを思い浮かべながら，受験をゴールまで走り抜ける原動力に変えてもらいたい。

　本書を十二分に活用して，志望校合格を達成し，喜びの春を迎えることを願ってやまない。

Ｚ会編集部

▌共通テストの段階式対策▌

0. まずは教科書を中心に，基本事項をもれなく押さえる。

▼

1. さまざまな問題にあたり，上記の知識の定着をはかる。その中で，自分の弱点を把握する。

▼

2. 実戦形式の演習で，弱点を補強しながら，制限時間内に問題を処理する力を身につける。とくに，頻出事項や狙われやすいポイントについて重点的に学習する。

▼

3. 仕上げとして，予想問題に取り組む。

▌Z会の共通テスト関連教材▌

1.『ハイスコア！ 共通テスト攻略』シリーズ
　オリジナル問題を解きながら，共通テストの狙われどころを集中して学習できる。

▼

2.『2025年用　共通テスト過去問英数国』
　複数年の共通テストの過去問題に取り組み，出題の特徴をつかむ。

▼

3.『2025年用　共通テスト実戦模試』（本シリーズ）

▼

4.『2025年用　共通テスト予想問題パック』
　本シリーズを終えて総仕上げを行うため，直前期に使用する本番形式の予想問題。

※『2025年用　共通テスト実戦模試』シリーズは，本番でどのような出題があっても対応できる力をつけられるように，最新年度および過去の共通テストも徹底分析し，さまざまなタイプの問題を掲載しています。そのため，『2024年用　共通テスト実戦模試』と掲載問題に一部重複があります。

— 5 —

共通テスト攻略法
データクリップ

1 出題教科・科目の出題方法

　下の表の教科・科目で実施される。なお，受験教科・科目は各大学が個別に定めているため，各大学の要項にて確認が必要である。

※解答方法はすべてマーク式。以下の表は大学入試センター発表の『令和7年度大学入学者選抜に係る大学入学共通テスト出題教科・科目の出題方法等』を元に作成した。

※『　』は大学入学共通テストにおける出題科目を表し，「　」は高等学校学習指導要領上設定されている科目を表す。

教科	出題科目	出題方法（出題範囲，出題科目選択の方法等）	試験時間（配点）
国語	『国語』	・「現代の国語」及び「言語文化」を出題範囲とし，近代以降の文章及び古典（古文，漢文）を出題する。 分野別の大問数及び配点は，近代以降の文章が3問110点，古典が2問90点（古文・漢文各45点）とする。	90分（200点）
地理歴史	『地理総合，地理探究』 『歴史総合，日本史探究』 『歴史総合，世界史探究』→(b) 『公共，倫理』 『公共，政治・経済』 『地理総合／歴史総合／公共』→(a) (a)：必履修科目を組み合わせた出題科目 (b)：必履修科目と選択科目を組み合わせた出題科目	・左記出題科目の6科目のうちから最大2科目を選択し，解答する。 ・(a)の『地理総合／歴史総合／公共』は，「地理総合」，「歴史総合」及び「公共」の3つを出題範囲とし，そのうち2つを選択解答する（配点は各50点）。 ・2科目を選択する場合、以下の組合せを選択することはできない。 (b)のうちから2科目を選択する場合 　『公共，倫理』と『公共，政治・経済』の組合せを選択することはできない。 (b)のうちから1科目及び(a)を選択する場合 　(b)については，(a)で選択解答するものと同一名称を含む科目を選択することはできない。	1科目選択 60分（100点） 2科目選択 130分 （うち解答時間120分） （200点）
公民			
数学①	『数学Ⅰ・数学A』 『数学Ⅰ』	・左記出題科目の2科目のうちから1科目を選択し，解答する。 ・「数学A」については，図形の性質，場合の数と確率の2項目に対応した出題とし，全てを解答する。	70分（100点）
数学②	『数学Ⅱ，数学B，数学C』	・「数学B」及び「数学C」については，数列（数学B），統計的な推測（数学B），ベクトル（数学C）及び平面上の曲線と複素数平面（数学C）の4項目に対応した出題とし，4項目のうち3項目の内容の問題を選択解答する。	70分（100点）
理科	『物理基礎／化学基礎／ 生物基礎／地学基礎』 『物理』『化学』『生物』『地学』	・左記出題科目の5科目のうちから最大2科目を選択し，解答する。 ・『物理基礎／化学基礎／生物基礎／地学基礎』は，「物理基礎」，「化学基礎」，「生物基礎」及び「地学基礎」の4つを出題範囲とし，そのうち2つを選択解答する（配点は各50点）。	1科目選択 60分（100点） 2科目選択 130分 （うち解答時間120分） （200点）
外国語	『英語』 『ドイツ語』『フランス語』 『中国語』『韓国語』	・左記出題科目の5科目のうちから1科目を選択し，解答する。 ・『英語』は「英語コミュニケーションⅠ」，「英語コミュニケーションⅡ」及び「論理・表現Ⅰ」を出題範囲とし，【リーディング】及び【リスニング】を出題する。受験者は，原則としてその両方を受験する。その他の科目については，『英語』に準じる出題範囲とし，【筆記】を出題する。 ・科目選択に当たり，『ドイツ語』，『フランス語』，『中国語』及び『韓国語』の問題冊子の配付を希望する場合は，出願時に申し出ること。	『英語』 【リーディング】 80分（100点） 【リスニング】 30分（100点） 『ドイツ語』『フランス語』『中国語』『韓国語』 【筆記】80分（200点）
情報	『情報Ⅰ』		60分（100点）

— 6 —

2 2024年度の得点状況

2024年度は，前年度に比べて，下記の平均点に★がついている科目が難化し，平均点が下がる結果となった。

特に英語リーディングは，前年より語数増や英文構成の複雑さも相まって，平均点が51.54点と，共通テスト開始以降では最低の結果となった。その他，数学と公民科目に平均点の低下傾向が見られた。また一部科目には，令和7年度共通テストに向けた試作問題で公開されている方向性に親和性のある出題も確認できた。なお，今年度については得点調整は行われなかった。

| 教科名 | 科目名等 | 本試験（1月13日・14日実施） | | 追試験（1月27日・28日実施） |
		受験者数（人）	平均点（点）	受験者数（人）
国語 （200点）	国語	433,173	116.50	1,106
地理歴史 （100点）	世界史B	75,866	60.28	1,004 (注1)
	日本史B	131,309	★56.27	
	地理B	136,948	65.74	
公民 （100点）	現代社会	71,988	★55.94	
	倫理	18,199	★56.44	
	政治・経済	39,482	★44.35	
	倫理，政治・経済	43,839	61.26	
数学① （100点）	数学Ⅰ・数学A	339,152	★51.38	1,000 (注1)
数学② （100点）	数学Ⅱ・数学B	312,255	★57.74	979 (注1)
理科① （50点）	物理基礎	17,949	28.72	316
	化学基礎	92,894	★27.31	
	生物基礎	115,318	31.57	
	地学基礎	43,372	35.56	
理科② （100点）	物理	142,525	★62.97	672
	化学	180,779	54.77	
	生物	56,596	54.82	
	地学	1,792	56.62	
外国語 （100点）	英語リーディング	449,328	★51.54	1,161
	英語リスニング	447,519	67.24	1,174

※2024年3月1日段階では，追試験の平均点が発表されていないため，上記の表では受験者数のみを示している。
（注1）国語，英語リーディング，英語リスニング以外では，科目ごとの追試験単独の受験者数は公表されていない。
　　　このため，地理歴史，公民，数学①，数学②，理科①，理科②については，大学入試センターの発表どおり，教科ごとにまとめて提示しており，上記の表は載せていない科目も含まれた人数となっている。

— 7 —

共通テスト攻略法
傾向と対策

■2024年度の出題内容

大問	分野	配点	マーク数	テーマ
1	理論	20	6	配位結合, 気体の性質, コロイド, 状態図
2	理論	20	6	熱化学, 化学平衡, 電池, 電離平衡
3	理論無機	20	8	化学物質の取扱い, ハロゲン, 合金, ニッケルの精錬
4	有機	20	6	脂肪族化合物, 高分子化合物, 芳香族化合物
5	理論	20	5	質量分析法
	合計	100	31	

（2024年（本試））

大問	分野	配点	マーク数	テーマ
1	理論	20	6	塩, 物質の沸点, 気体の性質, 液体の混合
2	理論	20	6	反応速度, 化学平衡, 濃度, 銅の電解精錬, 電気分解
3	理論無機	20	5	14族元素, 金属イオンの分離, 錯イオン
4	有機	20	6	芳香族化合物, 高分子化合物, 界面活性剤
5	有機	20	5	高分子化合物
	合計	100	28	

（2024年（追試））

特記事項

・大問数は5のままであったが, 実質の解答数は本試が2023年度と同じ29, 追試は28であった。本試では, 計算問題の分量が減少したため, 解答時間に対する負担感は2023年度よりもやや減少した。

・2023年度に出題された, 数値を桁ごとに解答する問題や, 方眼紙を用いる問題は, 本試, 追試ともに出題されなかった。

・2023年度に引き続き, 本試では, 高校化学において深く学習しない内容に関する説明文を読み込み, 考察する問題が出題された。

以下, 本試を中心に概説する。

第1問

問2は, 液体のメタンを気体にしたときに体積が何倍になるかを求める問題。液体のメタンと気体のメタンでは体積の求め方が異なり, それぞれを正しく考える必要があった。

問3は, コロイドに関する問題。コロイド粒子は, ろ紙を通過できるがセロハンの膜を通過できないということがポイントである。

問4は, 状態図などの読み取りに関する問題。a, bは, それぞれの選択肢について図と照らし合わせて検討すればよい。cは熱量に関する標準的な問題だが, 氷の温度は0℃であることに気づいたうえで, 氷の密度をグラフから読み取る必要があった。

第2問

問3は, 電池の反応における量的関係に関する問題。方針がやや立てづらいが, 流れた電子の物質量を比較することを目標とすればよい。そのためには, 各電池の反応における, 反応物と電子の量的関係を判断する必要がある。

問4は, 電離平衡に関する問題。cでは, A^- の

減少理由は水溶液の体積が増加したためであることに気づきにくく，確信をもって正解を選ぶのがやや難しい。

第3問

問2は，アスタチンの性質についての問題。目新しい題材だが，問題文にもあるとおりに他のハロゲン元素の物理的・化学的性質から類推すればよい。

問4は，ニッケルの精錬に関する問題で，高校化学ではあまり見慣れない題材である。bでは，一見すると$CuCl_2$が不足するように思えるが，式(2)の反応で$CuCl$が$CuCl_2$に戻されることにより，NiSがすべて反応するために十分な量が順次供給されることに気づけるかがポイントである。cでは，陽極で生成するCl_2の物質量が，陰極で生成するNiとH_2の物質量の和に等しいことから立式すればよい。

第4問

問1は，アセトアルデヒドの製法に関する問題。一見すると細かな知識を問う問題にも見えるが，この反応を知らなくても，両辺の原子数に注目すれば正答を選ぶことが可能である。

問3は，ペプチドの呈色反応に関する問題。典型的な題材だが，構造式から側鎖のアミノ基を見落とさないための注意力が必要である。そのうえで，アミノ酸のみならず，側鎖にアミノ基をもつタンパク質やペプチドもニンヒドリン反応を示すことも押さえておく必要があり，正確な知識が要求される問題であった。

第5問

問1は，質量分析法を用いた，物質の定量に関する問題。図1より，A^+の信号強度は尿中のテストステロンの質量に比例することがポイントである。

問3は，質量分析法に関する問題。a～cを解答する前に，説明文で与えられたメタンの例を通して，質量分析法の概要を把握できるかがポイント

となる。aでは，塩素の同位体の存在比が，相対強度に反映されると推測すればよい。bでは，正しい選択肢を選ぶには相対強度は重要ではなく，各原子の相対質量の和を考えれば正解できる。cは，問題文に与えられた情報からできやすい断片イオンを列挙し，それらの相対質量と最も適合する質量スペクトルを選べばよい。

■対策

●幅広い分野の正確な知識が必要

センター試験時代から出題されている小問集合形式は，数こそ減ったものの依然として出題の多くを占めている。引き続き全範囲を抜けもれなく学習することが肝要である。

●個別試験を想定した演習を

共通テスト化を機に，センター試験よりもレベルの高い出題が定着しつつあり，個別試験レベルの問題が見られる。共通テストの直前であっても，個別試験レベルを想定した演習を積んでおくことが望ましい。

●共通テスト独自の出題形式に注意

方眼紙を用いる問題や，数値を桁ごとに解答する問題など，共通テストで新たに導入された形式で出題される場合がある。また，リード文や実験の説明文の読み込みが必要な問題も出題されている。このため，もし出題されても面食らわないように，本試・追試の過去問だけでなく共通テスト試行調査の問題にも目を通し，必要に応じて模試型問題などで対策をしておくとよいだろう。

また，実験問題の題材として，教科書の「探究活動」に目を通し，実験の理論，装置や手順，考察のポイントを押さえておくことも有効である。

●模試などの予想問題に多く取り組もう

新傾向の問題は共通テスト対策用の問題集や模試に盛り込まれているので，それらに数多く当たることで，新傾向の問題に慣れていこう。

模試 第1回

$\left(\begin{array}{c}100点\\60分\end{array}\right)$

〔化学〕

注 意 事 項

1 理科解答用紙（模試 第1回）をキリトリ線より切り離し，試験開始の準備をしなさい。

2 **時間を計り，上記の解答時間内で解答しなさい。**

 ただし，納得のいくまで時間をかけて解答するという利用法でもかまいません。

3 この回の模試の問題は，このページを含め，27ページあります。

4 **解答用紙には解答欄以外に受験番号欄，氏名欄，試験場コード欄，解答科目欄があります。解答科目欄は解答する科目を一つ選び，科目名の右の◯にマークしなさい。その他の欄は自分自身で本番を想定し，正しく記入し，マークしなさい。**

5 解答は，解答用紙の解答欄にマークしなさい。例えば， 10 と表示のある問いに対して③と解答する場合は，次の(例)のように**解答番号10**の**解答欄**の③にマークしなさい。

（例）

解答番号	解 答 欄 1 2 3 4 5 6 7 8 9 0 a b
10	① ② ③ ④ ⑤ ⑥ ⑦ ⑧ ⑨ ⓪ ⓐ ⓑ

6 問題冊子の余白等は適宜利用してよいが，どのページも切り離してはいけません。

化 学

(解答番号 1 ～ 33)

必要があれば，原子量は次の値を使うこと。

| H | 1.0 | C | 12 | O | 16 | Na | 23 |
| Cl | 35.5 | Ca | 40 | Cu | 64 | Zn | 65 |

気体は，実在気体とことわりがない限り，理想気体として扱うものとする。

第1問 次の問い(問1～4)に答えよ。(配点 20)

問1 非共有電子対を最も多くもつ分子を，次の①～④のうちから一つ選べ。 1

① NH₃　　② H₂O　　③ CO₂　　④ HCl

問2 金属Aの結晶は体心立方格子であり，金属Bの結晶は面心立方格子である。金属Aと金属Bの単位格子の一辺の長さが等しいとき，金属Aの原子半径は金属Bの原子半径の何倍か。最も適当な数値を，次の①～⑥のうちから一つ選べ。ただし，√2 =1.4，√3 =1.7とする。 2 倍

① 0.41　　② 0.61　　③ 0.82　　④ 1.2　　⑤ 1.7　　⑥ 2.5

問3 1 molの実在気体が理想気体からどれだけかけ離れているかを表すのに圧縮因子 Z が用いられ，温度 T (K)，圧力 P (Pa)，体積 V (L)，気体定数 R を用いて次式で定義される。

$$Z = \frac{PV}{RT}$$

図1の $A \sim C$ のグラフは，H_2，CH_4，CO_2 のいずれかの気体において，温度を273 K に保ったまま，圧力を変化させたときの圧縮因子の値の変化を示している。$A \sim C$ のグラフが表している気体の組合せとして最も適当なものを，後の①〜⑥のうちから一つ選べ。 3

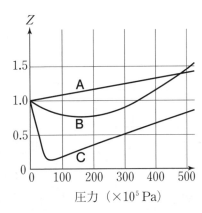

図1 圧力と圧縮因子の関係

	A	B	C
①	H_2	CH_4	CO_2
②	H_2	CO_2	CH_4
③	CH_4	H_2	CO_2
④	CH_4	CO_2	H_2
⑤	CO_2	H_2	CH_4
⑥	CO_2	CH_4	H_2

問4 次の文章を読み，後の問い（a・b）に答えよ。

不揮発性物質を溶かした希薄溶液の蒸気圧 p は，純溶媒の蒸気圧 p_0 と溶媒のモル分率 x を用いて次式で表されることが知られている。

$$p = xp_0$$

これをラウールの法則といい，溶媒の物質量を n_A (mol)，溶質から生じる粒子の物質量を n_B (mol) とすると，溶媒のモル分率 x は次式で求められる。

$$x = \frac{n_A}{n_A + n_B}$$

図2に示した密閉容器内に容器Aと容器Bがある。容器Aには90 gの水に1.17 gの塩化ナトリウムを加えて完全に溶かした水溶液Ⅰが入っており，容器Bには90 gの水に6.48 gのグルコースを加えて完全に溶かした水溶液Ⅱが入っている。これを27℃のもとで，十分な時間静置したところ，| ア |の水が| イ | mol増え，| ウ |の水が| イ | mol減ったことにより，それぞれの容器において気液平衡に達し，容器Aと容器Bに入れた溶液の蒸気圧が等しくなった。

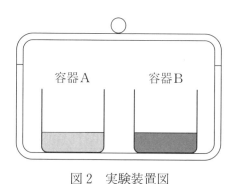

図2　実験装置図

a 下線部について，水 60 g と塩化カルシウムを用いて，この水溶液の沸点と同じ沸点の水溶液を調製したい。必要な塩化カルシウムの質量は何 g か。最も適当な数値を，次の①〜⑥のうちから一つ選べ。 4 g

① 0.47　② 0.99　③ 1.4　④ 2.0　⑤ 2.4　⑥ 2.9

b 空欄 ア 〜 ウ に当てはまる語句または数値の組合せとして最も適当なものを，次の①〜⑧のうちから一つ選べ。 5

	ア	イ	ウ
①	水溶液Ⅰ	0.13	水溶液Ⅱ
②	水溶液Ⅰ	0.26	水溶液Ⅱ
③	水溶液Ⅰ	0.40	水溶液Ⅱ
④	水溶液Ⅰ	0.53	水溶液Ⅱ
⑤	水溶液Ⅱ	0.13	水溶液Ⅰ
⑥	水溶液Ⅱ	0.26	水溶液Ⅰ
⑦	水溶液Ⅱ	0.40	水溶液Ⅰ
⑧	水溶液Ⅱ	0.53	水溶液Ⅰ

第2問 次の問い（**問1～3**）に答えよ。（配点　20）

問1　化学反応を支配する要素として，生成物がもつ熱的なエネルギーから反応物がもつ熱的なエネルギーを引いた値 ΔH のほかに，生成物の状態の乱雑さから反応物の状態の乱雑さを引いた値 ΔS が関与していることがわかっている。

　　また，定温・定圧下で化学反応が自発的に進行するには，絶対温度 T を用いて次の式で定義される値 ΔG が負になればよいことが知られている。

$$\Delta G = \Delta H - T\Delta S$$

　　定温・定圧下における，化学反応の自発的な進行に関する記述として最も適当なものを，次の**①**～**④**のうちから一つ選べ。　6

①　発熱して乱雑さが増す反応は，必ず自発的に進行する。

②　発熱して乱雑さが減る反応は，必ず自発的に進行する。

③　吸熱して乱雑さが増す反応は，必ず自発的に進行する。

④　吸熱して乱雑さが減る反応は，必ず自発的に進行する。

問2 ダニエル電池に関する記述として**誤りを含むもの**はどれか。最も適当なものを，次の①〜④のうちから一つ選べ。 7

① 電流は，外部回路を銅板から亜鉛板に向かって流れる。

② 電解質水溶液が混ざらないように，素焼き板の代わりにガラス板を用いると，電流は流れなくなる。

③ 電流が流れている間，亜鉛板と銅板の単位時間当たりの質量変化の絶対値の比は 65：64 である。

④ 鉛蓄電池を接続して放電時と逆方向に電流を流すと，電解質水溶液中の亜鉛イオンが減少し，銅(Ⅱ)イオンが増加する。

問3 次の文章を読み，後の問い（**a 〜 c**）に答えよ。ただし，水溶液の温度はすべて同じとし，$\sqrt{2}=1.4$ とする。

酢酸を水に溶かした場合，一部の分子が電離して酢酸イオンと水素イオンを生じる。これを化学反応式で表すと，式(1)のようになる。

$$CH_3COOH \rightleftarrows CH_3COO^- + H^+ \tag{1}$$

また，酢酸の電離定数 K_a は式(2)で表される。

$$K_a = \frac{[CH_3COO^-][H^+]}{[CH_3COOH]} \tag{2}$$

溶かした酸の全物質量に対する電離した酸の物質量の割合を電離度といい，α で表される。図1は，ある温度における酢酸の電離度 α の濃度依存性を表すグラフである。

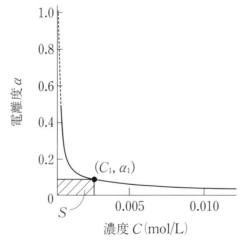

図1 酢酸の濃度と電離度の関係

図1において，グラフ上の任意の座標(C_1, a_1)の点が，$(C_1, 0)$，$(0, a_1)$，原点とつくる長方形の面積Sは ア を表す。

このグラフから，Cが大きくなるほど$α$が小さくなることがわかる。また，<u>Cが一定以上の値であれば$α$が1より十分小さいとみなすことができ，$1-α≒1$という近似ができる</u>。この近似は$α≦5.0×10^{-2}$のときに用いられる。

a　空欄 ア に当てはまる語句として最も適当なものを，次の①〜④のうちから一つ選べ。 8

① 水溶液中の酢酸の濃度　　② 水溶液中の酢酸イオンの濃度
③ 水溶液中の酢酸の質量　　④ 水溶液中の酢酸イオンの質量

b　酢酸の濃度が電離定数の2.0倍の値であるとき，酢酸の電離度の値はいくらか。最も適当な数値を，次の①〜⑥のうちから一つ選べ。 9

① 0.30　　② 0.40　　③ 0.50　　④ 0.60　　⑤ 0.70　　⑥ 0.80

c　下線部について，$1-α≒1$という近似を使うためには，酢酸の濃度が電離定数の何倍以上であればよいか。有効数字2桁で次の形式で表すとき， 10 〜 12 に当てはまる数字を，後の①〜⓪のうちから一つずつ選べ。ただし，同じものを繰り返し選んでもよい。

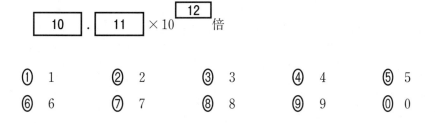

① 1　　② 2　　③ 3　　④ 4　　⑤ 5
⑥ 6　　⑦ 7　　⑧ 8　　⑨ 9　　⓪ 0

第3問 次の問い(**問1～4**)に答えよ。(配点 20)

問1 貴ガスに関する記述として**誤りを含むもの**はどれか。最も適当なものを,次の①～④のうちから一つ選べ。　13

① いずれも原子の最外殻電子の数は8である。

② いずれも原子の価電子の数は0である。

③ いずれも単体は単原子分子からなる。

④ 単体の沸点が最も低いのはヘリウムである。

問2 銅と銀に関する記述のうち,銀のみに当てはまる記述として最も適当なものを,次の①～④のうちから一つ選べ。　14

① 塩酸と反応すると,無色無臭の気体が生じる。

② 塩化物は水に可溶である。

③ とり得る酸化数は0,＋1の2種類である。

④ イオンとして溶けている水溶液に,過剰のアンモニア水を加えると,錯イオンが生じる。

問3　3種類のカリウム塩を含む水溶液 A がある。水溶液 A に含まれる陰イオンは CH_3COO^-，Cl^-，NO_3^-，SCN^-，CO_3^{2-}，SO_4^{2-}，PO_4^{3-} のいずれかである。水溶液 A に対して，次の**操作**を行った。

操作Ⅰ　塩化バリウム水溶液を加えると，白色沈殿が生じた。生じた沈殿に十分な量の塩酸を加えても沈殿は溶解しなかった。

操作Ⅱ　塩化鉄(Ⅲ)水溶液を加えると，血赤色溶液となった。

操作Ⅲ　BTB 溶液を加えると，溶液が青色に変化した。

　操作Ⅰ〜**操作Ⅲ**より，水溶液 A に含まれると考えられる陰イオンの組合せとして最も適当なものを，次の①〜⑧のうちから一つ選べ。　　15

① Cl^-，NO_3^-，CO_3^{2-}

② Cl^-，SCN^-，SO_4^{2-}

③ Cl^-，SO_4^{2-}，PO_4^{3-}

④ CH_3COO^-，CO_3^{2-}，PO_4^{3-}

⑤ CH_3COO^-，NO_3^-，SO_4^{2-}

⑥ CH_3COO^-，SCN^-，CO_3^{2-}

⑦ CH_3COO^-，SCN^-，SO_4^{2-}

⑧ NO_3^-，SCN^-，PO_4^{3-}

問4　次の文章を読み，後の問い（**a** ～ **c**）に答えよ。

　　河川の水質汚濁の指標として，溶存酸素量（DO）や生物化学的酸素要求量
（BOD）などがある。①一般にきれいな河川において，DO は温度，気圧，およ
び溶存する塩類濃度に応じて飽和酸素量に近い値を示すが，水質汚濁が進み水
中の有機物が増えると，好気性微生物による有機物の分解にともなって酸素が
消費され，水中の DO 値が減少する。BOD は試料水に含まれる有機物が水中
に存在する好気性微生物によって分解される間に消費される酸素量のことであ
る。

　　BOD は試料水を密閉容器中に一定温度で一定時間保ったときの DO の減少
値から求め，一般的に 20℃ で 5 日間保った場合の値（単位は mg/L）を用いる。

　　ある河川の BOD を求めるために試料水を採取し，次の**操作 I ～操作 V** を
行った。

操作 I　試料水を，100 mL の密閉容器 2 本にそれぞれ正確に 100 mL 入れて，
　　栓をした。

操作 II　操作 I の密閉容器のうち 1 本に，2.0 mol/L の硫酸マンガン（II）水溶
　　液 0.5 mL とヨウ化カリウムを含む水酸化カリウム水溶液 0.5 mL を静かに
　　加え，栓をした後，容器をよく振って静置した。

操作 III　操作 II の密閉容器に 5.0 mol/L の硫酸 1.0 mL を加え，栓をした後，
　　容器をよく振って静置した。

操作 IV　操作 III の密閉容器内の水溶液をすべてコニカルビーカーに移し，
　　②0.025 mol/L のチオ硫酸ナトリウム $Na_2S_2O_3$ 水溶液で滴定したところ，終
　　点までに 3.65 mL 要した。

操作 V　操作 I で残った密閉容器 1 本は，光が直接当たらない場所で 20℃ で
　　5 日間静置した。その後，**操作 II ～操作 IV** と同様の操作を行ったところ，終
　　点までにチオ硫酸ナトリウム水溶液を 1.52 mL 要した。

— ① － 12 —

操作Ⅱでは，はじめに水酸化マンガン(Ⅱ) $Mn(OH)_2$ の白色沈殿が生じるが，これが試料水中の溶存酸素と反応して，オキシ水酸化マンガン(Ⅳ) $MnO(OH)_2$ の褐色沈殿が生じる。この反応を化学反応式で表すと，次のようになる。

$$2Mn(OH)_2 + O_2 \longrightarrow 2MnO(OH)_2$$

また，**操作Ⅲ**では，オキシ水酸化マンガン(Ⅳ)の褐色沈殿は完全に溶解し，ヨウ素が遊離した。この反応を化学反応式で表すと，次のようになる。

$$MnO(OH)_2 + 2I^- + 4H^+ \longrightarrow Mn^{2+} + I_2 + 3H_2O$$

さらに，**操作Ⅳ**では，ヨウ素とチオ硫酸ナトリウム水溶液が次式のように反応する。

$$I_2 + 2Na_2S_2O_3 \longrightarrow 2NaI + Na_2S_4O_6$$

a　下線部①について，20℃における酸素の分圧が 1.0×10^5 Pa のとき，酸素の水 1 L に対する溶解度は 1.4×10^{-3} mol であった。20℃，1 気圧 $(1.0 \times 10^5$ Pa$)$ の空気の下で，水 100 mL に溶解できる酸素の質量は何 mg か。最も適当な数値を，次の ①～⑥ のうちから一つ選べ。ただし，空気中には酸素が体積百分率で 20 % 含まれているとする。　**16**　mg

① 0.45　② 0.90　③ 1.4　④ 2.3　⑤ 4.5　⑥ 7.0

— ① - 13 —

b 下線部②について，滴定の終点を確認する方法として最も適当なものを，次の①〜⑥のうちから一つ選べ。　17

①　指示薬としてフェノールフタレイン溶液を加え，溶液がわずかに赤色になったところが終点である。

②　指示薬としてフェノールフタレイン溶液を加え，溶液が無色になったところが終点である。

③　指示薬としてメチルオレンジを加え，溶液がわずかに赤色になったところが終点である。

④　指示薬としてメチルオレンジを加え，溶液がわずかに黄色になったところが終点である。

⑤　指示薬としてデンプンを加え，溶液がわずかに青紫色になったところが終点である。

⑥　指示薬としてデンプンを加え，溶液が無色になったところが終点である。

c　試料水の BOD は何 mg/L か。最も適当な数値を，次の①〜⑥のうちから一つ選べ。　18　mg/L

①　0.75　　②　1.1　　③　3.0　　④　4.3　　⑤　12　　⑥　17

（下 書 き 用 紙）

化学の試験問題は次に続く。

第4問 次の問い(**問1 ～ 4**)に答えよ。(配点 20)

問1 炭化水素に関する記述として，下線部に**誤りを含むもの**はどれか。最も適当なものを，次の①～④のうちから一つ選べ。 | 19 |

① <u>エチレン</u>は，エタノールの分子内脱水によって生じる。
② 直鎖状のアルカンの沸点や融点は，<u>炭素数が多いものほど高くなる</u>。
③ エタン1分子と塩素1分子の混合気体に光を照射して生成する物質には，<u>構造異性体が存在する</u>。
④ 炭素数が4以上のアルカンには<u>構造異性体が存在する</u>。

問2 次の文章は，アニリンからアゾ化合物を合成する方法に関して説明したものである。この文章中の下線部に**誤りを含むもの**はどれか。最も適当な組合せを，後の①～⑥のうちから一つ選べ。 | 20 |

　　ビーカーにアニリンと過剰の塩酸を加え，よく混合した後，溶液を十分に冷却した。これによって，水に溶けにくいアニリンから水に溶けやすい _a<u>アニリン塩酸塩</u>が生じた。

　　その後，亜硝酸ナトリウム水溶液を氷冷下で加えた。この操作を常温で行うと，加水分解が起こり _b<u>水素</u>が発生してしまう。

　　次に，新しいビーカーを用意し，水酸化ナトリウム水溶液にフェノールを溶かして生じた _c<u>ナトリウムフェノキシド</u>を含む溶液を加え，白い布を浸した。最後に，二つのビーカーの溶液を混合すると，_d<u>ジアゾ化</u>が起こり，アゾ化合物が生じた。

① a と b　　　　　② a と c　　　　　③ a と d
④ b と c　　　　　⑤ b と d　　　　　⑥ c と d

問3　高分子化合物に関する記述として最も適当なものを，次の①〜⑤のうちから一つ選べ。　21

①　1 mol のグルコースをアルコール発酵させると，0.5 mol のエタノールが生じる。

②　セルロースに濃硝酸と濃硫酸の混合物を反応させると，アセテート繊維が得られる。

③　加熱すると軟らかくなるが，その後冷却すると硬化する樹脂を熱硬化性樹脂という。

④　ナイロン 66 とポリアクリロニトリルの合成の際には，同じ様式の重合反応が用いられる。

⑤　天然ゴムはラテックスに酢酸を加えて凝固，乾燥させると得られる。

問4 次の文章を読み，後の問い（ a ～ c ）に答えよ。

　三重結合には水や水素の付加反応が起こる。たとえば，硫酸水銀（Ⅱ）触媒の存在下でアセチレン1分子に水を付加させると，はじめに　ア　が生じるが，直ちに　イ　に変化する。また，三重結合を構成する炭素に水素原子が結合していないアルキンに水を付加させると，二重結合を構成する炭素に −OH 基をもつアルコールが生じ，この構造をエノール形という。エノール形は不安定な構造のため，直ちにカルボニル基を有するケト形に変化する。

$$-C \equiv C- \xrightarrow{+H_2O} \left[\begin{matrix} H \end{matrix} C=C \begin{matrix} OH \end{matrix} \right] \longrightarrow -\underset{H}{\overset{H}{C}}-\underset{O}{C}-$$

エノール形　　　　ケト形

　アセチレンを除く，三重結合を構成する炭素に水素原子が結合しているアルキンに水を付加させても，同様にカルボニル基を有する化合物が生じる。

　$R^1-C \equiv C-R^2$（R^1，R^2 は水素または炭化水素基）で表されるアルキン A 1 mol に対して，適当な触媒を用いて水素 1 mol を付加させたところ，シス形のアルケン B のみが得られた。アルケン B に適当な触媒下で水を付加させると，2種類の第二級アルコール C と D が生成した。アルコール D はヨードホルム反応を示した。

　さらに，アルコール C を酸化させると，対称性をもつケトン E が生じ，アルコール D を酸化させると，対称性をもたないケトン F が生じた。

　また，アルキン A に対し，硫酸水銀（Ⅱ）を触媒として水を付加させると，エノール形の化合物 G を経てケトン E が，またエノール形の化合物 H を経てケトン F が生じた。

　これらより，アルキン A の　ウ　位と　エ　位の炭素原子の間に三重結合が存在していることがわかり，エノール形の化合物 G は　オ　位の炭素原子にヒドロキシ基が結合した構造であることがわかった。

— ① － 18 —

a 空欄 ア ・ イ に当てはまる語の組合せとして最も適当なものを，次の①〜④のうちから一つ選べ。 22

	ア	イ
①	ビニルアルコール	アセトアルデヒド
②	ビニルアルコール	ホルムアルデヒド
③	エタノール	アセトアルデヒド
④	エタノール	ホルムアルデヒド

b 空欄 ウ 〜 オ に適する数字として最も適当なものを，次の①〜⑨のうちからそれぞれ一つずつ選べ。ただし，同じものを繰り返し選んでもよい。ウ 23 エ 24 オ 25

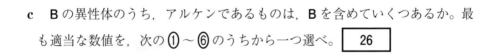

c Bの異性体のうち，アルケンであるものは，Bを含めていくつあるか。最も適当な数値を，次の①〜⑥のうちから一つ選べ。 26

① 4　② 5　③ 6　④ 7　⑤ 8　⑥ 9

第5問 反応速度に関する次の問い(**問1・問2**)に答えよ。(配点 20)

問1 次の文章を読み,後の問い(**a ～ c**)に答えよ。

　細胞内の化学反応の多くは触媒として酵素(E と表記する)が関わっている。酵素が触媒として作用すると,反応条件に大きな影響を及ぼす。酵素が作用する物質を基質(S と表記する)という。

　酵素がそのはたらきを示す場合,まず酵素と基質とが結合して酵素‐基質複合体 E・S が形成される。このとき,基質と結合する酵素の部位を活性中心という。活性中心に結合した基質は生成物 P に変化し,酵素から離れる。このような酵素反応は,一般に次の式で表される。

$$E + S \rightleftharpoons E \cdot S \tag{1}$$
$$E \cdot S \longrightarrow E + P \tag{2}$$

　E・S から P が生じるので,P の生成する速度 v は,速度定数を k として式(3)で表される。

$$v = k[E \cdot S] \tag{3}$$

　最初に加えた酵素 E の濃度(初期濃度)を c (mmol/L)とすると,反応の進行中,酵素 E の濃度 [E] (mmol/L),E・S の濃度 [E・S] (mmol/L)の間には,式(4)の関係がつねに成立する。ただし,$1\,\mathrm{mmol/L} = 10^{-3}\,\mathrm{mol/L}$ とする。

$$[E] + [E \cdot S] = c \tag{4}$$

　多くの酵素反応では,式(1)の正反応およびその逆反応はいずれも式(2)の反応と比べるとはるかに速い。したがって,式(2)の反応が進行中でも式(1)の平衡関係が成立しているとみなすことができる。

— ① – 20 —

a 酵素に関する記述として最も適当なものを，次の①～⑤のうちから一つ選べ。 27

① デンプンに作用する酵素は，ペプチドにも作用する。
② 一般に，反応温度が高くなるほど酵素はよくはたらく。
③ すべての酵素は pH 7 付近でよくはたらく。
④ 酵素は一度失活しても，もとに戻ることがある。
⑤ 酵素にニンヒドリン溶液を加えて加熱すると，赤紫色を呈する。

b 式(1)の平衡定数を K（L/mmol）とする。[E・S] を，K，c，および S の濃度 [S]（mmol/L）を用いて次の形式で表すとき，空欄に適する数式として最も適当なものを，後の①～⑦のうちから一つずつ選べ。

$$[E \cdot S] = \frac{\boxed{28}}{1 + \boxed{29}}$$

① K ② c ③ [S]   ④ Kc
⑤ $K[S]$ ⑥ $c[S]$ ⑦ $Kc[S]$

c 酵素反応の反応速度は，[E]と[S]の影響を受ける。[E]の量を一定として，[S]を増加させた場合，横軸に[S]，縦軸に反応速度をとると，グラフの概形はどのようになるか。最も適当なものを，次の①〜④のうちから一つ選べ。 30

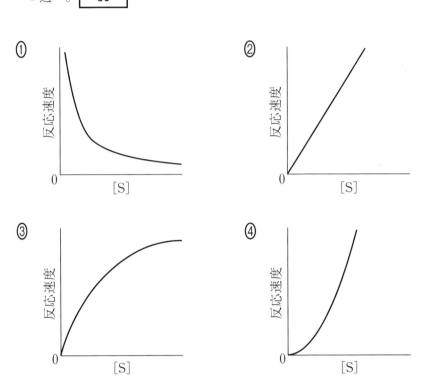

（下 書 き 用 紙）

化学の試験問題は次に続く。

問2 次の文章を読み，後の問い（**a** 〜 **c**）に答えよ。ただし，$\log_{10}2 = 0.30$ とする。

　気体の反応において化学反応が起こるには，分子どうしの衝突が必要である。その際，　ア　状態とよばれる高エネルギー状態を経由することで反応が進むと考えられる。この状態になるために必要なエネルギーを活性化エネルギーという。

　図1に三つの異なる温度における気体分子の運動エネルギーと，そのエネルギーをもつ分子の割合の関係を示す。曲線 I 〜 III のうち，最も温度の高い状態を示す曲線は　イ　である。

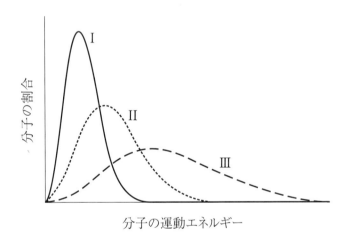

図1　気体分子の運動エネルギーとそのエネルギーをもつ分子の割合の関係

　化学反応の反応速度は，反応物あるいは生成物の単位時間当たりの濃度の変化量で表す場合が多い。たとえば，次の化学反応について考える。

　　A ⟶ 2B

ここで，**A** は反応物，**B** は生成物を示す。時間 $t \sim t + \Delta t$ における **A** および **B** の濃度変化をそれぞれ $\Delta[\textbf{A}]$ および $\Delta[\textbf{B}]$ とすれば，Δt の間の平均反応速度 $\bar{v}$ は次式で表すことができる。ここで，$[\textbf{A}]$ および $[\textbf{B}]$ はそれぞれ **A** および **B** のモル濃度を示す。

$$\bar{v} = -\frac{\Delta[\textbf{A}]}{\Delta t} = \boxed{\text{ウ}} \times \frac{\Delta[\textbf{B}]}{\Delta t}$$

さらに，$\Delta t \to 0$ の極限を考えれば，時刻 t における反応速度 v は次式で示される。

$$v = -\frac{d[\textbf{A}]}{dt} = \boxed{\text{ウ}} \times \frac{d[\textbf{B}]}{dt}$$

反応速度が反応物の濃度に比例する場合，反応速度は次式で示される。

$$-\frac{d[\textbf{A}]}{dt} = k[\textbf{A}]$$

ここで，k は反応速度定数で，一般に反応物および生成物の濃度に依存 $\boxed{\text{エ}}$ 。上の式を解くと，$[\textbf{A}]$ と t の関係は $t = 0$ における **A** の濃度を $[\textbf{A}]_0$ として次式で表される。

$$\log_{10}[\textbf{A}] = -\frac{kt}{2.30} + \log_{10}[\textbf{A}]_0$$

a 空欄 ア ・ イ に当てはまる語の組合せとして最も適当なものを，次の①～⑥のうちから一つ選べ。 31

	ア	イ
①	平　衡	I
②	平　衡	II
③	平　衡	III
④	遷　移	I
⑤	遷　移	II
⑥	遷　移	III

b 空欄 ウ ・ エ に当てはまる数値または語の組合せとして最も適当なものを，次の①～⑧のうちから一つ選べ。 32

	ウ	エ
①	0.25	す　る
②	0.25	しない
③	0.5	す　る
④	0.5	しない
⑤	2	す　る
⑥	2	しない
⑦	4	す　る
⑧	4	しない

c A の濃度が $0.50[A]_0$ から $0.10[A]_0$ に変化するのに要する時間は，A の濃度が $[A]_0$ から $0.50[A]_0$ に変化するのに要する時間の何倍か。最も適当な数値を，次の①〜⑥のうちから一つ選べ。 $\boxed{33}$ 倍

① 0.40 ② 0.66 ③ 1.0 ④ 1.7 ⑤ 2.3 ⑥ 2.5

模試　第2回

$\left(\begin{array}{c}100点\\60分\end{array}\right)$

〔化学〕

注　意　事　項

1　理科解答用紙（模試 第2回）をキリトリ線より切り離し，試験開始の準備をしなさい。

2　**時間を計り，上記の解答時間内で解答しなさい。**

　ただし，納得のいくまで時間をかけて解答するという利用法でもかまいません。

3　この回の模試の問題は，このページを含め，30ページあります。

4　**解答用紙には解答欄以外に受験番号欄，氏名欄，試験場コード欄，解答科目欄があります。解答科目欄は解答する科目を一つ選び，科目名の右の◯にマークしなさい。その他の欄は自分自身で本番を想定し，正しく記入し，マークしなさい。**

5　解答は，解答用紙の解答欄にマークしなさい。例えば，| 10 | と表示のある問いに対して③と解答する場合は，次の(例)のように**解答番号10の解答欄の③**にマークしなさい。

(例)

解答番号	解　　　答　　　欄
	1 2 3 4 5 6 7 8 9 0 a b
10	① ② ③ ④ ⑤ ⑥ ⑦ ⑧ ⑨ ⓪ ⓐ ⓑ

6　問題冊子の余白等は適宜利用してよいが，どのページも切り離してはいけません。

化　　　　　学

$\left(\text{解答番号}\boxed{1}\sim\boxed{29}\right)$

必要があれば，原子量は次の値を使うこと。

　　H　1.0　　　　C　12　　　　　N　14　　　　　O　16

気体は，実在気体とことわりがない限り，理想気体として扱うものとする。

第1問　次の問い（**問1～4**）に答えよ。（配点　20）

問1　三重結合を**もたない**分子を，次の①～④のうちから一つ選べ。　$\boxed{1}$

①　窒　素　　　　　　　　　　②　酢酸ビニル

③　アクリロニトリル　　　　　④　プロピン（メチルアセチレン）

— ②-2 —

問2　図1は水と二酸化炭素の状態図を表している。ここで，A，B，Cは固体，液体，気体のいずれかの状態を表す。図1をもとにして，後の記述①～④のうちから正しいものを一つ選べ。ただし，標準大気圧は 1.013×10^5 Pa である。

2

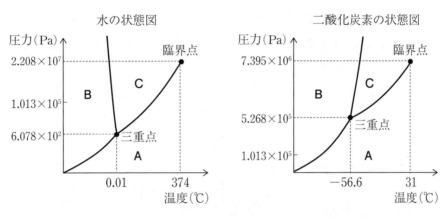

図1　水(左)と二酸化炭素(右)の状態図

① 水は，標準大気圧の下で温度を上げて，固体を昇華させ気体にすることができる。

② 二酸化炭素は，標準大気圧の下で温度を変えることにより，固体・液体・気体のいずれの状態にもすることができる。

③ 水は，いかなる温度でも，温度一定で圧力を上げて，固体を液体にすることができない。

④ 二酸化炭素は，いかなる温度でも，温度一定で圧力を上げて，固体を液体にすることができない。

問 3 図 2 に示すように，温度 27 ℃ で，同じ物質量の水素と酸素を密閉容器 A と密閉容器 B に別々に入れたところ，水素の圧力は 6.0×10^6 Pa だった。次に，バルブを開き，ピストンを押して容器 A の水素をすべて容器 B に移し，バルブを閉めて温度を 100 ℃ に保ったところ，容器 B の混合気体の全圧は 4.0×10^5 Pa となった。この状態で，容器 B の混合気体に点火し，水素を完全に燃焼させた後，容器 B の温度を 100 ℃ に保った。後の問い（**a**・**b**）に答えよ。ただし，容器 A と容器 B の連結部分の体積は無視できるものとし，容器 B の体積は変化しないものとする。

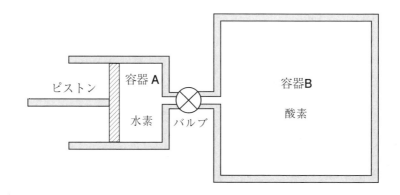

図 2　水素と酸素の混合の模式図

a 図2で，容器**B**の容積は容器**A**の容積の何倍か。最も適当な数値を，次の①〜⑥のうちから一つ選べ。　3　倍

①　1.9　　　　　　　②　3.7　　　　　　　③　7.5
④　19　　　　　　　⑤　37　　　　　　　⑥　75

b 水素を完全に燃焼させた後，容器**B**の混合気体の全圧は100℃で何Paになるか。最も適当な数値を，次の①〜④のうちから一つ選べ。　4　Pa

①　1.0×10^5　　　　　　　②　2.0×10^5
③　3.0×10^5　　　　　　　④　4.0×10^5

問 4 水 500 g にグルコース $C_6H_{12}O_6$ 9.00 g を加えて完全に溶かした。このグルコース水溶液を冷却し，よくかき混ぜながら水溶液の温度を測定したところ，図 3 のようになった。この水溶液の凝固点は図 3 の点 ア の温度だが，実際に水溶液の凝固が始まるのは図 3 の点 イ である。点 C 以降は氷と水溶液が共存しており，水溶液の濃度が次第に大きくなるため，水溶液の温度も少しずつ下がっていく。後の問い（**a**・**b**）に答えよ。

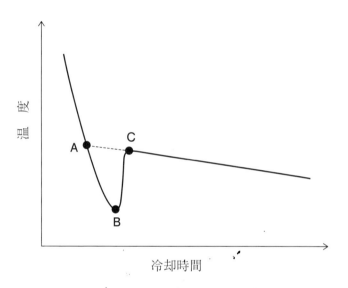

図 3　グルコース水溶液の温度変化

a | ア |, | イ | に当てはまる記号の組合せとして最も適当なものを，次の①〜⑥のうちから一つ選べ。| 5 |

	ア	イ
①	A	B
②	A	C
③	B	A
④	B	C
⑤	C	A
⑥	C	B

b 点**C**以降で，水 250 g が凝固したとき，水溶液の温度は何℃か。最も適当な数値を，次の①〜④のうちから一つ選べ。ただし，水のモル凝固点降下を 1.85 K·kg/mol とし，氷の中にグルコースは含まれていないものとする。| 6 | ℃

① −0.09   ② −0.19

③ −0.37   ④ −0.74

第2問 次の問い(問1〜3)に答えよ。(配点 20)

問1 同じ温度の1.0 mol/L 塩酸と1.0 mol/L 水酸化ナトリウム水溶液を，表1の実験番号1〜7に示す体積で混合し，温度変化を調べたところ，図1に示すグラフが得られた。この実験を1.0 mol/L 塩酸の代わりに1.0 mol/L 硫酸水溶液で行うと，どのようなグラフが得られるか。最も適当なグラフを，後の①〜⑨のうちから一つ選べ。ただし，中和反応により水1 molができるときに発生する熱量は酸と塩基の種類によらず一定とし，すべて水溶液の温度変化に使われるものとする。また，水溶液1 gの温度を1 ℃上昇させるのに必要な熱量はどの水溶液でも同じものとし，どの水溶液も密度は1.0 g/cm³ とする。 7

表1 1.0 mol/L 塩酸と1.0 mol/L 水酸化ナトリウム水溶液の体積

実験番号	1	2	3	4	5	6	7
1.0 mol/L 塩酸の体積(mL)	0	10	20	30	40	50	60
1.0 mol/L 水酸化ナトリウム水溶液の体積(mL)	60	50	40	30	20	10	0

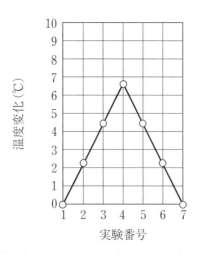

図1 塩酸と水酸化ナトリウム水溶液を混合したときの温度変化

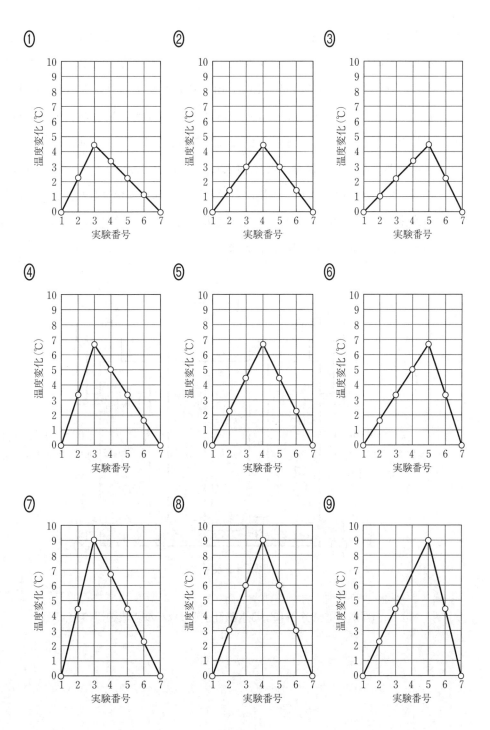

問 2 図 2 は，電気分解を利用して水酸化ナトリウムをつくる実験装置を模式的に示したものである。陽イオン交換膜(陽イオンのみを通す膜)によって電解槽を二つに仕切り，片側には濃度 1.00 mol/L の塩化ナトリウム水溶液 1.00 L を入れ，もう片側には濃度 1.00×10^{-2} mol/L の水酸化ナトリウム水溶液 1.00 L を入れた。塩化ナトリウム水溶液側に炭素電極を陽極として，水酸化ナトリウム水溶液側に鉄電極を陰極として挿入し，9.65 A の電流で電気分解を行ったところ，陽極からは塩素が，陰極からは水素がそれぞれ発生した。また，陰極側の水酸化ナトリウム水溶液の濃度は大きくなり，その pH は 25 ℃ で 13 であった。後の問い(**a** ・ **b**)に答えよ。

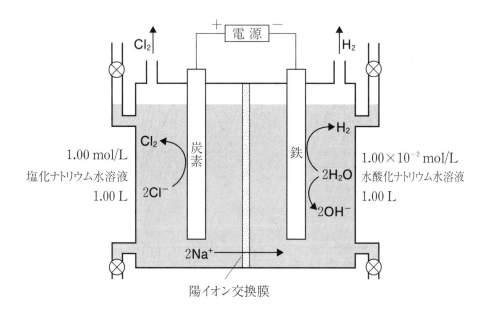

図 2 電気分解による水酸化ナトリウムの製造装置の模式図

a 陽イオン交換膜を取りつけずに実験を行った場合，陽極で発生した塩素は，陰極で生成した水酸化ナトリウムと次の式(1)のように反応する。

$$Cl_2 + 2NaOH \longrightarrow NaCl + NaClO + H_2O \tag{1}$$

式(1)の反応において，酸化剤と還元剤はそれぞれ何か。最も適当な組合せを，次の①〜④のうちから一つ選べ。 8

	酸化剤	還元剤
①	Cl_2	Cl_2
②	Cl_2	NaOH
③	NaOH	Cl_2
④	NaOH	NaOH

b 電気分解を行った時間は何秒か。最も適当な数値を，次の①〜⑥のうちから一つ選べ。ただし，ファラデー定数は$F = 9.65 \times 10^4$ C/mol，25 ℃における水のイオン積は$K_w = 1.00 \times 10^{-14}$ $(mol/L)^2$とし，電気分解の前後で水溶液の体積は変化しないものとする。なお，この装置では陽極と陰極の間を陽イオン交換膜で仕切ってあるので，**a** の式(1)で示した反応は起こらない。 9 秒

① 450　② 500　③ 900　④ 1000　⑤ 1800　⑥ 2000

— ②－11 —

問3 体積が変化する密閉容器に二酸化窒素 NO_2 だけを入れ, 温度と圧力を一定に保ったところ, 二酸化窒素の一部が四酸化二窒素 N_2O_4 に変化し, 次の式(2)で示される反応が平衡状態に達した。ただし, 式(2)においては $Q < 0$ である。

$$2NO_2\,(気) \Longleftrightarrow N_2O_4\,(気) \qquad \Delta H = Q\,\text{kJ} \tag{2}$$

次の問い(**a** ～ **c**)に答えよ。

a $NO_2\,(気)$の生成エンタルピーを $Q_1\,\text{kJ/mol}$, $N_2O_4\,(気)$の生成エンタルピーを $Q_2\,\text{kJ/mol}$ とすると, 式(2)における Q を表す式はどうなるか。最も適当な式を, 次の①～⑥のうちから一つ選べ。 10

① $Q = Q_1 + Q_2$ ② $Q = Q_1 - Q_2$ ③ $Q = -Q_1 + Q_2$
④ $Q = 2Q_1 + Q_2$ ⑤ $Q = 2Q_1 - Q_2$ ⑥ $Q = -2Q_1 + Q_2$

b 式(2)の反応に関する記述として正しいものを, 次の①～④のうちから一つ選べ。 11

① 式(2)の正反応の活性化エネルギーは, 式(2)の逆反応の活性化エネルギーよりも大きい。

② 二酸化窒素 NO_2 の分解速度は, 四酸化二窒素 N_2O_4 の生成速度と同じである。

③ 平衡状態に達した後, 温度一定のまま圧力を上げると, 四酸化二窒素 N_2O_4 が生成する向きに反応が進み, 別の平衡状態に達する。

④ 平衡状態に達した後, 圧力一定のまま温度を上げると, 四酸化二窒素 N_2O_4 が生成する向きに反応が進み, 別の平衡状態に達する。

c 300 K, 1.0×10^5 Pa で式(2)の反応が平衡状態に達したとき, NO_2 と N_2O_4 の混合気体の密度が 3.0 g/L だとすると, 平衡状態における NO_2 の分圧は何 Pa か。最も適当な数値を, 次の①〜④のうちから一つ選べ。ただし, 気体定数は $R = 8.3 \times 10^3$ Pa·L/ (K·mol)とする。 $\boxed{12}$ Pa

① 3.0×10^4 ② 3.8×10^4

③ 7.0×10^4 ④ 7.5×10^4

第3問 次の問い(**問1〜5**)に答えよ。(配点 20)

問1 水素と他の元素との化合物を水素化合物という。非金属元素の水素化合物に関する記述として正しいものを，次の**①〜⑤**のうちから一つ選べ。 | 13 |

① 炭素原子1個を含む水素化合物は，極性分子である。

② 窒素原子1個を含む水素化合物は，3価の弱塩基である。

③ フッ素原子1個を含む水素化合物は，1価の強酸である。

④ 硫黄原子1個を含む水素化合物は，還元剤としてはたらく。

⑤ 塩素原子1個を含む水素化合物は，臭素原子1個を含む水素化合物よりも沸点が高い。

問 2 図1の器具を使って気体を少しずつ発生させ，必要な量の気体が集まったら発生を止めたい。発生させる気体とAとBに入れる試薬に関する記述として最も適当なものを，後の①～④のうちから一つ選べ。 14

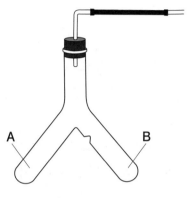

図1 気体の発生器具

① 一酸化炭素を発生させるために，Aにギ酸を入れ，Bに濃硫酸を入れる。
② 二酸化窒素を発生させるために，Aに希硝酸を入れ，Bに銅板を入れる。
③ 硫化水素を発生させるために，Aに希硫酸を入れ，Bに硫化鉄(Ⅱ)のかたまりを入れる。
④ 酸素を発生させるために，Aに酸化マンガン(Ⅳ)の粉末を入れ，Bに過酸化水素水を入れる。

問3 身のまわりの金属**A**～**C**はアルミニウム，亜鉛，鉛のいずれかであり，次の記述は**A**～**C**の性質と利用について述べたものである。1.0 mol の**A**～**C**に過剰の塩酸を加えたとき，発生する水素の物質量の大小関係はどうなるか。最も適当なものを，後の①～⑧のうちから一つ選べ。 15

金属**A** アルカリマンガン乾電池，酸化銀電池，空気電池など，多くの実用一次電池の負極活物質として用いられている。

金属**B** 自動車のバッテリーに使われる実用二次電池の負極活物質として用いられている。

金属**C** 密度が小さく，電気や熱の伝導性が大きい。展性や延性にすぐれ，加工もしやすい。家庭用品，電気材料，建築材料として用いられている。

① A＞B＞C ② A＝B＞C ③ A＞C＞B
④ B＞A＞C ⑤ B＞C＞A ⑥ C＞A＞B
⑦ C＞A＝B ⑧ C＞B＞A

問4 鉄と銅を使って次の**実験Ⅰ・Ⅱ**を行った。これらの実験中の下線部 1)～6)
に関する記述として**誤りを含むもの**はどれか。後の①～⑥のうちから一つ選
べ。 16

実験Ⅰ 鉄粉に希硫酸を加えたところ，鉄粉は気体を発生して溶け，1)淡緑色
の水溶液が得られた。この溶液に過酸化水素水を加えたところ，2)黄褐色の
水溶液に変化した。この黄褐色の溶液に3)ある試薬の水溶液を加えたところ，
濃青色の沈殿を生じた。

実験Ⅱ 銅粉に希硫酸を加えたところ，変化は見られなかった。これに過酸化
水素水を加えたところ，銅粉は完全に溶け，4)青色の水溶液が得られた。こ
の水溶液に5)ある試薬の水溶液を加えたところ水酸化物の沈殿を生じ，過剰
に加えても沈殿は溶けなかった。この沈殿を加熱したところ，6)黒色の沈殿
になった。

① 下線部 1)の色は，水溶液中の Fe^{2+} の色である。

② 下線部 2)の色は，水溶液中の Fe^{3+} の色である。

③ 下線部 3)の試薬は，ヘキサシアニド鉄(Ⅱ)酸カリウムである。

④ 下線部 4)の色は，水溶液中の Cu^{2+} の色である。

⑤ 下線部 5)の試薬は，アンモニアである。

⑥ 下線部 6)の沈殿は，酸化物である。

問5 温度や圧力を変えることで水素を吸収・放出する合金を水素吸蔵合金という。水素吸蔵合金に関する次の文章を読み，後の問い（**a**・**b**）に答えよ。

水素吸蔵合金の一つである鉄 Fe とチタン Ti の合金は，図 2 の左側に示すように，単位格子は一辺が 0.31 nm（1 nm ＝ 10^{-9} m）の立方体であり，その中心に Fe 原子が，各頂点に Ti 原子が位置している。Fe 原子と Ti 原子は図 2 の左側の網をかけた面（太い実線で囲んだ面）で接している。

この合金は，図 2 の右側に示すように，2 個の Fe 原子と 4 個の Ti 原子がつくる正八面体の中心に 1 個の H 原子を吸蔵することができる。

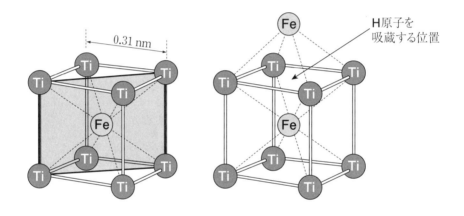

図 2　水素吸蔵合金の単位格子（左側）と水素原子を吸蔵する位置（右側）

a この合金の Fe 原子の半径を r, Ti 原子の半径を R とするとき, $r+R$ は何 nm になるか。最も適当な数値を, 次の ①〜⑥ のうちから一つ選べ。ただし, $\sqrt{2}=1.41$, $\sqrt{3}=1.73$ とする。 17 nm

① 0.11   ② 0.13   ③ 0.22   ④ 0.27   ⑤ 0.44   ⑥ 0.54

b この合金 1.0 cm³ が吸蔵できる水素分子 H_2 の体積は, 0 °C, 1.013×10^5 Pa において最大で何 L になるか。最も適当な数値を, 次の ①〜⑤ のうちから一つ選べ。ただし, アボガドロ定数は $N_A=6.0\times10^{23}$ /mol, 0 °C, 1.013×10^5 Pa における気体のモル体積は 22.4 L/mol とし, $3.1^3=30$ とする。 18 L

① 0.62   ② 1.2   ③ 1.9   ④ 3.7   ⑤ 7.4

第 4 問 次の問い(問 1 ～ 5)に答えよ。(配点　20)

問 1　有機化合物の特徴に関する記述として**誤りを含むもの**はどれか。最も適当な
　　ものを，次の①～⑥のうちから一つ選べ。　19

　　① 構成元素として必ず炭素と水素を含む。
　　② 構成元素の種類は無機物質に比べて少ない。
　　③ 化合物の種類は無機物質に比べて多い。
　　④ 原子間の結合は主に共有結合である。
　　⑤ 水よりも石油やジエチルエーテルに溶けやすいものが多い。
　　⑥ 炭化水素基と官能基からなる有機化合物の性質は，主に官能基の種類に
　　　 よって決まる。

問 2　組成式(実験式)が CH_2O で表される有機化合物に関する記述として**誤りを
　　含むもの**はどれか。最も適当なものを，次の①～④のうちから一つ選べ。
　　20

　　① 炭素数が 1 の化合物は 1 種類だけで，異性体が存在しない。
　　② 炭素数が 2 の化合物にはヨードホルム反応を示すものがある。
　　③ 炭素数が 3 の化合物には不斉炭素原子をもつものがある。
　　④ 炭素数が 6 の化合物にはフェーリング液を還元するものがある。

問3 分子の主鎖にエステル結合 -O-CO- を繰り返しもつポリマーを，ポリエステルという。ポリエステルの一種であるポリエチレンナフタレートは，図1に示す2価アルコールAと2価カルボン酸Bとの縮合重合によってつくられ，ポリエチレンテレフタラート（略称 PET）に比べて強度があり，気体を透過しにくいという優れた性質をもつ。

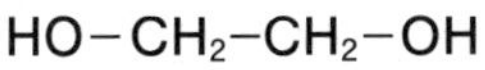

HO-CH₂-CH₂-OH

2価アルコール A
分子量 62

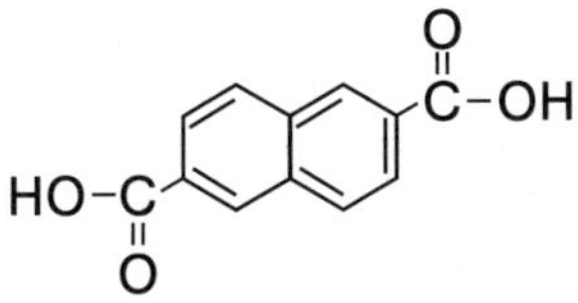

2価カルボン酸 B
分子量 216

図1　ポリエチレンナフタレートのモノマー

分子量が 7.0×10^4 のポリエチレンナフタレート1分子中に含まれるエステル結合の数はいくつか。最も適当な数値を，次の①～⑥のうちから一つ選べ。

21

① 2.5×10^2　　　② 2.7×10^2　　　③ 2.9×10^2

④ 5.0×10^2　　　⑤ 5.4×10^2　　　⑥ 5.8×10^2

問 4 トウガラシが辛み成分を合成するとき，中間生成物として，バニリルアミンができる。バニリルアミンは分子式が $C_8H_{11}NO_2$ で，ベンゼン環の三つの水素原子 -H を，3種類の異なる置換基 -X，-Y，-Z で置き換えたものである。これらの置換基に関する次の記述ア～エを読み，置換基 -Z として最も適当なものを，後の①～⑥のうちから一つ選べ。 $\boxed{22}$

ア 置換基 -X，-Y，-Z は，炭化水素基ではない。

イ 置換基 -X の存在により，塩化鉄(Ⅲ)水溶液で呈色する。

ウ 置換基 -Y はアミノ基 -NH$_2$ をもつが，このアミノ基はベンゼン環に直接結合していない。

エ 置換基 -Z だけがベンゼン環に直接結合した化合物 C_6H_5-Z は，構造異性体の関係にあるほかの芳香族化合物よりも沸点が低い。

① -CH$_2$-OH　　　② -CH$_2$-CH$_2$-OH　　　③ -CH$_2$-O-CH$_3$

④ -OH　　　⑤ -O-CH$_3$　　　⑥ -O-CH$_2$-CH$_3$

（下 書 き 用 紙）

化学の試験問題は次に続く。

問5 サリチル酸とメタノールからサリチル酸メチルを合成する次の実験を行った。この実験に関する記述として**誤りを含むもの**はどれか。最も適当なものを，後の①～⑤のうちから一つ選べ。 23

丸底フラスコにサリチル酸とメタノールを取り，よく振り混ぜてサリチル酸を溶かした後，濃硫酸を静かに加えた。丸底フラスコに沸騰石を入れ，図2のように冷却器を取りつけ，熱水の入ったビーカー中で長時間加熱した。反応後の丸底フラスコの溶液を冷却し，十分な量の炭酸水素ナトリウム水溶液が入ったビーカーに少しずつ加えた。このとき気体が発生した。よくかき混ぜながら丸底フラスコの溶液をすべて加え，気体の発生が見られなくなるまでかき混ぜ続けた。ビーカーの底に芳香をもつ油状のサリチル酸メチルが得られた。

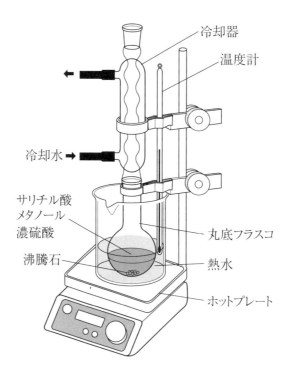

図2 サリチル酸メチルの合成装置

① 図2で，水を加熱するのにガスバーナーではなくホットプレートを用いるのは，有機化合物への引火を防ぐためである。

② 図2で，丸底フラスコ内に沸騰石を入れるのは，突発的な沸騰を防ぐためである。

③ 図2で，冷却器は，蒸発した有機化合物を冷却して液体にし，丸底フラスコに戻すために取りつけてある。

④ 濃硫酸は触媒としてはたらいている。

⑤ 炭酸水素ナトリウム水溶液のかわりに，水酸化ナトリウム水溶液を使ってもよい。

第5問 アミノ酸とペプチドに関する次の問い(問1～3)に答えよ。(配点 20)

問1 アミノ基 –NH₂ とカルボキシ基 –COOH が同一の炭素原子に結合した化合物をα-アミノ酸という。α-アミノ酸は一般式 $\begin{array}{c} H_2N-CH-COOH \\ | \\ R \end{array}$ で表され、側鎖Rの違いによってさまざまなα-アミノ酸がある。側鎖 –R が水素原子 –H のグリシン以外のα-アミノ酸では、鏡像異性体が存在する。

α-アミノ酸の鏡像異性体を D–, L– をつけて区別することがある。D型かL型かの判定は次のように行う。

(1) H原子を不斉炭素原子の後方に置く。
(2) 手前にある三つの原子団を、カルボキシ基 –COOH → 側鎖 –R → アミノ基 –NH₂ の順に回転させる。
(3) 回転が時計回り(右回り)ならD型、反時計回り(左回り)ならL型とする。

これを図1に示す。なお、以後の図では、◀ で表された結合は紙面の手前、⋯⫿ で表された結合は紙面の向こう側にあることを示す。

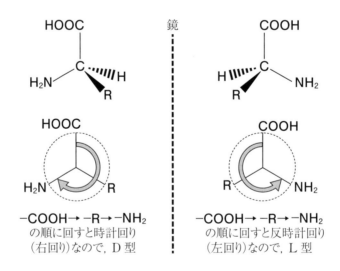

図1 α-アミノ酸のD型(左側)とL型(右側)

次の問い（**a**・**b**）に答えよ。

a アラニンは側鎖 −**R** がメチル基の α−アミノ酸であり，鏡像異性体が存在する。L 型のアラニンの立体構造として正しいものを，次の ①〜④ のうちから一つ選べ。 | 24 |

① H_2N–C···C–H，H，H，COOH，H

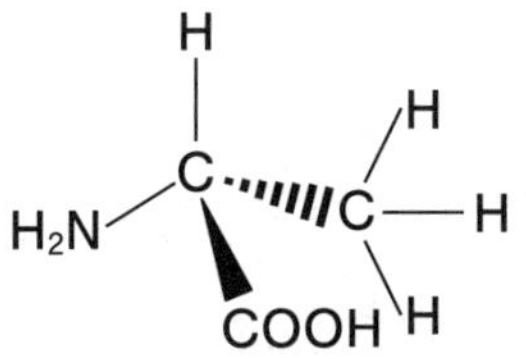

② NH_2–C，H，H_3C–C，CH_3，H，COOH

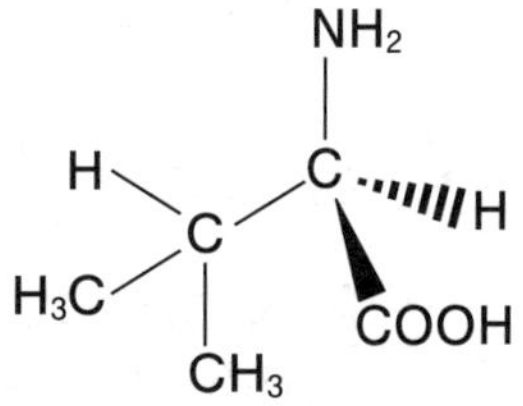

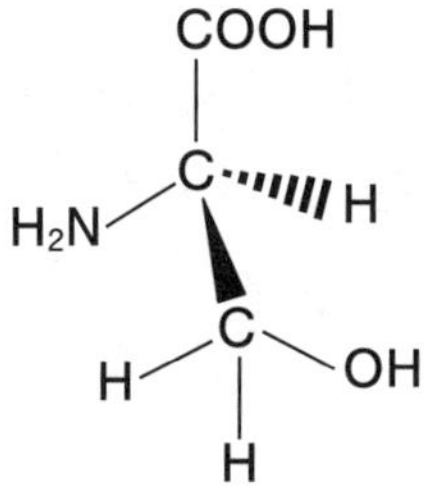

③ COOH–C···H，H_2N–C，H，C–OH，H

④ H–C–H，H–C···COOH，NH_2

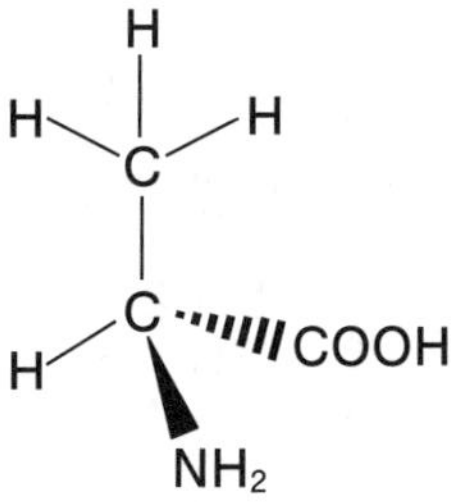

b D 型と L 型の関係にある一対の鏡像異性体で互いに異なるものは何か。最も適当なものを，次の ①〜④ のうちから一つ選べ。 | 25 |

① 融　点

② 密　度

③ 水に対する溶解度

④ 光（平面偏光）に対する性質

問2 α-アミノ酸は，水溶液中では，陽イオン，双性イオン，陰イオンが平衡状態になっている。側鎖 -R が水素原子 -H の α-アミノ酸であるグリシンの場合，陽イオン，双性イオン，陰イオンの間の電離定数は次のようになる。

$$H_3N^+\text{-}CH_2\text{-}COOH \underset{H^+}{\overset{OH^-}{\rightleftharpoons}} H_3N^+\text{-}CH_2\text{-}COO^-$$

$$K_1 = \frac{[H_3N^+\text{-}CH_2\text{-}COO^-][H^+]}{[H_3N^+\text{-}CH_2\text{-}COOH]} = 4.5 \times 10^{-3}\,\text{mol/L}$$

$$H_3N^+\text{-}CH_2\text{-}COO^- \underset{H^+}{\overset{OH^-}{\rightleftharpoons}} H_2N\text{-}CH_2\text{-}COO^-$$

$$K_2 = \frac{[H_2N\text{-}CH_2\text{-}COO^-][H^+]}{[H_3N^+\text{-}CH_2\text{-}COO^-]} = 1.7 \times 10^{-10}\,\text{mol/L}$$

また，グリシンの陽イオン，双性イオン，陰イオンの割合は，pH によって図2のように変化する。後の問い(**a**・**b**)に答えよ。ただし，$\log_{10}4.5 = 0.65$，$\log_{10}1.7 = 0.23$ とする。

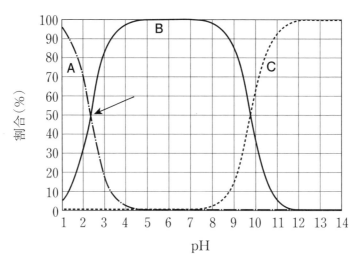

図2　pHによるグリシンのイオンの割合の変化

a 図2でグリシンの陽イオン，双性イオン，陰イオンを表すグラフはそれぞれ**A**，**B**，**C**のどれか。最も適当な組合せを，次の①〜⑥のうちから一つ選べ。 26

	陽イオン	双性イオン	陰イオン
①	A	B	C
②	A	C	B
③	B	A	C
④	B	C	A
⑤	C	A	B
⑥	C	B	A

b 図2の矢印←で示した点では，**A**が表すイオンと**B**が表すイオンの割合がいずれも 50％で，**C**が表すイオンの割合はほぼ0％とみなせる。矢印←で示した点のpHはいくつか。その数値を小数点以下第2位まで次の形式で表すとき， 27 ・ 28 に当てはまる数字を，後の①〜⓪のうちから一つずつ選べ。ただし，同じものを繰り返し選んでもよい。

2. 27 28

① 1　　　② 2　　　③ 3　　　④ 4　　　⑤ 5
⑥ 6　　　⑦ 7　　　⑧ 8　　　⑨ 9　　　⓪ 0

問3　次のア～エのペプチドの呈色反応のうち，特定のアミノ酸を含む場合にだけ
　　起こるものはどれとどれか。正しく選択しているものを，後の①～⑥のうち
　　から一つ選べ。 29

　　ア　濃硝酸を加えて加熱すると，黄色になる。

　　イ　ニンヒドリン水溶液を加えて加熱すると，赤紫色になる。

　　ウ　水酸化ナトリウム水溶液を加えてから少量の硫酸銅(Ⅱ)水溶液を加えると，
　　　赤紫色になる。

　　エ　水酸化ナトリウム水溶液を加えて加熱後，酢酸鉛(Ⅱ)水溶液を加えると，
　　　黒色沈殿が生じる。

　　　　① ア，イ　　　　　　② ア，ウ　　　　　　③ ア，エ
　　　　④ イ，ウ　　　　　　⑤ イ，エ　　　　　　⑥ ウ，エ

模試　第3回

$\binom{100点}{60分}$

〔化学〕

注 意 事 項

1　理科解答用紙（模試 第3回）をキリトリ線より切り離し，試験開始の準備をしなさい。

2　時間を計り，上記の解答時間内で解答しなさい。

　ただし，納得のいくまで時間をかけて解答するという利用法でもかまいません。

3　この回の模試の問題は，このページを含め，27ページあります。

4　**解答用紙には解答欄以外に受験番号欄，氏名欄，試験場コード欄，解答科目欄があります。解答科目欄は解答する科目を一つ選び，科目名の右の◯にマークしなさい。その他の欄は自分自身で本番を想定し，正しく記入し，マークしなさい。**

5　解答は，解答用紙の解答欄にマークしなさい。例えば，| 10 | と表示のある問いに対して③と解答する場合は，次の(例)のように**解答番号10の解答欄の③に**
マークしなさい。

（例）

解答番号	解　　答　　欄
	1 2 3 4 5 6 7 8 9 0 a b
10	① ② ③ ④ ⑤ ⑥ ⑦ ⑧ ⑨ ⑩ ⓐ ⓑ

6　問題冊子の余白等は適宜利用してよいが，どのページも切り離してはいけません。

化 学

(解答番号 1 ~ 36)

必要があれば，原子量は次の値を使うこと。
　H　1.0　　　C　12　　　N　14　　　O　16

実在気体とことわりがない限り，気体は理想気体として扱うものとする。

第1問　次の問い(問1〜4)に答えよ。(配点　20)

問1　原子の電子配置に関する記述として正しいものを，次の①〜⑤のうちから一つ選べ。　1

① 典型元素の原子において，同族元素では最外殻電子の数が等しい。
② 遷移元素の原子において，同周期の元素では最外殻電子の数が等しい。
③ 電子はまずK殻に最も配置されやすい。
④ 塩素原子は3組の共有電子対をもつ。
⑤ 窒素原子は1個の不対電子をもつ。

問2 圧力が 1.0×10^5 Pa の酸素は，20 ℃ の水 1.0 L に，0 ℃，1.0×10^5 Pa（標準状態）の体積に換算して 0.031 L 溶ける。ヘンリーの法則が成り立つとすれば，1.0×10^5 Pa の空気に 20 ℃ の水 2.5 L が接しているとき，この水に溶けている酸素の質量は何 mg か。最も適当な数値を，次の ① 〜 ⑤ のうちから一つ選べ。ただし，空気は窒素と酸素が物質量比 4：1 で混合した気体であるとする。

$\boxed{2}$ mg

① 22 　　 ② 44 　　 ③ 66 　　 ④ 88 　　 ⑤ 110

問3 図1のように，中央を半透膜で仕切られたU字管（断面積 2.0 cm²）の片方に純水，もう片方にスクロース水溶液を 100 mL ずつ，液面の高さが等しくなるように入れた。しばらく放置すると，左右の液面差が 10 cm になって静止した。この現象に関する記述として**誤りを含むもの**を，後の ① ～ ⑤ のうちから一つ選べ。 3

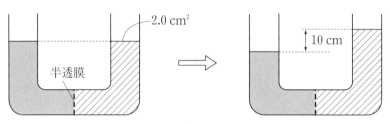

図1 U字管内の液面の移動

① 左右の液面差は，半透膜を小さな溶媒粒子のみが通過し，大きな溶質粒子は通過しなかったことで生じた。

② 液面の高さが上昇した方が，スクロース水溶液を入れた方である。

③ 温度を高くすると，左右の液面差はより大きくなる。

④ 生じた液面差の高さの液柱に相当する圧力が，もとのスクロース水溶液の浸透圧に等しい。

⑤ スクロース水溶液の代わりに同じモル濃度の塩化カルシウム水溶液を用いると，左右の液面差はより大きくなる。

問4 気体の状態方程式

$$PV=nRT \qquad\qquad (1)$$

が完全に成り立つ気体を，理想気体という。しかし，実際に存在する気体(実在気体)では，式(1)は必ずしも成り立つわけではない。そこで，実在気体でも成り立つ状態方程式が考えられており，その一つに式(2)のファンデルワールスの状態方程式がある。

$$\left(P+\frac{n^2a}{V^2}\right)(V-nb)=nRT \qquad\qquad (2)$$

式(2)の $\left(P+\dfrac{n^2a}{V^2}\right)$ は，式(1)の P に対応しており，$+\dfrac{n^2a}{V^2}$ の項は，分子間力の影響を補正している。同様に，式(2)の $(V-nb)$ は，式(1)の V に対応しており，$-nb$ の項は，分子自身の体積の影響を補正している。ただし，$a>0$ かつ $b>0$ である。

a 式(2)に関連する次の文章中の ┃ ア ┃，┃ イ ┃ に当てはまる語の組合せとして最も適当なものを，後の①〜④のうちから一つ選べ。┃ **4** ┃

a の値が大きい気体ほど，実在気体の圧力は理想気体の圧力より ┃ ア ┃ なる。また，b の値が大きい気体ほど，実在気体の体積は理想気体の体積より ┃ イ ┃ なる。

	ア	イ
①	大きく	大きく
②	大きく	小さく
③	小さく	大きく
④	小さく	小さく

b d を密度として，各圧力 P に対する $\dfrac{d}{P}$ の関係を表したグラフから，圧力

P が0になるときの $\dfrac{d}{P}$ の値を推測し，その値をもとに，実在気体に近い分

子量を求める方法がある。

気体の質量を w〔g〕，モル質量を M〔g/mol〕とすると，式(1)は

$$PV = \frac{w}{M}RT \tag{3}$$

となるが，この式(3)を M について解き，密度 d〔g/L〕を用いて表した式を用いることで，実在気体に近い分子量を求めることができる。

273 K で液体の，ある物質 X を 1.00×10^5 Pa，300 K にすると，完全に気体になった。温度を 300 K に保ち，圧力 P を変えて，物質 X の密度 d を測定すると，表1が得られた。

表1　圧力 P〔Pa〕を変えて測定した物質 X の密度 d〔g/L〕

圧力 P〔Pa〕	密度 d〔g/L〕
0.200×10^5	0.480
0.400×10^5	0.972
0.600×10^5	1.476
0.800×10^5	1.992
$1.00 \ \times 10^5$	2.520

圧力 $P=0$ のときの $\dfrac{d}{P}$ の値を用いて，物質 X の分子量を求めるといくらになるか。有効数字 2 桁で次の形式で表すとき，| 5 |〜| 7 | に当てはまる数字を，後の ①〜⓪ のうちから一つずつ選べ。ただし，同じものを繰り返し選んでもよい。また，気体定数 $R=8.3\times10^3$ Pa·L/(K·mol) とし，必要があれば，後の方眼紙を使うこと。

| 5 |.| 6 | $\times 10^{\boxed{7}}$

① 1   ② 2   ③ 3   ④ 4   ⑤ 5
⑥ 6   ⑦ 7   ⑧ 8   ⑨ 9   ⓪ 0

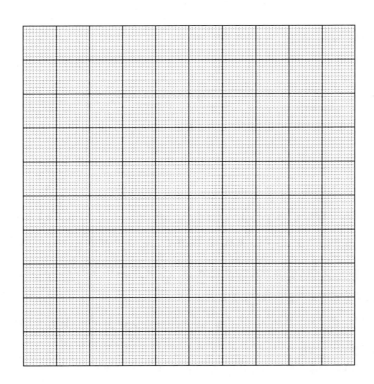

第2問 次の問い(問1〜4)に答えよ。(配点 20)

問1 図1は，炭素(黒鉛)，水素，酸素，水(液体)，二酸化炭素，エタノール(液体)のもつエンタルピーの大きさの相対的な関係を表している。これに関する記述として**誤りを含むもの**を，後の ①〜⑤ のうちから一つ選べ。

ただし，縦軸はエンタルピー，それぞれの化学式の係数はその物質の物質量を表しているものとする。 8

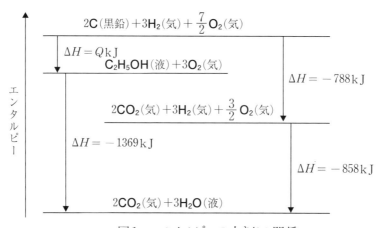

図1 エンタルピーの大きさの関係

① 水素の燃焼エンタルピーは，−286 kJ/mol である。
② 水素と酸素から 3 mol の水(液体)が生成するとき，858 kJ の熱を放出する。
③ 2 mol のエタノール(液体)が燃焼するとき，2738 kJ の熱を放出する。
④ 炭素(黒鉛)と酸素から 1 mol の二酸化炭素が生成するとき，788 kJ の熱を放出する。
⑤ 図1の Q はエタノール(液体)の生成エンタルピー〔kJ/mol〕の値に等しく，その値は −277 である。

問2 次の文を読み，問い（**a・b**）に答えよ。

食酢A中の酢酸の濃度を中和滴定によって決定するために，次の**操作Ⅰ〜Ⅲ**からなる実験を行った。

操作Ⅰ 食酢Aをホールピペットで10 mLはかり取り，メスフラスコを用いて10倍に希釈した。これを水溶液Bとする。

操作Ⅱ メスフラスコからホールピペットで水溶液Bを10 mLはかり取り，指示薬とともにコニカルビーカーに入れた。これを水溶液Cとする。

操作Ⅲ 操作Ⅱのコニカルビーカーに，0.080 mol/Lの水酸化ナトリウム水溶液Dをビュレットから滴下した。

a 操作Ⅰ〜Ⅲに関する記述として**誤りを含むもの**を，次の①〜⑤のうちから一つ選べ。 9

① **操作Ⅰ**では，容積100 mLのメスフラスコを用いる。

② **操作Ⅰ**で用いたホールピペットは，**操作Ⅱ**で用いるときに内側を食酢Aでよくぬらしておく必要がある。

③ **操作Ⅱ**では，指示薬としてフェノールフタレイン溶液を用いる。

④ **操作Ⅲ**では，溶液の赤色が消えなくなることで滴定の終点を確認する。

⑤ **操作Ⅲ**では，滴定を行う前にビュレットのコックを開き，ビュレットの先端部分まで水酸化ナトリウム水溶液Dを満たしておく必要がある。

b 滴定に要した水酸化ナトリウム水溶液Dの体積は8.0 mLであった。食酢A中の酢酸の濃度は何mol/Lか。最も適当な数値を，次の①〜⑥のうちから一つ選べ。 10 mol/L

① 0.010　　　　② 0.020　　　　③ 0.064

④ 0.10　　　　⑤ 0.20　　　　⑥ 0.64

問3 粗銅から純銅を得るために電気分解が利用されている。問い(**a・b**)に答えよ。

a 次の文章中の ア ～ オ に当てはまる語の組合せとして最も適当なものを，後の①～⑧のうちから一つ選べ。 11

電気分解を利用して不純物を含む金属から純粋な金属を得る方法を ア という。銅の ア の場合は，不純物を含む粗銅を イ 極，純粋な銅(純銅)を ウ 極として，硫酸酸性の硫酸銅(Ⅱ)水溶液を電気分解する。粗銅中の不純物のうち， エ はイオンとして水溶液中に残り， オ は単体のまま粗銅の下に沈殿する。

	ア	イ	ウ	エ	オ
①	溶融塩(融解塩)電解	陽	陰	鉄	金
②	溶融塩(融解塩)電解	陽	陰	金	鉄
③	溶融塩(融解塩)電解	陰	陽	鉄	金
④	溶融塩(融解塩)電解	陰	陽	金	鉄
⑤	電解精錬	陽	陰	鉄	金
⑥	電解精錬	陽	陰	金	鉄
⑦	電解精錬	陰	陽	鉄	金
⑧	電解精錬	陰	陽	金	鉄

b 陽極と陰極に銅を用いて，硫酸銅(II)水溶液を電気分解した。I(A)の電流を t(秒)流したとき，析出する銅の質量(g)を求める式として正しいものを，次の ① ～ ⑥ のうちから一つ選べ。ただし，ファラデー定数を F (C/mol)，銅のモル質量を M(g/mol)とする。 [12]

① $\dfrac{ItM}{F}$ ② $\dfrac{ItF}{M}$ ③ $\dfrac{It}{FM}$

④ $\dfrac{ItM}{2F}$ ⑤ $\dfrac{ItF}{2M}$ ⑥ $\dfrac{It}{2FM}$

問4　三酸化二窒素 N_2O_3 は沸点がおよそ 276 K の物質であり，室温では NO と NO_2 に完全に分解し，その逆反応は起こらない。また，ここで生成した NO_2 は，すみやかに，次の化学平衡に達する。

$$2\,NO_2\,(気) \rightleftharpoons N_2O_4\,(気) \qquad \Delta H = -57.2\,kJ$$

いま，次の操作を行った。

操作　容積を変えることのできる容器内に一定量の N_2O_3 を入れ，温度を 300 K に保った。

結果　NO，NO_2，N_2O_4 のみを成分とする混合気体が得られた。

　　この混合気体に関する記述として最も適当なものを，次の①〜⑤のうちから一つ選べ。　13

① 混合気体の成分は，いずれも無色である。

② 混合気体の平均分子量は，窒素の分子量よりも大きい。

③ 混合気体を通じた水は塩基性である。

④ 圧力一定で温度を上げると，容器内の分子数は減少する。

⑤ 温度を 300 K に保ち，混合気体の体積を変化させても，体積と圧力の積はつねに一定である。

（下 書 き 用 紙）

化学の試験問題は次に続く。

第3問 次の問い(**問1 ～ 4**)に答えよ。(配点 20)

問1 ハロゲンに属する単体の性質を**表していない**記述を，次の**①**～**⑤**のうちから一つ選べ。 14

① 赤褐色の液体であり，水にわずかに溶かした水溶液はエチレンを吹き込むことで脱色される。

② 淡青色の気体であり，強い酸化力をもつため，湿らせたヨウ化カリウムデンプン紙を青紫色に変える。

③ 黒紫色の固体であり，昇華性がある。水には溶けにくいがヨウ化カリウム水溶液には溶ける。

④ 黄緑色の気体であり，ヨウ化カリウム水溶液に吹き込むと溶液が褐色になる。

⑤ 淡黄色の気体であり，水と激しく反応する。このとき生じる酸はガラスを溶かす。

問2 アルミニウムに関する記述として正しいものを，次の①～⑤のうちから一つ選べ。 15

① アルミニウムの鉱石はアルミナとよばれる。

② アルミニウムを濃硝酸や濃塩酸に入れると，不動態となり溶けない。

③ アルミニウムは軽くて丈夫なため，建造物の骨組や乗り物の材料として用いられる。

④ 酸化アルミニウムを鉄粉とともに強熱すると，融解したアルミニウムが得られる。

⑤ アルミニウムは塩酸にも水酸化ナトリウム水溶液にも溶けて，どちらの反応でも同じ気体が発生する。

問3 身のまわりで利用されている化学物質の性質や用途に関する記述として下線部に**誤りを含むもの**を，次の①～⑤のうちから一つ選べ。 16

① 生石灰(酸化カルシウム CaO)は弁当の加熱剤などに広く利用されてきた。これは，生石灰と水の反応でかなり大きな熱が発生するためである。

② 袋詰めの食品などに入っている脱酸素剤の主成分は鉄粉で，これが空気中の酸素と反応して酸化されることにより，食品等の酸化を防止する。

③ 塩化カルシウムは湿気を取り除くための除湿剤として用いられている。これは，塩化カルシウムの風解性を活用したものである。

④ 冷蔵庫や靴箱のいやな臭いをとる脱臭剤として用いられている活性炭には無数の細かい穴があり，その表面に様々な物質を吸着するという性質がある。

⑤ 衣類の防虫剤として用いられている *p*-ジクロロベンゼンは昇華性を示す。

問 4 硫化水素は次のように二段階で電離する。このとき，それぞれの段階における電離定数を K_1 および K_2 とする。問い（**a** 〜 **c**）に答えよ。

$$H_2S \rightleftharpoons H^+ + HS^- \qquad 電離定数：K_1 = 1.0 \times 10^{-7}\,mol/L$$
$$HS^- \rightleftharpoons H^+ + S^{2-} \qquad 電離定数：K_2 = 1.0 \times 10^{-14}\,mol/L$$

a 硫化水素の飽和水溶液（0.10 mol/L）の pH として最も適当なものを，次の ① 〜 ⑧ のうちから一つ選べ。ただし，硫化水素の電離度は十分小さく，また二段階目の電離はごくわずかであり，pH への影響はないものとする。 ⎡17⎤

① 1   ② 2   ③ 3   ④ 4
⑤ 10   ⑥ 11   ⑦ 12   ⑧ 13

b 硫化水素が様々な pH 下で電離して生成する硫化物イオン S^{2-} の濃度は，電離の一段階目と二段階目をまとめた次の反応式の電離定数を考えることで求められる。

$$H_2S \rightleftharpoons 2H^+ + S^{2-} \qquad 電離定数：K_3\,(mol^2/L^2)$$

このとき，K_3 は K_1，K_2 を用いてどのように表されるか。最も適当なものを，次の ① 〜 ⑥ のうちから一つ選べ。 ⎡18⎤

① $K_1 + K_2$ ② $\dfrac{K_1 + K_2}{2}$ ③ $K_1 K_2$

④ $\sqrt{K_1 K_2}$ ⑤ $\dfrac{K_1}{K_2}$ ⑥ $\dfrac{K_2}{K_1}$

c 難溶性の塩の場合，各イオン濃度の係数乗の積が溶解度積 K_{sp} を超えると沈殿が生じる。いま，塩酸で pH を 3 に保ちながら，3 種類の金属イオンをそれぞれ 1.0×10^{-4} mol/L ずつとなるように加えた。さらに，硫化水素を飽和させて，その濃度が 0.10 mol/L になるようにしたとき，沈殿を生じる金属イオンとして最も適当なものを，後の ① ～ ⑧ のうちから一つ選べ。

19

[加えたイオン]　Zn^{2+}；沈殿の溶解度積 $K_{sp1} = 3.0 \times 10^{-25}$ mol^2/L^2

Fe^{2+}；沈殿の溶解度積 $K_{sp2} = 1.6 \times 10^{-19}$ mol^2/L^2

Cu^{2+}；沈殿の溶解度積 $K_{sp3} = 1.3 \times 10^{-36}$ mol^2/L^2

① Zn^{2+} のみ　　　　② Fe^{2+} のみ　　　　③ Cu^{2+} のみ

④ Zn^{2+} と Fe^{2+}　　⑤ Zn^{2+} と Cu^{2+}　　⑥ Fe^{2+} と Cu^{2+}

⑦ すべてのイオンが沈殿する　　　⑧ いずれのイオンも沈殿しない

第4問　次の問い(問1〜4)に答えよ。(配点　20)

問1　炭素，水素，酸素からなる有機化合物Xの構造を決定するために，次の**操作1〜4**の実験を行った。問い(**a**・**b**)に答えよ。

操作1　22 mgの化合物Xを試料として，図1のような装置で乾燥した酸素気流中で完全燃焼させ，生成した二酸化炭素と水の質量を，ソーダ石灰管と塩化カルシウム管の質量増加から求めた。この結果から，化合物Xの組成式はC_2H_4Oであることがわかった。

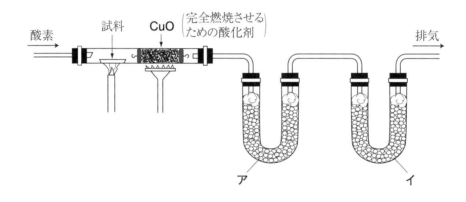

図1　分析装置図

操作2　化合物Xの分子量を測定したところ，88であった。
操作3　化合物Xを加水分解したところ，同じ物質量の化合物Aと化合物Bが得られた。
操作4　化合物Aを適当な酸化剤で酸化したところ，化合物Bが得られた。

a 操作1で，図1の試薬（**ア・イ**）の質量の増加量（mg）の組合せとして最も適当なものを，次の①～⑥のうちから一つ選べ。 20

	ア	イ
①	44 mg	18 mg
②	88 mg	36 mg
③	176 mg	72 mg
④	18 mg	44 mg
⑤	36 mg	88 mg
⑥	72 mg	176 mg

b 化合物 **A** と化合物 **B** に関する記述として**誤りを含むもの**を，次の①～⑤のうちから一つ選べ。 21

① 化合物 **A** には構造異性体が存在する。

② 化合物 **A** はナトリウムと反応して水素を発生する。

③ 化合物 **B** には構造異性体が存在する。

④ 化合物 **B** は炭酸水素ナトリウムと反応して二酸化炭素を発生する。

⑤ 化合物 **B** はヨードホルム反応を示す。

問2 安息香酸，フェノール，アニリンの3種類の化合物を含むジエチルエーテル（以下，エーテル）溶液を試料溶液とし，この溶液中の各化合物を操作1〜3により分離した。それぞれの操作で分離された化合物A〜Cの組合せとして最も適当なものを，後の①〜⑥のうちから一つ選べ。 22

操作1 試料溶液を分液ろうとに入れ，塩酸を加えてよく振り混ぜた。その後，静置し，分離した水層をビーカーに移し，水酸化ナトリウム水溶液を加えたところ化合物Aが得られた。

操作2 操作1で分液ろうとに残っていたエーテル層に水酸化ナトリウム水溶液を加えてよく振り混ぜた。その後，静置し，分離した水層をビーカーに移し，二酸化炭素を通じたところ化合物Bが得られた。

操作3 操作2でビーカーに残っていた水層のみを分離し，塩酸を加えてよく混ぜたところ，化合物Cが得られた。

	化合物A	化合物B	化合物C
①	安息香酸	フェノール	アニリン
②	安息香酸	アニリン	フェノール
③	フェノール	安息香酸	アニリン
④	フェノール	アニリン	安息香酸
⑤	アニリン	安息香酸	フェノール
⑥	アニリン	フェノール	安息香酸

問3 図2のようにメタノールを用いた実験を行った。この実験に関連する記述として**誤りを含むもの**を，後の①〜⑤のうちから一つ選べ。 23

操作1 磨いた銅線をらせん状に巻いてガスバーナーで強く加熱した。
操作2 熱いままの銅線を，試験管中のメタノールの液面に近づけた。

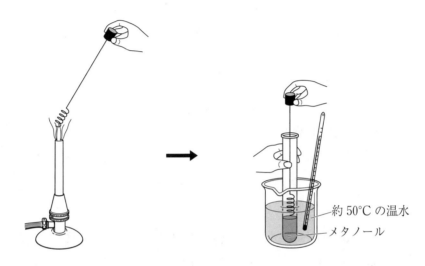

図2 銅線を用いた実験操作

① この操作により，メタノールは酸化される。
② **操作1**により強熱した銅線を冷やすと，黒色になっている。
③ **操作2**により試験管内から刺激臭がする。
④ この実験で得られる有機化合物は還元性をもつ。
⑤ この実験で得られる有機化合物は，氷水で冷却した試験管中で凝縮させて捕集できる。

問4 後の説明 a〜c から，次の構造をもつポリマーに関する正しい記述を選んだものはどれか。最も適当なものを，後の①〜⑦のうちから一つ選べ。 24

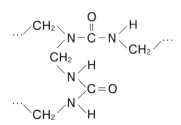

a 熱硬化性樹脂である。
b アンモニアとホルムアルデヒドから合成することができる。
c コンセントプラグやボタンなどに用いられる。

① a のみ   ② b のみ   ③ c のみ
④ a・b   ⑤ b・c   ⑥ a・c
⑦ a・b・c

（下 書 き 用 紙）

化学の試験問題は次に続く。

第5問 次の文章を読み，問い（**問1～5**）に答えよ。（配点 20）

(a) $\underline{\alpha-アミノ酸は，タンパク質を構成する成分であり，分子内にアミノ基 -NH_2}$ とカルボキシ基 -COOH をもつ化合物である。いま，表1に示す7種類の α-アミノ酸のうちの異なる4種類の α-アミノ酸 **A ～ D** から構成された，鎖状のテトラペプチド **X** の構造を決定するために，**実験1～実験5** を行った。

表1 α-アミノ酸の種類

名称	略号	側鎖	等電点	分子量
グリシン	Gly	-H	6.0	75
セリン	Ser	$-CH_2-OH$	5.7	105
メチオニン	Met	$-CH_2-CH_2-S-CH_3$	5.7	149
チロシン	Tyr	$-CH_2-\langle\bigcirc\rangle-OH$	5.7	181
アスパラギン酸	Asp	$-CH_2-COOH$	2.8	133
グルタミン酸	Glu	$-CH_2-CH_2-COOH$	3.2	147
リシン	Lys	$-CH_2-CH_2-CH_2-CH_2-NH_2$	9.7	146

実験1

　ペプチド **X** を完全に加水分解したところ，得られたアミノ酸のうち (b)アミノ酸 **A ～ C** の3種類は不斉炭素原子をもっていたが，アミノ酸 **D** は不斉炭素原子をもっていなかった。

実験2

　ペプチド **X** のすべてのカルボキシ基 -COOH をメチル化して $-COOCH_3$ とした後，適切な酵素を用いてペプチド結合のみを加水分解したところ，アミノ酸 **A** のメチルエステルとアミノ酸 **B** のメチルエステルが得られた。それら以外のメチルエステルは得られなかった。

— ③ － 24 —

実験 3

アミノ酸 A に濃硝酸を加えて加熱すると黄色になり，さらにアンモニア水を加えて塩基性にすると橙黄色になった。また，分析の結果，アミノ酸 B の炭素数は 5 であることがわかった。

実験 4

ペプチド X に，塩基性アミノ酸のカルボキシ基側のペプチド結合を選択的に加水分解する酵素を作用させたところ，ペプチド Y とペプチド Z が得られた。

実験 5

ペプチド Y を完全に加水分解した後，図 1 のように，スルホ基をもつイオン交換樹脂(陽イオン交換樹脂)を詰めた円筒容器に流した。まず pH 2.5 に調整した水溶液を流し，以降，pH 4.0，pH 7.0，pH 11.0 の緩衝液を順に流し，それぞれ溶出液を試験管 1，試験管 2，試験管 3 に集めた。すると，試験管 1 にはアミノ酸 B が，試験管 3 にはアミノ酸 C が，それぞれ含まれていた。

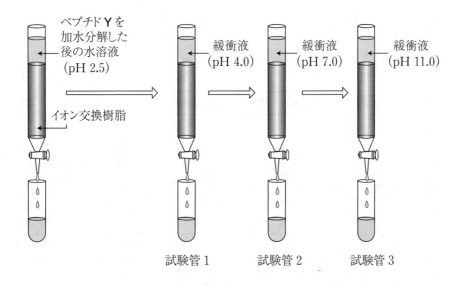

図 1　イオン交換樹脂を用いたアミノ酸の分離

問1　下線部(a)に関連して，アミノ酸とタンパク質に関する記述として**誤りを含むもの**を，次の①～④のうちから一つ選べ。　25

① アミノ酸の水溶液にニンヒドリン水溶液を加えて加熱すると，赤紫～青紫色を呈する。

② アミノ酸は，結晶中では双性イオンになっていて，一般に水に溶けやすい。

③ タンパク質が強酸により変性を起こすのは，タンパク質のペプチド結合が切れるためである。

④ 酵素の主成分はタンパク質であり，生体内の化学反応が体温付近で進行するように触媒としてはたらく。

問2　下線部(b)に関連して，アミノ酸 A 2分子と，アミノ酸 D 1分子が縮合してできる鎖状のトリペプチドは何種類あるか。最も適当な数値を，次の①～⑥のうちから一つ選べ。ただし，鏡像異性体(光学異性体)が存在可能なアミノ酸は，これを含めて数えるものとする。　26　種類

①　2　　　②　3　　　③　4　　　④　6　　　⑤　8　　　⑥　12

問3　アミノ酸 A，アミノ酸 B として最も適当なものを，次の①～⑦のうちからそれぞれ一つずつ選べ。A　27　　B　28

①　グリシン　　　　②　セリン　　　　　　③　メチオニン
④　チロシン　　　　⑤　アスパラギン酸　　⑥　グルタミン酸
⑦　リシン

— ③ － 26 —

問4　実験5の試験管3において最も多く存在するアミノ酸Cの構造式を次のように表すとき，29 ～ 32 に当てはまるものとして最も適当なものを，後の①～⓪のうちからそれぞれ一つずつ選べ。ただし，29 には①，②のいずれか，30 には③，④のいずれかが，それぞれ当てはまるものとする。また，同じものを繰り返し選んでもよい。

$$
\boxed{29} - CH - \boxed{30}
$$
$$
|
$$
$$
\boxed{31}
$$
$$
|
$$
$$
\boxed{32}
$$

試験管3において最も多く存在するアミノ酸Cの構造式

① $-NH_2$　　② $-NH_3^+$　　③ $-COOH$　　④ $-COO^-$

⑤ $-CH_2-$　　⑥ $-CH_2-CH_2-$　　⑦ $-CH_2-CH_2-CH_2-CH_2-$

⑧ $-OH$　　⑨ $-S-CH_3$　　⓪ ⟨⟩$-OH$

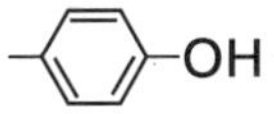

問5　ペプチドXのアミノ酸配列を次のように表すとき，33 ～ 36 に当てはまる略号として最も適当なものを，後の①～⑦のうちからそれぞれ一つずつ選べ。

アミノ基側　　$\boxed{33} - \boxed{34} - \boxed{35} - \boxed{36}$　　カルボキシ基側
（N末端）　　　　　　　　　　　　　　　　　　　　　　（C末端）

ペプチドXのアミノ酸配列

① Gly　　② Ser　　③ Met　　④ Tyr

⑤ Asp　　⑥ Glu　　⑦ Lys

模試　第4回

$\left(\begin{array}{c}100点\\60分\end{array}\right)$

〔化学〕

注　意　事　項

1　理科解答用紙（模試 第4回）をキリトリ線より切り離し，試験開始の準備をしなさい。

2　時間を計り，上記の解答時間内で解答しなさい。

　ただし，納得のいくまで時間をかけて解答するという利用法でもかまいません。

3　この回の模試の問題は，このページを含め，26ページあります。

4　**解答用紙には解答欄以外に受験番号欄，氏名欄，試験場コード欄，解答科目欄が**
あります。解答科目欄は解答する科目を一つ選び，科目名の右の◯に**マークしなさ**
い。その他の欄は自分自身で本番を想定し，**正しく記入し，マークしなさい。**

5　解答は，解答用紙の解答欄にマークしなさい。例えば，　10　と表示のある問
いに対して③と解答する場合は，次の(例)のように**解答番号10の解答欄の③に**
マークしなさい。

(例)

解答番号	解　　答　　欄 1 2 3 4 5 6 7 8 9 0 a b
10	① ② ③ ④ ⑤ ⑥ ⑦ ⑧ ⑨ ⓪ ⓐ ⓑ

6　問題冊子の余白等は適宜利用してよいが，どのページも切り離してはいけません。

模試　第4回

化　　　　　学

$$\left(\text{解答番号}\ \boxed{1}\ \sim\ \boxed{31}\right)$$

必要があれば，原子量は次の値を使うこと。

　H　1.0　　　　　C　12　　　　　O　16

実在気体とことわりがない限り，気体は理想気体として扱うものとする。

第1問　次の問い（問1～3）に答えよ。（配点　20）

問1　次の（a・b）に当てはまるものを，それぞれの解答群の①～⑥のうちから一つずつ選べ。

　　a　固体が共有結合の結晶であるもの　　$\boxed{1}$

　　①　SiO_2　　　　　②　CO_2　　　　　③　Cu
　　④　MgO　　　　　⑤　I_2　　　　　⑥　Al_2O_3

　　b　炭素－酸素原子間に二重結合が**存在しない**もの　　$\boxed{2}$

　　①　プロピオン酸　　②　二酸化炭素　　③　アセトアルデヒド
　　④　無水フタル酸　　⑤　グリセリン　　⑥　アセトン

（下 書 き 用 紙）

化学の試験問題は次に続く。

問2　常温・常圧で気体の炭化水素 **A** x (L) と酸素 y (L) を合計 30 L になるように混合し，これに点火して燃焼させる実験を行った。その後，生成した水や水蒸気を除き，二酸化炭素と未反応の **A**，または酸素の混合気体の体積 V (L) を測定すると，表1の結果が得られた。

表1　燃焼前後の気体の体積

燃焼前の気体の体積		燃焼後の混合気体の体積 V (L)
A の体積 x (L)	酸素の体積 y (L)	
3.0	27	24
6.0	24	18
9.0	21	16
12	18	18
15	15	20
18	12	22
21	9.0	24
24	6.0	26
27	3.0	28

　これについて，後の問い(**a**・**b**)に答えよ。ただし，**A** の燃焼の際，生成物は二酸化炭素と水だけであり，反応は **A** または酸素の一方が完全に消失するまで進行するものとする。また，気体の体積は 0 ℃，1.013×10^5 Pa (標準状態)に換算した値である。必要があれば，次ページの方眼紙を使うこと。

a Aと酸素が過不足なく反応するときの体積比を**最も簡単な整数比で**$X:Y$と表すとき，X, Yに当てはまる数を，後の①〜⑨のうちから一つずつ選べ。

Aの体積：酸素の体積 $=X:Y=$ 3 : 4

① 1　　② 2　　③ 3　　④ 4　　⑤ 5
⑥ 6　　⑦ 7　　⑧ 8　　⑨ 9

b Aの分子式をC_nH_mと表すとき，n, mに当てはまる数として最も適当なものを，次の①〜⑨のうちから一つずつ選べ。n 5 m 6

① 1　　② 2　　③ 3　　④ 4　　⑤ 5
⑥ 6　　⑦ 8　　⑧ 10　　⑨ 12

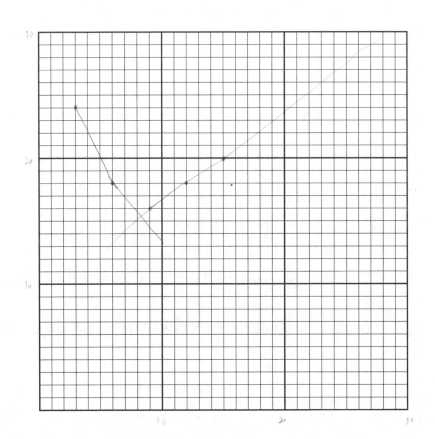

問3 図1に示すように，物質の状態が温度と圧力によって変わる様子を表した図を状態図という。

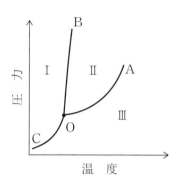

図1 ある物質の状態図

純物質の状態図は3本の曲線OA，OB，OCで区切られる三つの領域に分けられる。領域Ⅰ，Ⅱ，Ⅲの臨界点以下の温度・圧力の下で，物質は固体，液体，気体のいずれかの状態をとり，3本の曲線に沿った温度・圧力においては，隣り合う二つの状態が平衡状態として存在している。次の問い（**a・b**）に答えよ。

a 図1に関する記述として**誤りを含むもの**を，次の①〜⑤のうちから一つ選べ。 7

① 曲線OAは蒸気圧曲線である。
② 領域Ⅰでは物質は固体として存在する。
③ 点Oでは固体，液体，気体が共存する。
④ 状態図が図1のようになる物質の場合，圧力を高くすると，融点は低くなる。
⑤ 点Oの圧力より低い圧力のもとで固体を加熱すると，昇華して気体になる。

b 多くの物質では，状態図の曲線 OB は右に傾いている。しかし，水の状態図の場合，OB に相当する曲線は，図 2 の OB′ で示したように，左に傾いている。水の状態図の曲線 OB′ が左に傾く原因と同じ原因に由来する現象として最も適当なものを，後の①～④のうちから一つ選べ。 8

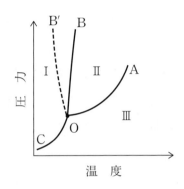

図 2 水の状態図

① 高山では 100℃ より低い温度で水が沸騰する。
② 冬に池に張った氷が水面に浮かぶ。
③ 冬山で樹氷ができる。
④ 四季を通じて海水の温度変化は陸地に比べて小さい。

第2問 次の問い(問1〜4)に答えよ。(配点 20)

問1 エチレンに水素が付加してエタンが生成する反応の,エンタルピー変化を含む化学反応式を次に示す。

$$C_2H_4(気) + H_2(気) \longrightarrow C_2H_6(気) \qquad \Delta H = Q\,kJ$$

表1に示す結合エネルギーの値を用いて Q の値を求めると,何 kJ になるか。最も適当な数値を,後の ①〜⑥ のうちから一つ選べ。ただし,エチレンおよびエタンに含まれる C−H の結合エネルギーはすべて等しいものとする。

| 9 | kJ

表1 各結合の結合エネルギー

結合	結合エネルギー(kJ/mol)
C−H	413
C−C	331
C=C	590
H−H	436

① +131 　　　　　 ② +655 　　　　　 ③ +1003

④ −131 　　　　　 ⑤ −655 　　　　　 ⑥ −1003

問2 水溶液の電気分解に関する次の記述中の空欄 ア 〜 ウ に当てはまる語の組合せとして最も適当なものを，後の①〜⑧のうちから一つ選べ。 10

濃い塩化ナトリウム水溶液の電気分解を行った。陽極では ア が発生し，陰極では イ が発生した。また，陰極付近の溶液は， ウ 色リトマス紙を変色させた。

	ア	イ	ウ
①	酸　素	水　素	青
②	酸　素	水　素	赤
③	塩　素	水　素	青
④	塩　素	水　素	赤
⑤	水　素	塩　素	青
⑥	水　素	塩　素	赤
⑦	水　素	酸　素	青
⑧	水　素	酸　素	赤

— ④ - 9 —

問3　次の記述中の空欄　ア　・　イ　に当てはまる語句の組合せとして正しいものを，後の①〜⑥のうちから一つ選べ。　11

$$2NO_2 \rightleftarrows N_2O_4 \qquad \Delta H = -57.2\,kJ$$

で表される化学反応が平衡状態にあるとき，温度を上げると，その反応速度は　ア　，また平衡は　イ　。

	ア	イ
①	正反応のみ大きくなり	右へ移動する
②	正反応のみ大きくなり	左へ移動する
③	逆反応のみ大きくなり	右へ移動する
④	逆反応のみ大きくなり	左へ移動する
⑤	正反応も逆反応も大きくなり	右へ移動する
⑥	正反応も逆反応も大きくなり	左へ移動する

問4 濃度未知のアンモニア水 10 mL を，0.10 mol/L の塩酸で滴定したところ，過不足なく中和するのに塩酸が 8.0 mL 必要であった。後の問い（**a**・**b**）に答えよ。ただし，必要ならば次の値を使うこと。

水のイオン積 $K_w＝[H^+][OH^-]＝1.0×10^{-14}$ $(mol/L)^2$

アンモニアの電離定数 $K_b＝\dfrac{[NH_4^+][OH^-]}{[NH_3]}＝2.4×10^{-5}$ mol/L

$\sqrt{3}＝1.7,\quad \log_{10}2.4＝0.38$

a このアンモニア水におけるアンモニアの電離度 α として最も適当な数値を，次の①〜⑤のうちから一つ選べ。ただし，α は 1 に比べて小さく，$1-\alpha$ を 1 とみなせるものとする。 | 12 |

① $1.7×10^{-2}$ 　　② $2.4×10^{-2}$ 　　③ $3.4×10^{-2}$

④ $3.8×10^{-2}$ 　　⑤ $4.8×10^{-2}$

b このアンモニア水 10 mL に，0.10 mol/L の塩酸を 4.0 mL 加えると，アンモニアの半分が中和され，水溶液中に残っているアンモニアのモル濃度 $[NH_3]$ と，中和で生じたアンモニウムイオンのモル濃度 $[NH_4^+]$ が等しくなり，緩衝液になる。この緩衝液の pH として最も適当な数値を，次の①〜⑤のうちから一つ選べ。 | 13 |

① 7.4 　　② 8.4 　　③ 9.4 　　④ 10.4 　　⑤ 11.4

第3問 次の問い(問1〜4)に答えよ。(配点 20)

問1 気体の発生法のうち，**酸化還元反応ではないもの**を，次の①〜⑤のうちから一つ選べ。 | 14 |

① 酸化マンガン(Ⅳ)に濃塩酸を加えて加熱し，塩素を発生させる。

② 銅に濃硫酸を加えて加熱し，二酸化硫黄を発生させる。

③ 銅に濃硝酸を加え，二酸化窒素を発生させる。

④ 亜鉛に希硫酸を加え，水素を発生させる。

⑤ 硫化鉄(Ⅱ)に希硫酸を加え，硫化水素を発生させる。

問2 酸化物に関する記述として**誤りを含むもの**を，次の①〜⑤のうちから一つ選べ。 | 15 |

① SO_2 は酸性酸化物であり，塩基と反応して塩を生じる。

② P_4O_{10} は酸性酸化物であり，水と反応してオキソ酸を生じる。

③ ZnO は両性酸化物であり，強塩基と反応すると錯イオンを生じる。

④ Na_2O は塩基性酸化物であり，酸と反応して塩を生じる。

⑤ CuO は塩基性酸化物であり，水によく溶けて塩基性を示す。

問3 2族元素に関する記述として**誤りを含むもの**を，次の①〜⑤のうちから一つ選べ。 16

① 2族元素はすべて価電子を2個もつ。

② 2族元素はすべて陽イオンになりやすく，同じ周期の他の元素と比べてイオン化エネルギーが大きい場合が多い。

③ ベリリウム，マグネシウム以外の2族元素はすべて炎色反応を示す。

④ CaO は生石灰ともよばれ，$CaCO_3$ を焼くことで得られる。

⑤ $CaCO_3$ は水と二酸化炭素によって溶かすことができる。

問4 次の文章を読み，後の問い（**a・b**）に答えよ。ただし，AgCl および Ag$_2$CrO$_4$ の溶解度積をそれぞれ 1.8×10^{-10} (mol/L)^2，1.0×10^{-12} (mol/L)^3 とし，AgNO$_3$ 水溶液を加えたことによる溶液の体積変化は無視できるものとする。

Cl$^-$ と CrO$_4$$^{2-}$ がそれぞれ 2.5×10^{-3} mol/L ずつで存在する中性水溶液 100 mL がある。これに 0.10 mol/L の AgNO$_3$ 水溶液を滴下しながら変化の様子を観察したところ，滴下を始めてからすぐに白色の沈殿が生じ始め，しばらく滴下したところで ア の沈殿が生じ始めた。 ア の沈殿が生じ始めた瞬間に溶液中に溶けていた Cl$^-$ の濃度は，最初に溶液中に含まれていた Cl$^-$ の濃度のおよそ イ ％である。

a 文中の空欄 ア に当てはまる色として最も適当なものを，次の①～④のうちから一つ選べ。 17

① 黄 色　　　② 緑 色　　　③ 赤褐色　　　④ 青 色

b 文中の空欄 イ に当てはまる数値として最も適当なものを，次の①～④のうちから一つ選べ。 18

① 0.036　　　② 0.36　　　③ 3.6　　　④ 36

（下 書 き 用 紙）

化学の試験問題は次に続く。

第4問 次の問い(問1〜4)に答えよ。(配点 20)

問1 炭素,水素,酸素からなる有機化合物の試料について,図1の装置を用いて元素分析を行ったところ,$CaCl_2$ 管の質量は 36 mg,ソーダ石灰管の質量は 88 mg 増加していた。この実験に関する記述として**誤りを含むもの**を,後の ①〜⑤ のうちから一つ選べ。 19

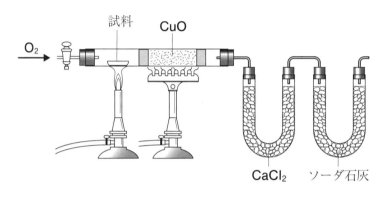

図1 元素分析の実験装置図

① 燃焼管に送り込む O_2 は,乾燥しておく必要がある。
② 図中の CuO は,試料の完全燃焼を助ける酸化剤である。
③ $CaCl_2$ 管では水蒸気が,ソーダ石灰管では二酸化炭素が吸収される。
④ この有機化合物には炭素と水素が物質量比 1:1 で含まれている。
⑤ この実験だけでは,この有機化合物の分子式を決定することはできない。

問2 次の文章を読み，有機化合物 A の構造式として最も適当なものを，後の①
～⑥のうちから一つ選べ。 20

化合物 A を二クロム酸カリウムの硫酸酸性水溶液で酸化すると，化合物 B
が生じた。化合物 B はフェーリング液を還元しなかった。また，化合物 B は
酸性を示さなかった。そして，化合物 B にヨウ素と水酸化ナトリウム水溶液
を加えて温めても，変化は見られなかった。

① $CH_3-CH_2-CH_2-CH_2$
         OH

② $CH_3-CH_2-CH-CH_3$
              OH

③ $CH_3-CH_2-\overset{\overset{\displaystyle CH_3}{|}}{\underset{\underset{\displaystyle OH}{|}}{C}}-CH_3$

④ $CH_3-CH-\overset{\overset{\displaystyle CH_3}{|}}{\underset{\underset{\displaystyle OH}{|}}{CH}}-CH_3$

⑤ $CH_3-CH_2-CH_2-CH-CH_3$
                       OH

⑥ $CH_3-CH_2-CH-CH_2-CH_3$
                    OH

— ④ - 17 —

問3 芳香族化合物 A 〜 E に関する文章を読み，後の問い（a 〜 c）に答えよ。

ベンゼンに濃硝酸と濃硫酸の混合物を加えて反応させると化合物 A が得られる。A をスズと濃塩酸を用いて還元したのち，水酸化ナトリウム水溶液を加えてジエチルエーテルで(a)抽出すると，化合物 B が得られる。(b)B を希塩酸に溶かし，氷水で冷やしながら亜硝酸ナトリウム水溶液を加えて反応させると，化合物 C が生成する。化合物 C を希塩酸に溶かした溶液を加温すると，化合物 D が得られる。D を水酸化ナトリウム水溶液に溶かし，これを C の水溶液に加えると化合物 E が得られる。

a 下線部(a)で用いる実験器具を表した図として最も適当なものを，次の①〜④のうちから一つ選べ。 21

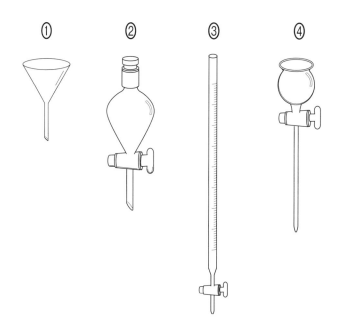

b 下線部(b)の反応の名称を，次の①〜⑥のうちから一つ選べ。 $\boxed{22}$

① アセチル化　　② エステル化　　③ カップリング

④ ジアゾ化　　　⑤ スルホン化　　⑥ ニトロ化

c 化合物 A 〜 E に関する記述として**誤りを含むもの**を，次の①〜⑥のうちから二つ選べ。ただし，解答の順序は問わない。 $\boxed{23}$ ・ $\boxed{24}$

① A は淡黄色であり，水より重い液体である。

② B は水に溶けにくい。

③ B をさらし粉水溶液に加えると赤紫色を呈する。

④ C は不斉炭素原子をもつ。

⑤ D に塩化鉄(Ⅲ)水溶液を加えると，特有の呈色反応を示す。

⑥ E は分子内に窒素原子間の三重結合をもつ。

問 4 アミノ酸に関する記述として**誤りを含むもの**を，次の①～⑤のうちから一つ選べ。 25

① アミノ酸の水溶液はビウレット反応により，赤紫色を呈する。

② 天然のタンパク質を構成する α-アミノ酸は，約 20 種類存在する。

③ 天然の α-アミノ酸には，不斉炭素原子をもたないものも存在する。

④ α-アミノ酸の一つであるアラニンは，酸性溶液中ではおもに陽イオンとして存在している。

⑤ α-アミノ酸の一つであるリシンは，分子内にアミノ基を 2 個もち，等電点は 7 よりも大きい。

（下 書 き 用 紙）

化学の試験問題は次に続く。

第5問 次の文章を読み，問い(問1～4)に答えよ。(配点 20)

白金板を1 mol/Lの希塩酸に浸して$1.013×10^5$ Paの水素(気体)を吹き込んだものを標準水素電極といい，標準電極電位は，この標準水素電極の電位を基準として表した電極の電位である。金属のイオン化傾向の大きさは，標準電極電位と密接に関係している。

金属Mの標準電極電位は，次のようにして測定される。

図1のようにして，金属Mを1 mol/Lの陽イオンM^{n+}の水溶液に浸したものと，標準水素電極を組み合わせた電池の起電力を測定する。この起電力にMが正極である場合は＋，負極の場合は－の符号を付けたものを標準電極電位とする。

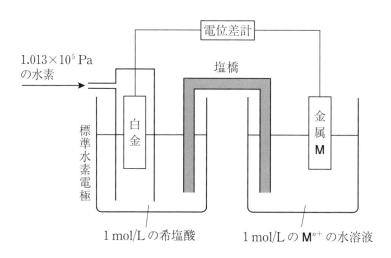

図1 標準電極電位の測定装置図

(注) 塩橋は，KClなどの塩の濃厚な水溶液を，ガラス管の中で寒天で固めたものであり，両側の水溶液を電気的に接続するはたらきをする。

いくつかの金属の標準電極電位E^0 (V)を，表1に示す。

表1　各種反応の標準電極電位

金属	電極反応	E^0 (V)
Zn	$Zn^{2+} + 2e^- \rightleftharpoons Zn$	-0.76
Fe	$Fe^{2+} + 2e^- \rightleftharpoons Fe$	-0.44
A	$A^{2+} + 2e^- \rightleftharpoons A$	-0.26
Sn	$Sn^{2+} + 2e^- \rightleftharpoons Sn$	-0.14
Pb	$Pb^{2+} + 2e^- \rightleftharpoons Pb$	-0.13
(H_2)	$2H^+ + 2e^- \rightleftharpoons H_2$	0
Cu	$Cu^{2+} + 2e^- \rightleftharpoons Cu$	$+0.34$
Ag	$Ag^+ + e^- \rightleftharpoons Ag$	$+0.80$

　標準電極電位が高い金属ほど還元反応（$M^{n+} + ne^- \longrightarrow M$）が起こり　ア　く，標準電極電位が低い金属ほど酸化反応（$M \longrightarrow M^{n+} + ne^-$）が起こり　イ　い。したがって，イオン化傾向が大きい金属ほど標準電極電位が　ウ　い。

　ダニエル電池は亜鉛 Zn を陽イオン Zn^{2+} を含む水溶液に浸したものと，銅 Cu を陽イオン Cu^{2+} を含む水溶液に浸したものとを組み合わせた電池である。一般に，ダニエル電池と同様にして2種類の金属を組み合わせた電池をダニエル型電池という。水溶液の濃度がいずれも 1 mol/L であるとき，ダニエル型電池の起電力は次のようにして求めることができる。

　　（起電力）＝（正極の標準電極電位）－（負極の標準電極電位）

問1　文中の空欄 ア ～ ウ に適する語の組合せとして最も適当なものを，次の①～⑧のうちから一つ選べ。 26

	ア	イ	ウ
①	や　す	や　す	高
②	や　す	や　す	低
③	や　す	に　く	高
④	や　す	に　く	低
⑤	に　く	や　す	高
⑥	に　く	や　す	低
⑦	に　く	に　く	高
⑧	に　く	に　く	低

問2　表1中の空欄の金属Aに該当する金属を，次の①～⑥のうちから一つ選べ。 27

① Al　　　　　　② Au　　　　　　③ Hg

④ Li　　　　　　⑤ Mg　　　　　　⑥ Ni

— ④ - 24 —

問3　ダニエル電池およびダニエル型電池について，次の問い（**a・b**）に答えよ。ただし，以下では，水溶液中の陽イオンの濃度はいずれも 1 mol/L であるとする。

a　ダニエル電池の起電力は何 V か。最も適当な数値を，次の ① 〜 ⑥ のうちから一つ選べ。　 28 　V

① 0.08　　　　　② 0.21　　　　　③ 0.42

④ 0.55　　　　　⑤ 1.10　　　　　⑥ 1.56

b　ある金属 **B** と亜鉛 **Zn** を組み合わせてダニエル型電池を製作したところ，亜鉛が負極となり，起電力が 0.62 V になった。金属 **B** の標準電極電位（V）の符号（＋，－），および，その絶対値として最も適当なものを，次の選択肢のうちからそれぞれ一つずつ選べ。　 29 　 30 　V

　 29 　の選択肢

① ＋　　　　　　　② －

　 30 　の選択肢

① 0.13　　　　　② 0.14　　　　　③ 0.26

④ 0.34　　　　　⑤ 0.44　　　　　⑥ 0.80

問4 電池の起電力は，金属イオンの濃度によっても変化する。金属 M について，電極反応と電極の電位 E (V)について，次の関係が成り立つ。

$$M^{n+} + ne^- \rightleftharpoons M$$

$$E = E^0 + \frac{0.059}{n} \log_{10}[M^{n+}] \ (V) \quad (ただし，E^0 は標準電極電位)$$

Zn^{2+} のモル濃度が 0.1 mol/L，Cu^{2+} のモル濃度が 0.5 mol/L である電解液を組み合わせてダニエル電池を製作した。このダニエル電池の起電力は，**問3 a** で解答したダニエル電池の起電力と比べて，どのように変化するか。最も適当なものを，次の①～④のうちから一つ選べ。ただし，$\log_{10}5 = 0.70$ とせよ。 | 31 |

① 0.02 V 大きくなる。　　② 0.04 V 大きくなる。

③ 0.02 V 小さくなる。　　④ 0.04 V 小さくなる。

模試　第5回

$\left(\begin{smallmatrix}100点\\60分\end{smallmatrix}\right)$

〔化学〕

注意事項

1　理科解答用紙（模試 第5回）をキリトリ線より切り離し，試験開始の準備をしなさい。

2　**時間を計り，上記の解答時間内で解答しなさい。**

ただし，納得のいくまで時間をかけて解答するという利用法でもかまいません。

3　この回の模試の問題は，このページを含め，25ページあります。

4　**解答用紙には解答欄以外に受験番号欄，氏名欄，試験場コード欄，解答科目欄があります。解答科目欄は解答する科目を一つ選び，**科目名の右の◯にマークしなさい。**その他の欄は自分自身で本番を想定し，正しく記入し，マークしなさい。**

5　解答は，解答用紙の解答欄にマークしなさい。例えば，| 10 | と表示のある問いに対して③と解答する場合は，次の（例）のように**解答番号10の解答欄の③にマークしなさい。**

（例）

解答番号	解　　　答　　　欄 1 2 3 4 5 6 7 8 9 0 a b
10	① ② ③ ④ ⑤ ⑥ ⑦ ⑧ ⑨ ⓪ ⓐ ⓑ

6　問題冊子の余白等は適宜利用してよいが，どのページも切り離してはいけません。

模試　第5回

化 学

(解答番号 1 ～ 34)

必要があれば，原子量は次の値を使うこと。
H 1.0   C 12   O 16   N 14
Na 23   Cu 64

気体は，実在気体とことわりがない限り，理想気体として扱うものとする。
また，必要があれば，次の値を使うこと。

気体定数 8.3×10^3 Pa·L/(mol·K)

0°C，1.013×10^5 Pa（標準状態）における 1 mol の気体の体積 22.4 L

ファラデー定数 9.65×10^4 C/mol

第1問 次の問い（問1～4）に答えよ。（配点 20）

問1 図1のように，水とエタノールの混合物を大型試験管に入れ，温度計とガラス管のついたゴム栓を大型試験管に差し，ガラス管部分にはゴム管を介して別のガラス管を取り付けた。さらにその先には，氷冷された試験管を用意した。この後，加熱を行って温度変化を調べると図2のようになった。後の問い（**a**・**b**）に答えよ。

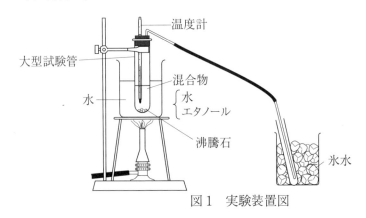

図1 実験装置図

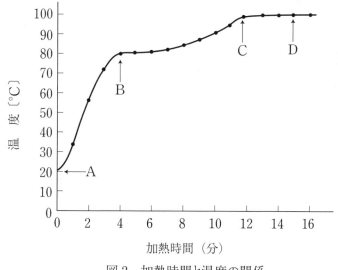

図2 加熱時間と温度の関係

a 図2において，エタノールの沸騰が始まったと考えられる点として最も適当なものを，次の①～④のうちから一つ選べ。 | 1 |

① A　　　② B　　　③ C　　　④ D

b 実験中に，氷冷された試験管を交換して，3本の試験管に同じ量ずつ液体を集めた。これらの試験管を集めた順にⅠ～Ⅲとする。Ⅰ～Ⅲをそれぞれ容器に移して数秒間火を近づけた。十分に時間が経った後に残った液体の量の大小関係として最も適当なものを，次の①～⑦のうちから一つ選べ。ただし，エタノールの燃焼により生成する水は凝縮しないものとする。 | 2 |

① Ⅰ＞Ⅱ＞Ⅲ　　② Ⅰ＞Ⅲ＞Ⅱ　　③ Ⅱ＞Ⅰ＞Ⅲ
④ Ⅱ＞Ⅲ＞Ⅰ　　⑤ Ⅲ＞Ⅰ＞Ⅱ　　⑥ Ⅲ＞Ⅱ＞Ⅰ
⑦ Ⅰ＝Ⅱ＝Ⅲ

問2　銀の結晶は，面心立方格子である。単位格子の一辺の長さを a (cm)，結晶の密度を d (g/cm³)，アボガドロ定数を N_A (/mol) とするとき，銀のモル質量 (g/mol) を表す式として最も適当なものを，次の ①～⑥ のうちから一つ選べ。

　　　3

① $\dfrac{N_A d}{2a^3}$　　　② $\dfrac{N_A d}{4a^3}$　　　③ $\dfrac{2N_A}{a^3 d}$

④ $\dfrac{4N_A}{a^3 d}$　　　⑤ $\dfrac{N_A a^3 d}{2}$　　　⑥ $\dfrac{N_A a^3 d}{4}$

問3 沸騰水に塩化鉄(III)水溶液を加えて生じた水酸化鉄(III)のコロイド溶液を半透膜に入れ，純水にしばらく浸した。この操作に関する次の記述（I～III）について，正誤の組合せとして最も適当なものを，後の①～⑧のうちから一つ選べ。 4

I　この操作を一度行うことによって，純粋な水酸化鉄(III)のコロイド溶液を得ることができる。

II　操作後の純水にBTB溶液を加えると，青色に変化する。

III　操作後の純水に硝酸銀水溶液を加えると，白色沈殿が生じる。

	I	II	III
①	正	正	正
②	正	正	誤
③	正	誤	正
④	正	誤	誤
⑤	誤	正	正
⑥	誤	正	誤
⑦	誤	誤	正
⑧	誤	誤	誤

問4 次の問い(a・b)に答えよ。

a 容積が 0.50 L のピストン付き容器に水 72 mg のみを入れ，27 °C にした。このとき，容器内には液体の水が存在していた。次に，温度を 27 °C に保ちながら，この容器のピストンを，容積が 2.49 L になるまでゆっくりと引いた。このときの容器の容積 V と容器内の圧力 P の関係を表したグラフの概形として最も適当なものを，次の ①〜⑥ のうちから一つ選べ。ただし，27 °C における水の飽和蒸気圧は 3.6×10^3 Pa とし，液体の水の体積は無視できるものとする。 5

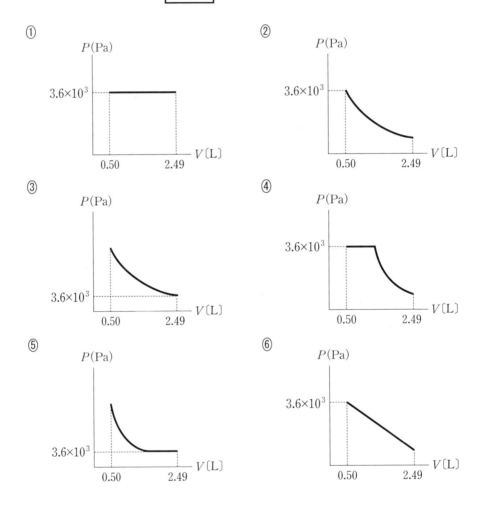

b 大気圧 1.0×10⁵ Pa, 20 °C の下で，一方を閉じた断面積 1.0 cm² のガラス管に水銀を満たし，水銀を入れた容器中で倒立させると，図 3 のように，水銀柱の高さは，容器の水銀面から 760 mm となった。

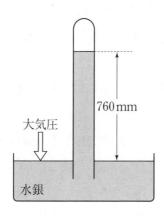

図 3 水銀を満たし倒立させたガラス管

次に，ガラス管の下から 0.10 g の揮発性の液体化合物 X を管内に注入して放置したところ，X はすべて蒸発し，水銀柱の高さは 320 mm になった。このときの液体化合物 X の圧力は何 mmHg か。最も適当な数値を，次の ①～⑤ のうちから一つ選べ。ただし，水銀面からガラス管の先端までの高さはつねに 875 mm に保たれている。 | 6 | mmHg

① 115   ② 320   ③ 435   ④ 440   ⑤ 555

第 2 問 次の問い（問 1 〜 3 ）に答えよ。（配点　20）

問 1　次の実験結果から，塩酸と水酸化ナトリウム水溶液の反応によって 1 mol の水が生じるときに出入りする熱量を表すとどうなるか。その式として最も適当なものを，後の①〜⑧のうちから一つ選べ。　| 7 |　kJ

4.0 g の水酸化ナトリウムの固体を多量の水に溶かしたときに放出した熱量
　　　　　　　　　　　　　　　　　　　　　　　　　　　　　　　…A kJ

2.0 g の水酸化ナトリウムの固体と十分量の塩酸を完全に反応させたときに放出した熱量　　　　　　　　　　　　　　　　　　　　　　…B kJ

① $A+B$　　　② $B-A$　　　③ $A+2B$　　　④ $2B-A$
⑤ $5A+10B$　⑥ $10B-5A$　⑦ $10A+20B$　⑧ $20B-10A$

問2 次の電極および電解質水溶液を用いて電気分解を行ったとき，**どちらの電極からも気体の水素が生じない**組合せはどれか。最も適当なものを，次の①〜⑤のうちから一つ選べ。　8

	陽　極	陰　極	電解質水溶液
①	Cu	C	硫酸ナトリウム水溶液
②	Pt	Pt	水酸化ナトリウム水溶液
③	Pt	Pt	硝酸銀水溶液
④	Pt	Pt	ヨウ化カリウム水溶液
⑤	C	C	塩　酸

問3　次の文章を読み，後の問い（**a** ～ **c**）に答えよ。ただし，式中の［　］は，それぞれの物質のモル濃度（mol/L）を表している。

　　一つの化学反応式で表されている反応であっても，実際には多段階の反応を経て反応物が生成物へ変化する場合がある。一例として，気体の水素分子 H_2 と気体のヨウ素分子 I_2 から気体のヨウ化水素分子 HI が生成する(1)式の反応を以下に示す。

$$H_2 + I_2 \longrightarrow 2HI \tag{1}$$

この反応は 9 kJ/mol の発熱反応であることが知られている。

　(1)式からは，H_2 と I_2 が衝突して反応が進行しているように見える。しかし，次の二つの反応の組合せによって HI が生成するという説が有力である。

$$I_2 \rightleftharpoons 2I \tag{2}$$

$$H_2 + 2I \longrightarrow 2HI \tag{3}$$

ヨウ素原子 I は気体として存在し，(2)式では平衡が成立している。また，H_2 はほとんど解離しないものとする。

　(2)式の正反応は，151 kJ/mol の　ア　反応であり，平衡定数は次式で表される。

$$K = \frac{[I]^2}{[I_2]} \tag{4}$$

　(2)式で生成した I は，H_2 と衝突して　イ　を経由し，(3)式に従って，HI が生成する。

　ここで，(3)式の正反応の反応速度定数を k_3 とすると，(3)式による HI の生成速度 v_{HI} は，次式で表される。

$$v_{HI} = k_3 [H_2] [I]^2 \tag{5}$$

a   **ア** ・ **イ** に当てはまる語句の組合せとして最も適当なものを，次の①〜④のうちから一つ選べ。 **9**

	ア	イ
①	発　熱	平衡状態
②	発　熱	遷移状態
③	吸　熱	平衡状態
④	吸　熱	遷移状態

b (3)式で表される反応の反応エンタルピーは何 kJ/mol か。最も適当な数値を，次の①〜⑧のうちから一つ選べ。 **10** kJ/mol

① −169　　　② −160　　　③ −142　　　④ −133

⑤ 133　　　⑥ 142　　　⑦ 160　　　⑧ 169

c (2)式の正反応および逆反応が(3)式の反応に比べて圧倒的に速く，つねに(2)式の平衡が成立しているとする。このとき，HI の生成速度 v_{HI} に関する記述として最も適当なものを，次の①〜⑥のうちから一つ選べ。 **11**

① v_{HI} は，$[H_2]$ と $[I_2]$ の積に比例する。

② v_{HI} は，$[H_2]$ の 2 乗と $[I_2]$ の積に比例する。

③ v_{HI} は，$[H_2]$ と $[I_2]$ の 2 乗の積に比例する。

④ v_{HI} は，$[H_2]$ と $[I_2]$ の積に反比例する。

⑤ v_{HI} は，$[H_2]$ の 2 乗と $[I_2]$ の積に反比例する。

⑥ v_{HI} は，$[H_2]$ と $[I_2]$ の 2 乗の積に反比例する。

第3問 次の問い(**問1～4**)に答えよ。(配点 20)

問1 ハロゲンの単体とその化合物に関する記述として**誤りを含むもの**はどれか。最も適当なものを，次の①～④のうちから一つ選べ。 12

① 臭化カリウム水溶液に塩素を吹き込むと，溶液は赤褐色に変化する。

② 塩化ナトリウムに濃硫酸を加えて加熱することで発生した気体は，水上置換で捕集するのがよい。

③ フッ化水素，塩化水素，臭化水素，ヨウ化水素のうち，弱酸であるのはフッ化水素のみである。

④ 高度さらし粉に塩酸を加えて発生した気体を溶かした水溶液は，漂白作用をもつ。

問2 カルシウムとバリウムに関する記述のうち，バリウムのみに当てはまる記述はどれか。最も適当なものを，次の①～④のうちから一つ選べ。 13

① 単体は，常温の水と反応する。

② 水酸化物の水溶液は強塩基性を示し，二酸化炭素を通じると白色沈殿が生じるが，過剰に通じると沈殿が溶解する。

③ 化合物は特有の炎色反応を示す。

④ 硫酸塩は水に難溶性で，塩酸を加えても溶解しないため，X線撮影の造影剤に用いられる。

問3 Ag^+, Pb^{2+}, Cu^{2+}, Al^{3+}, Zn^{2+}, K^+ のうち，3種類の金属イオンを含む水溶液 A がある。水溶液 A に対して，次の操作を行った。

操作I 水溶液 A に塩酸を加えてろ過を行うと，ろ液 B と，ろ紙上に沈殿が得られた。この沈殿に熱水を加えると沈殿はすべて溶解し，その溶液にクロム酸カリウム水溶液を加えると，黄色沈殿が生じた。

操作II ろ液 B に過剰の水酸化ナトリウム水溶液を加えてろ過を行うと，ろ液 C と，ろ紙上に沈殿が得られた。この沈殿に過剰のアンモニア水を加えると，沈殿はすべて溶解し，深青色溶液が生じた。

操作III ろ液 C を酸性にした後，過剰のアンモニア水を加えたが，沈殿は生じなかった。

操作IV 操作IIIの溶液を白金線に付着させて高温の炎の中に入れると，特有の炎色が観察された。

水溶液 A に含まれる金属イオンの組合せとして最も適当なものを，次の①～⑧のうちから一つ選べ。ただし，**操作I**～**操作IV**において，分離は完全に行われたものとする。 $\boxed{14}$

① Ag^+, Cu^{2+}, Al^{3+} ② Ag^+, Cu^{2+}, K^+ ③ Ag^+, Al^{3+}, Zn^{2+}

④ Ag^+, Al^{3+}, K^+ ⑤ Pb^{2+}, Cu^{2+}, Zn^{2+} ⑥ Pb^{2+}, Cu^{2+}, K^+

⑦ Pb^{2+}, Al^{3+}, Zn^{2+} ⑧ Pb^{2+}, Zn^{2+}, K^+

問4 次の文章を読み，後の問い（ **a** ・ **b** ）に答えよ。ただし，気体 **X**，気体 **Y** は水蒸気以外の気体であるとする。

図1のように，ふたまた試験管に銅片と濃硝酸を入れ，これらを混合すると，気体 **X** が発生した。発生した気体 **X** を容器 A に捕集して密閉した。その後，図2の(1)のように素早く注射器による捕集に切り替えて，注射器にも気体 **X** を捕集した。実験開始から銅片が 0.80 g 反応したところで気体 **X** の捕集をやめ，図2の(2)のように温水を満たした容器 B に注射器から気体 **X** を注入して放置したところ，容器 B には気体 **X** とは別の気体 **Y** のみが存在しており，その体積は 0 ℃，1.013×10^5 Pa（標準状態）で 56 mL であった。

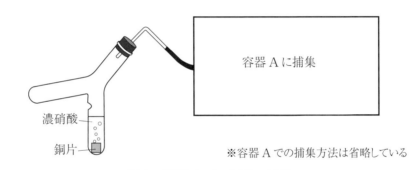

図1 容器 A での気体の捕集

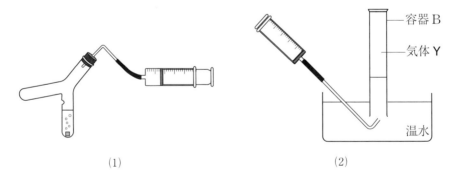

図2 容器 B での気体の捕集

a 同温・同圧下において，気体 X と気体 Y に関する説明として最も適当なものを，次の①～⑥のうちから一つ選べ。 | 15 |

① 気体 X より気体 Y の方が密度は大きく，気体 X は有色である。

② 気体 X より気体 Y の方が密度は大きく，気体 Y は有色である。

③ 気体 Y より気体 X の方が密度は大きく，気体 X は有色である。

④ 気体 Y より気体 X の方が密度は大きく，気体 Y は有色である。

⑤ 気体 X と気体 Y の密度は同じで，気体 X は有色である。

⑥ 気体 X と気体 Y の密度は同じで，気体 Y は有色である。

b 容器 A に捕集された気体 X の体積は，標準状態で何 mL か。有効数字 2 桁で次の形式で表すとき， | 16 | ～ | 18 | に当てはまる数字を後の①～⓪のうちから一つずつ選べ。ただし，同じものを繰り返し選んでもよい。なお，濃硝酸に溶解する気体 X の体積や気体 X の二量化に関しては無視でき，またゴム管のつなぎ変えの際に空気中に放出された気体 X の体積や，水の蒸気圧も無視できるものとする。

$$\boxed{16}\ .\ \boxed{17}\ \times 10^{\boxed{18}}\ \text{mL}$$

① 1　　　② 2　　　③ 3　　　④ 4　　　⑤ 5

⑥ 6　　　⑦ 7　　　⑧ 8　　　⑨ 9　　　⓪ 0

— ⑤ - 15 —

第4問 次の問い(**問1～5**)に答えよ。(配点　20)

問1　分子式 C_4H_8 で表される化合物に関する記述として，下線部に**誤りを含む**ものはどれか。最も適当なものを，次の①～④のうちから一つ選べ。ただし，立体異性体は区別して考えるものとする。　19

①　光を照射しながら，化合物1分子に対して塩素1分子を作用させると，置換反応が起こる物質は二つある。

②　不斉炭素原子をもつ物質が二つある。

③　互いにシス-トランス異性体の関係にある物質が存在する。

④　過マンガン酸カリウム水溶液により酸化される物質が四つある。

問2　サリチル酸とその誘導体に関する記述として，下線部に**誤りを含むもの**はどれか。最も適当なものを，次の①～④のうちから一つ選べ。　20

①　ナトリウムフェノキシドに，高温・高圧下で二酸化炭素を作用させて得られた物質に希硫酸を作用させると，サリチル酸が得られる。

②　アセチルサリチル酸を得るには，サリチル酸に無水酢酸を作用させればよい。

③　サリチル酸メチルは解熱剤として用いられている。

④　サリチル酸メチルとアセチルサリチル酸のうち，塩化鉄(Ⅲ)水溶液で呈色するのはサリチル酸メチルである。

— ⑤ － 16 —

問3 分子式 $C_4H_8O_2$ で表されるエステル A ～ D がある。A ～ D を加水分解する
と，4種類のアルコール E ～ H と3種類のカルボン酸 I ～ K が得られた。ア
ルコール E，F，G を酸化させると，それぞれ K，J，I が得られた。また，K
は還元性を示し，炭素数を比較するとアルコール G より F の方が多かった。

さらに，アルコール H を酸化させると，ケトン L が得られた。次の問い
（**a・b**）に答えよ。

a K と L に関する記述として最も適当なものを，次の①～④のうちから一
つ選べ。 21

① K と L のうち，ヨードホルム反応を示すのは K である。

② K と L のうち，BTB 溶液を加えると黄色に変化するのは L である。

③ K と L のうち，酢酸カルシウムの乾留によって生じるのは K である。

④ K と L のうち，クメン法により生成するのは L である。

b 加水分解によって，アルコール E および G と一緒に生じたカルボン酸の
組合せとして最も適当なものを，次の①～⑨のうちから一つ選べ。
22

	E	G
①	I	I
②	I	J
③	I	K
④	J	I
⑤	J	J
⑥	J	K
⑦	K	I
⑧	K	J
⑨	K	K

— ⑤ － 17 —

問4 α-アミノ酸やタンパク質に関する記述として最も適当なものを，次の①〜
⑤のうちから一つ選べ。 23

① α-アミノ酸には必ず不斉炭素原子が含まれている。

② アミノ基をもつα-アミノ酸であれば，必ずニンヒドリン反応を示す。

③ α-アミノ酸の等電点は必ず 7.0 付近である。

④ ペプチド結合をもつタンパク質であれば，必ずキサントプロテイン反応
を示す。

⑤ ベンゼン環を含むタンパク質を塩基性条件下で加熱した後に酢酸鉛(Ⅱ)
水溶液を加えると，必ず黒色沈殿が生じる。

問5 日本初の合成繊維として知られているビニロンは，下図のようにポリビニルアルコール中のヒドロキシ基がアセタール化（−O−CH₂−O−）されて生じる。

704 g のポリビニルアルコールにホルムアルデヒドの水溶液を用いて処理すると，ビニロンが 728 g 生じた。このビニロンはポリビニルアルコール中のヒドロキシ基の何%がアセタール化されたものか。最も適当な数値を，後の①〜⑥のうちから一つ選べ。 24 %

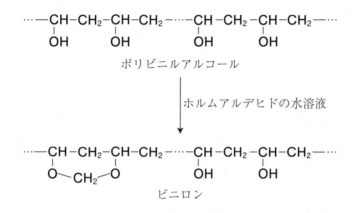

① 10 ② 25 ③ 40
④ 60 ⑤ 75 ⑥ 90

第5問 溶液内平衡に関する次の問い(**問1**・**問2**)に答えよ。(配点 20)

問1 次の文章を読み,後の問い(**a** ～ **c**)に答えよ。

　2価のカルボン酸であるシュウ酸は,水溶液中で次式のように2段階に電離し,その電離定数はそれぞれ $K_1 = 5.4 \times 10^{-2}$ mol/L,$K_2 = 5.4 \times 10^{-5}$ mol/L である。ここで,式中の H_2A はシュウ酸分子,HA^- は1価のシュウ酸イオン(シュウ酸水素イオン),A^{2-} は2価のシュウ酸イオンを表す。また,式中の [ ] は,それぞれの物質のモル濃度 (mol/L) を表している。

$$\begin{array}{c}COOH\\|\\COOH\end{array} \underset{}{\overset{K_1}{\rightleftarrows}} \begin{array}{c}COOH\\|\\COO^-\end{array} + H^+ \qquad K_1 = \frac{[HA^-][H^+]}{[H_2A]}$$
$$(H_2A) \qquad\qquad (HA^-)$$

$$\begin{array}{c}COOH\\|\\COO^-\end{array} \underset{}{\overset{K_2}{\rightleftarrows}} \begin{array}{c}COO^-\\|\\COO^-\end{array} + H^+ \qquad K_2 = \frac{[A^{2-}][H^+]}{[HA^-]}$$
$$(HA^-) \qquad\qquad (A^{2-})$$

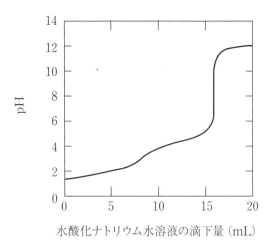

図1 水酸化ナトリウム水溶液の滴下量と pH の関係

8.0×10^{-2} mol/L のシュウ酸水溶液 100 mL に対して，1.0 mol/L の水酸化ナトリウム水溶液を徐々に滴下したところ，図1に見られるように，8 mL および 16 mL 滴下したときをそれぞれ第一中和点，第二中和点とする滴定曲線を得た。また，加えた水酸化ナトリウム水溶液の量が 12 mL 付近では，pH 4 程度でありその変化量は小さかった。

ここで，pH 4 における H_2A，HA^-，A^{2-} の存在比について考えることにする。$[HA^-]$，$[A^{2-}]$ を，$[H_2A]$，$[H^+]$，K_1，K_2 のうち必要なものを用いて表すと，それぞれ $[HA^-] = \boxed{\quad ア \quad}$，$[A^{2-}] = \boxed{\quad イ \quad}$ となる。

したがって，pH 4 における H_2A，HA^-，A^{2-} の存在比を大小関係で表すと，$\boxed{\quad ウ \quad}$ となる。

a　下線部について，この現象と同じ現象が現れる混合水溶液の組合せとして最も適当なものを，次の①～⑥のうちから一つ選べ。ただし，いずれの水溶液も濃度は等しく，同体積ずつ混合するものとする。$\boxed{25}$

① 塩酸と水酸化ナトリウム水溶液

② 塩酸と酢酸ナトリウム水溶液

③ 塩酸と塩化アンモニウム水溶液

④ アンモニア水と水酸化ナトリウム水溶液

⑤ アンモニア水と酢酸ナトリウム水溶液

⑥ アンモニア水と塩化アンモニウム水溶液

b   ア ・ イ に当てはまる数式として最も適当なものを，次の ①
  ～ ⑧ のうちから一つずつ選べ。ア 26   イ 27

① $\dfrac{[H^+]}{[H_2A]}K_1$ ② $\dfrac{[H_2A]}{[H^+]}K_1$ ③ $\dfrac{[H^+]}{[H_2A]K_1}$ ④ $\dfrac{[H_2A]}{[H^+]K_1}$

⑤ $\dfrac{[H^+]^2}{[H_2A]}K_1K_2$ ⑥ $\dfrac{[H_2A]}{[H^+]^2}K_1K_2$ ⑦ $\dfrac{[H^+]^2}{[H_2A]K_1}K_2$ ⑧ $\dfrac{[H_2A]}{[H^+]^2K_2}K_1$

c   ウ に当てはまる大小関係として最も適当なものを，次の ① ～ ⑥ の
  うちから一つ選べ。 28

① $H_2A > HA^- > A^{2-}$ ② $H_2A > A^{2-} > HA^-$

③ $HA^- > A^{2-} > H_2A$ ④ $HA^- > H_2A > A^{2-}$

⑤ $A^{2-} > H_2A > HA^-$ ⑥ $A^{2-} > HA^- > H_2A$

問2　次の文章を読み，後の問い（**a** ～ **c**）に答えよ。

　　水と有機溶媒は，一般には互いに溶け合わずに2層に分離する。この二つの
液体に溶質**A**が溶ける場合，溶質**A**が両方の液体中で同じ分子として存在す
るならば，一定の温度下において，両液層に溶ける溶質の濃度比は一定となる。
この比のことを分配係数K_dといい，次式で表される。

$$K_d = \frac{C_2}{C_1}$$

　　ここで，C_1とC_2は，それぞれ水層と有機溶媒層における溶質**A**の濃度
（g/mL）を表す。
　　水に溶質**A** 1.00 gを溶かして100 mLとし，これを水溶液**X**として以下の
操作を行った。

操作Ⅰ　水溶液**X**が入った分液漏斗に，水に不溶な有機溶媒**Y** 100 mLを加
　　えてよく振り混ぜ，25℃で静置したところ，0.75 gの溶質**A**が水層から有
　　機層へ移った。

操作Ⅱ　別の分液漏斗に水溶液**X**を入れ，有機溶媒**Y** 50 mLを加えてよく振
　　り混ぜ，25℃で静置した後，有機層と水層に分けた。このうち水層のみを
　　取り出し，再び分液漏斗を用いて，新たに50 mLの有機溶媒**Y**を加えてよ
　　く振り混ぜ，25℃で静置した後，有機層と水層に分けた。

a 下線部に関して説明した文として最も適当なものを，次の①〜④のうちから一つ選べ。 29

① 有機物質としてベンゼンやニトロベンゼンを用いた場合，いずれも水が下層になる。
② 有機物質としてベンゼンやニトロベンゼンを用いた場合，いずれも水が上層になる。
③ 有機物質としてベンゼンを用いた場合，水が上層になるが，ニトロベンゼンを用いた場合，水が下層になる。
④ 有機物質としてベンゼンを用いた場合，水が下層になるが，ニトロベンゼンを用いた場合，水が上層になる。

b この実験における分配係数 K_d の値を有効数字2桁で次の形式で表すとき，30 〜 32 に当てはまる数字を後の①〜⓪のうちから一つずつ選べ。ただし，同じものを繰り返し選んでもよい。また，$10^0 = 1$ である。

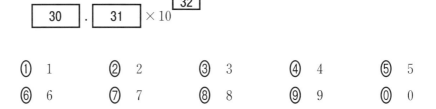

① 1 ② 2 ③ 3 ④ 4 ⑤ 5
⑥ 6 ⑦ 7 ⑧ 8 ⑨ 9 ⓪ 0

c　操作Ⅱにおいて有機層に抽出された溶質 A の質量の合計 (g) を，有効数字 2 桁で次の形式で表すとき，| 33 |・| 34 |に当てはまる数字を後の①～⓪のうちから一つずつ選べ。ただし，同じものを繰り返し選んでもよい。

| 33 |・| 34 |$\times 10^{-1}\,\mathrm{g}$

① 1　　　② 2　　　③ 3　　　④ 4　　　⑤ 5
⑥ 6　　　⑦ 7　　　⑧ 8　　　⑨ 9　　　⓪ 0

2024 本試

$\left(\begin{matrix}100点\\60分\end{matrix}\right)$

〔化学〕

注 意 事 項

1 理科②解答用紙（2024 本試）をキリトリ線より切り離し，試験開始の準備をしなさい。

2 時間を計り，上記の解答時間内で解答しなさい。

ただし，納得のいくまで時間をかけて解答するという利用法でもかまいません。

3 **解答用紙には解答欄以外に受験番号欄，氏名欄，試験場コード欄，解答科目欄があります。解答科目欄は解答する科目を一つ選び，科目名の右の◯にマークしなさい。その他の欄は自分自身で本番を想定し，正しく記入し，マークしなさい。**

4 解答は，解答用紙の解答欄にマークしなさい。例えば，| 10 | と表示のある問いに対して③と解答する場合は，次の（例）のように**解答番号10の解答欄**の③に**マークしなさい。**

（例）

解答番号	解　　答　　欄
	1 2 3 4 5 6 7 8 9 0 a b
10	① ② ❸ ④ ⑤ ⑥ ⑦ ⑧ ⑨ ⓪ ⓐ ⓑ

5 問題冊子の余白等は適宜利用してよいが，どのページも切り離してはいけません。

化　　　　　学

$$\left(解答番号 \boxed{1} \sim \boxed{31}\right)$$

必要があれば，原子量は次の値を使うこと。

H	1.0	Li	6.9	C	12	N	14
O	16	S	32	Cl	35.5	Mn	55
Ni	59	Cu	64	Zn	65	Ag	108

気体は，実在気体とことわりがない限り，理想気体として扱うものとする。

第１問　次の問い（問１～４）に答えよ。（配点　20）

問１　次のイオンのうち，配位結合してできたイオンとして**適当でないもの**を，次の①～④のうちから一つ選べ。　$\boxed{1}$

① NH_4^+

② H_3O^+

③ $[Ag(NH_3)_2]^+$

④ $HCOO^-$

問 2 温度 111 K，圧力 1.0×10^5 Pa で，液体のメタン CH_4（分子量 16）の密度は 0.42 g/cm^3 である。同圧でこの液体 16 g を 300 K まで加熱してすべて気体にしたとき，体積は何倍になるか。最も適当な数値を，次の①～④のうちから一つ選べ。ただし，気体定数は $R = 8.3 \times 10^3$ Pa・L/(K・mol) とする。

  2 倍

  ① 6.5×10^2　　② 1.3×10^3　　③ 1.0×10^4　　④ 9.6×10^5

問 3　水に入れてよくかき混ぜたグルコース，砂，およびトリプシン（水中で分子コロイドになる）のうち，ろ紙を通過できるものと，セロハンの膜を通過できるものの組合せとして最も適当なものを，次の①～⑨のうちから一つ選べ。
　　　3

	ろ紙を通過できるもの	セロハンの膜を通過できるもの
①	グルコース，砂	グルコース
②	グルコース，砂	砂
③	グルコース，砂	グルコース，砂
④	グルコース，トリプシン	グルコース
⑤	グルコース，トリプシン	トリプシン
⑥	グルコース，トリプシン	グルコース，トリプシン
⑦	砂，トリプシン	砂
⑧	砂，トリプシン	トリプシン
⑨	砂，トリプシン	砂，トリプシン

問 4　水 H_2O（分子量 18）に関する次の問い（ a ～ c ）に答えよ。

a　図1は水の状態図である。水の状態変化に関する記述として**誤りを含む**ものはどれか。最も適当なものを，後の ① ～ ④ のうちから一つ選べ。　4

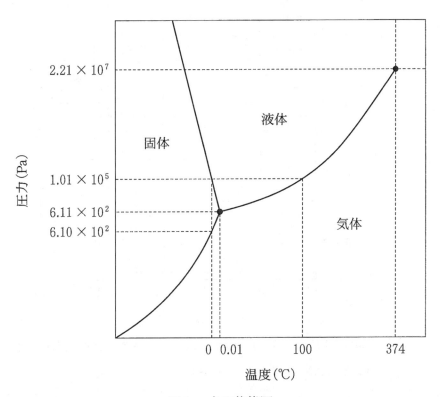

図1　水の状態図

① 2×10^2 Pa の圧力のもとでは，氷は 0 ℃ より低い温度で昇華する。

② 0 ℃ のもとで，1.01×10^5 Pa の氷にさらに圧力を加えると，氷は融解する。

③ 0.01 ℃，6.11×10^2 Pa では，氷，水，水蒸気の三つの状態が共存できる。

④ 9×10^4 Pa の圧力のもとでは，水は 100 ℃ より高い温度で沸騰する。

b 図2は1.01 × 10⁵ Paの圧力のもとでの氷および水の密度の温度変化を表したものである。この図から読み取れる内容として正しいものはどれか。最も適当なものを，後の①～④のうちから一つ選べ。 5

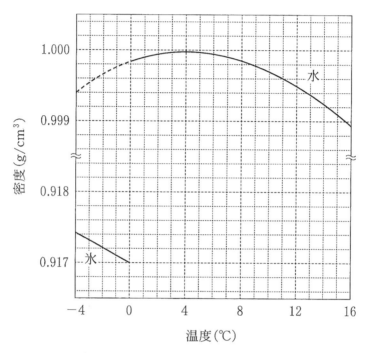

図2 1.01 × 10⁵ Paの圧力のもとでの氷および水の密度の温度変化
（破線は過冷却の状態の水の密度を表す）

① 0 ℃での氷1gの体積は同温での水1gの体積よりも小さい。
② 氷の密度は0 ℃で最大になる。
③ 12 ℃での水の密度は，－4 ℃での過冷却の状態の水の密度よりも大きい。
④ 断熱容器に入った4 ℃の水の液面をゆっくりと冷却すると，温度の低い水が下の方へ移動する。

c　1.01×10^5 Pa の圧力のもとにある 0 ℃ の氷 54 g がヒーターとともに断熱容器の中に入っている。ヒーターを用いて 6.0 kJ の熱を加えたところ，氷の一部が融解して水になった。残った氷の体積は何 cm³ か。最も適当な数値を，次の①〜⑥のうちから一つ選べ。ただし，氷の融解熱は 6.0 kJ/mol とし，加えた熱はすべて氷の融解に使われたものとする。また，氷の密度は図 2 から読み取ること。　　6　　cm³

①　18　　　　　　　②　19　　　　　　　③　20

④　36　　　　　　　⑤　39　　　　　　　⑥　40

第 2 問 次の問い(問 1 ～ 4)に答えよ。(配点　20)

問 1　市販の冷却剤には，硝酸アンモニウム NH_4NO_3(固)が水に溶解するときの吸熱反応を利用しているものがある。この反応のエネルギー図として最も適当なものを，次の①～④のうちから一つ選べ。ただし，太矢印は反応の進行方向を示す。　7

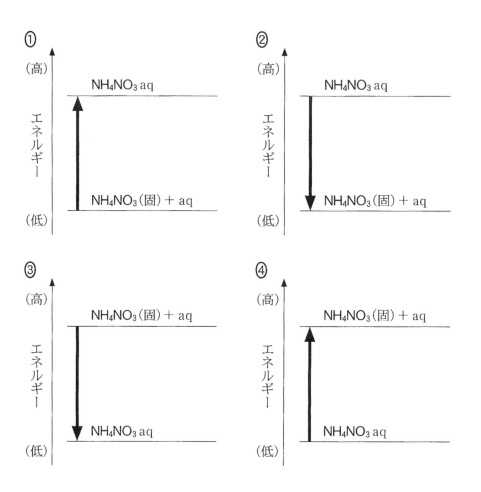

問 2 容積可変の密閉容器に二酸化炭素 CO_2 と水素 H_2 を入れて，800 ℃ に保ったところ，次の式(1)の反応が平衡に達した。

$$CO_2 + H_2 \rightleftharpoons CO + H_2O \qquad\qquad (1)$$

平衡状態の **CO** の物質量を増やす操作として最も適当なものを，次の①～④のうちから一つ選べ。ただし，反応物，生成物はすべて気体として存在し，正反応は吸熱反応であるものとする。 **8**

① 密閉容器内の圧力を一定に保ったまま，容器内の温度を下げる。
② 密閉容器内の温度を一定に保ったまま，容器内の圧力を上げる。
③ 密閉容器内の温度と圧力を一定に保ったまま，H_2 を加える。
④ 密閉容器内の温度と圧力を一定に保ったまま，アルゴンを加える。

問 3　アルカリマンガン乾電池，空気亜鉛電池(空気電池)，リチウム電池の，放電における電池全体での反応はそれぞれ式⑵～⑷で表されるものとする。それぞれの電池の放電反応において，反応物の総量が 1 kg 消費されるときに流れる電気量 Q を比較する。これらの電池を，Q の大きい順に並べたものはどれか。最も適当なものを，後の①～⑥のうちから一つ選べ。ただし，反応に関与する物質の式量(原子量・分子量を含む)は表 1 に示す値とする。　$\boxed{9}$

アルカリマンガン乾電池

$$2\,MnO_2 + Zn + 2\,H_2O \longrightarrow 2\,MnO(OH) + Zn(OH)_2 \quad (2)$$

空気亜鉛電池　　$O_2 + 2\,Zn \longrightarrow 2\,ZnO$ 　　　　　　　　　　　(3)

リチウム電池　　$Li + MnO_2 \longrightarrow LiMnO_2$ 　　　　　　　　　　　(4)

表 1　電池の反応に関与する物質の式量

物　質	式　量	物　質	式　量
MnO_2	87	O_2	32
Zn	65	ZnO	81
H_2O	18	Li	6.9
$MnO(OH)$	88	$LiMnO_2$	94
$Zn(OH)_2$	99		

	反応物の総量が 1 kg 消費されるときに流れる電気量 Q の大きい順		
①	アルカリマンガン乾電池　＞　空気亜鉛電池　＞　リチウム電池		
②	アルカリマンガン乾電池　＞　リチウム電池　＞　空気亜鉛電池		
③	空気亜鉛電池　＞　アルカリマンガン乾電池　＞　リチウム電池		
④	空気亜鉛電池　＞　リチウム電池　＞　アルカリマンガン乾電池		
⑤	リチウム電池　＞　アルカリマンガン乾電池　＞　空気亜鉛電池		
⑥	リチウム電池　＞　空気亜鉛電池　＞　アルカリマンガン乾電池		

（下 書 き 用 紙）

化学の試験問題は次に続く。

問 4　1価の弱酸 HA の電離，および HA 水溶液へ水酸化ナトリウム NaOH 水溶液を滴下するときの水溶液中の分子やイオンの濃度変化に関する次の問い（ a ～ c ）に答えよ。ただし，水溶液の温度は変化しないものとする。

a　純水に弱酸 HA を溶解させた水溶液を考える。HA 水溶液のモル濃度 c(mol/L) と HA の電離度 α の関係を表したグラフとして最も適当なものを，次の①～⑤のうちから一つ選べ。ただし，HA 水溶液のモル濃度が c_0(mol/L) のときの HA の電離度を α_0 とし，α は 1 よりも十分小さいものとする。　10

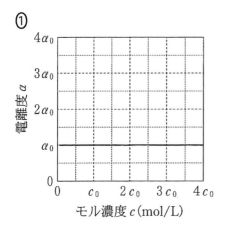

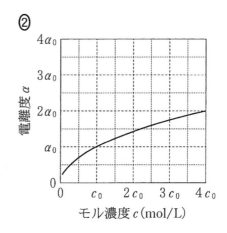

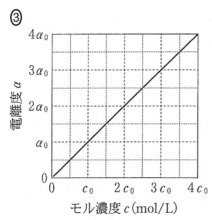

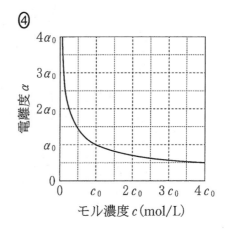

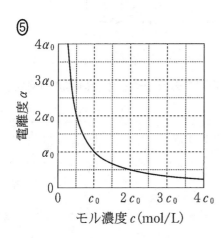

b　モル濃度 0.10 mol/L の HA 水溶液 10.0 mL に，モル濃度 0.10 mol/L の NaOH 水溶液を滴下すると，水溶液中の HA，H^+，A^-，OH^- のモル濃度 [HA]，[H^+]，[A^-]，[OH^-]は，図 1 のように変化する。NaOH 水溶液の滴下量が 2.5 mL のとき，H^+ のモル濃度は[H^+] = 8.1×10^{-5} mol/L である。弱酸 HA の電離定数 K_a は何 mol/L か。最も適当な数値を，後の①〜⑥のうちから一つ選べ。　11　mol/L

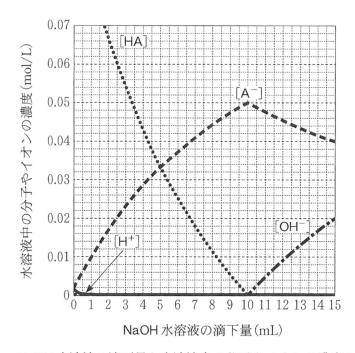

図 1　NaOH 水溶液の滴下量と水溶液中の分子やイオンの濃度の関係

① 2.0×10^{-5}　② 2.7×10^{-5}　③ 1.1×10^{-4}
④ 2.4×10^{-4}　⑤ 3.2×10^{-4}　⑥ 6.7×10^{-3}

c **b**で設定した条件において，NaOH水溶液の滴下に伴う水溶液中の分子
やイオンの濃度変化を説明する記述として，下線部に**誤りを含むもの**はどれ
か。最も適当なものを，次の①〜④のうちから一つ選べ。 □12□

① NaOH水溶液の滴下量によらず，<u>陽イオンの総数と陰イオンの総数は
等しい。</u>

② NaOH水溶液の滴下量によらず，<u>$[H^+]$と$[OH^-]$の積は一定である。</u>

③ NaOH水溶液の滴下量が10 mL未満の範囲では，<u>HAの電離平衡の移動
により$[A^-]$が増加する。</u>

④ NaOH水溶液の滴下量が10 mLより多い範囲では，<u>中和反応により
$[A^-]$が減少する。</u>

第3問 次の問い(問1～4)に答えよ。(配点 20)

問1 実験室で使用する化学物質の取扱いに関する記述として下線部に**誤りを含む**ものを，次の①～⑤のうちから二つ選べ。ただし，解答の順序は問わない。

13

14

① ナトリウムは空気中の酸素や水と反応するため，エタノール中に保存する。

② 水酸化ナトリウム水溶液を誤って皮膚に付着させたときは，ただちに多量の水で洗う。

③ 濃硫酸から希硫酸をつくるときは，濃硫酸に少しずつ水を加える。

④ 濃硝酸は光で分解するため，褐色びんに入れて保存する。

⑤ 硫化水素は有毒な気体なので，ドラフト内で取り扱う。

問2 17族に属するフッ素F，塩素Cl，臭素Br，ヨウ素I，アスタチンAtはハロゲンとよばれる。Atには安定な同位体が存在しないが，F，Cl，Br，Iから推定されるとおりの物理的・化学的性質を示すとされている。Atの単体や化合物の性質に関する記述として**適当でないもの**を，次の①～④のうちから一つ選べ。 15

① Atの単体の融点と沸点は，ともにハロゲン単体の中で最も高い。

② Atの単体は常温で水に溶けにくい。

③ 硝酸銀水溶液をアスタチン化ナトリウムNaAt水溶液に加えると，難溶性のアスタチン化銀AgAtを生じる。

④ 臭素水をNaAt水溶液に加えても，酸化還元反応は起こらない。

問 3　表1にステンレス鋼とトタンの主な構成元素を示す。**ア**と**イ**に当てはまる元素として最も適当なものを，後の①～⑤のうちから一つずつ選べ。

ア　16

イ　17

表1　ステンレス鋼とトタンの主な構成元素

	主な構成元素		
ステンレス鋼	Fe	ア	Ni
トタン	Fe	イ	

① Al　　　② Ti　　　③ Cr　　　④ Zn　　　⑤ Sn

問 4　ニッケルの製錬には，鉱石から得た硫化ニッケル(Ⅱ)NiS を塩化銅(Ⅱ)
　　　CuCl$_2$ の水溶液と反応させて塩化ニッケル(Ⅱ)NiCl$_2$ の水溶液とし，この水溶
　　　液の電気分解によって単体のニッケル Ni を得る方法がある。次の問い(a ～
　　　c)に答えよ。

　a　塩酸で酸性にした CuCl$_2$ 水溶液に固体の NiS を加えて反応させると，
　　　式(1)に示すように，NiS は NiCl$_2$ の水溶液として溶解させることができる。
　　　なお，硫黄 S は析出し分離することができる。

$$NiS + 2\,CuCl_2 \longrightarrow NiCl_2 + 2\,CuCl + S \tag{1}$$

　　　式(1)の反応におけるニッケル原子と硫黄原子の化学変化に関する説明の組
　　　合せとして正しいものはどれか。最も適当なものを，次の①～⑥のうちから
　　　一つ選べ。　18

	ニッケル原子	硫黄原子
①	酸化される	酸化される
②	酸化される	還元される
③	酸化も還元もされない	酸化される
④	酸化も還元もされない	還元される
⑤	還元される	酸化される
⑥	還元される	還元される

b　式(1)で $NiCl_2$ と塩化銅（Ⅰ）$CuCl$ が得られた水溶液に塩素 Cl_2 を吹き込むと，式(2)に示すように $CuCl$ から $CuCl_2$ が生じ，再び式(1)の反応に使うことができる。

$$2\,CuCl + Cl_2 \longrightarrow 2\,CuCl_2 \tag{2}$$

　$CuCl_2$ を 40.5 kg 使い，NiS を 36.4 kg 加えて Cl_2 を吹き込んだ。式(1)と(2)の反応によって，すべてのニッケルが $NiCl_2$ として水溶液中に溶解し，銅はすべて $CuCl_2$ に戻されたとする。このとき式(1)と(2)の反応で消費された Cl_2 の物質量は何 mol か。最も適当な数値を，次の①～⑧のうちから一つ選べ。　[19] mol

① 150　　② 200　　③ 300　　④ 350

⑤ 400　　⑥ 500　　⑦ 550　　⑧ 700

c 式⑴で NiCl₂ と CuCl が得られた水溶液から CuCl を除いた後，その水溶液を電気分解すると，単体の Ni が得られる。このとき陰極では，式⑶と⑷に示すように Ni の析出と気体の水素 H_2 の発生が同時に起こる。陽極では，式⑸に示すように気体の Cl_2 が発生する。

$$NiS + 2\,CuCl_2 \longrightarrow NiCl_2 + 2\,CuCl + S \qquad (1)\ \text{(再掲)}$$

陰極 $\quad Ni^{2+} + 2\,e^- \longrightarrow Ni \qquad\qquad\qquad (3)$

$\qquad\quad 2\,H^+ + 2\,e^- \longrightarrow H_2 \qquad\qquad\qquad (4)$

陽極 $\quad 2\,Cl^- \longrightarrow Cl_2 + 2\,e^- \qquad\qquad\qquad (5)$

電気分解により H_2 と Cl_2 が安定に発生しはじめてから，さらに時間 $t\,(s)$ だけ電気分解を続ける。この間に発生する H_2 と Cl_2 の体積が，温度 $T\,(K)$，圧力 $P\,(Pa)$ のもとでそれぞれ $V_{H_2}\,(L)$ と $V_{Cl_2}\,(L)$ のとき，陰極に析出する Ni の質量 $w\,(g)$ を表す式として最も適当なものを，後の①〜⑥のうちから一つ選べ。

ただし，Ni のモル質量は $M\,(g/mol)$，気体定数は $R\,(Pa \cdot L/(K \cdot mol))$ とする。また，流れた電流はすべて式⑶〜⑸の反応に使われるものとし，H_2 と Cl_2 の水溶液への溶解は無視できるものとする。

$w = \boxed{\ 20\ }$

① $\dfrac{MP(V_{Cl_2} + V_{H_2})}{RT}$ 　　　　② $\dfrac{MP(V_{Cl_2} - V_{H_2})}{RT}$

③ $\dfrac{MP(V_{H_2} - V_{Cl_2})}{RT}$ 　　　　④ $\dfrac{2\,MP(V_{Cl_2} + V_{H_2})}{RT}$

⑤ $\dfrac{2\,MP(V_{Cl_2} - V_{H_2})}{RT}$ 　　　　⑥ $\dfrac{2\,MP(V_{H_2} - V_{Cl_2})}{RT}$

（下 書 き 用 紙）

化学の試験問題は次に続く。

第４問 次の問い(問1～4)に答えよ。(配点 20)

問 1 式(1)のようにエチレン(エテン)$CH_2=CH_2$ を，塩化パラジウム(Ⅱ)$PdCl_2$ と塩化銅(Ⅱ)$CuCl_2$ を触媒として適切な条件下で酸化すると，化合物 A が得られる。化合物 A の構造式として最も適当なものを，後の①～④のうちから一つ選べ。 | 21 |

$$2 \ \underset{H}{\overset{H}{C}} = \underset{H}{\overset{H}{C}} \ + \ O_2 \ \xrightarrow{\text{触媒}(PdCl_2, \ CuCl_2)} \ 2 \ A \tag{1}$$

①
$$\begin{array}{c} H \ H \\ | \ \ | \\ H-C-C-OH \\ | \ \ | \\ H \ H \end{array}$$

②
$$\begin{array}{c} H \ \ \ \ \ H \\ | \ \ \ \ \ \ | \\ H-C-O-C-H \\ | \ \ \ \ \ \ | \\ H \ \ \ \ \ H \end{array}$$

③
$$\begin{array}{c} H \ \ \ O \\ | \ \ \ \nparallel \\ H-C-C \\ | \ \ \ \ \ \backslash \\ H \ \ \ \ \ H \end{array}$$

④
$$\begin{array}{c} H \ \ \ O \\ | \ \ \ \nparallel \\ H-C-C \\ | \ \ \ \ \ \backslash \\ H \ \ \ \ \ OH \end{array}$$

問 2 高分子化合物に関する記述として下線部に**誤りを含むもの**はどれか。最も適当なものを，次の①～④のうちから一つ選べ。 | 22 |

① デンプンの成分の一つであるアミロペクチンは，<u>冷水に溶けやすい</u>。

② アクリル繊維は，<u>アクリロニトリル $CH_2=CH-CN$ が付加重合した高分子</u>を主成分とする合成繊維である。

③ 生ゴムに数％の硫黄粉末を加えて加熱すると，鎖状のゴム分子のところどころに硫黄原子による<u>架橋構造が生じ</u>，弾性，強度，耐久性が向上する。

④ レーヨンは，一般に<u>セルロース</u>を適切な溶媒に溶解させた後，繊維として再生させたものである。

問 3 図1に示すトリペプチドの水溶液に対して，後に示す検出反応**ア〜ウ**をそれぞれ行う。このとき，特有の変化を示す検出反応はどれか。すべてを正しく選択しているものとして最も適当なものを，後の**①〜⑦**のうちから一つ選べ。

23

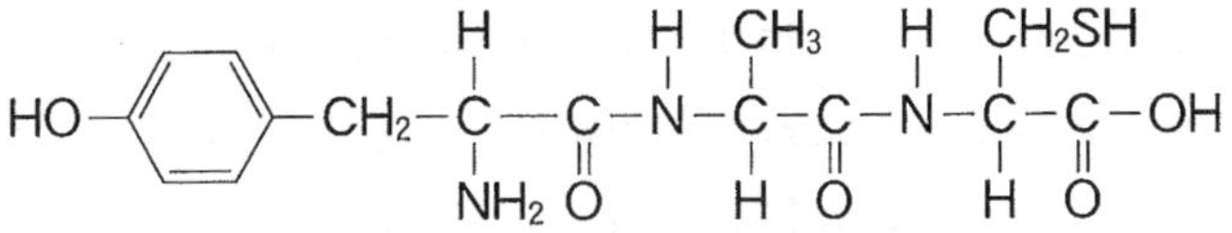

$$HO-\underset{\quad}{\text{(ベンゼン環)}}-CH_2-\overset{H}{\underset{NH_2}{C}}-\overset{}{\underset{O}{C}}-N-\overset{H\ CH_3}{\underset{H\ O}{C-C}}-N-\overset{H\ CH_2SH}{\underset{H\ O}{C-C}}-OH$$

図1　トリペプチドの構造

検出反応に用いる主な試薬と操作

ア　ニンヒドリン反応：ニンヒドリン水溶液を加えて加熱する。

イ　キサントプロテイン反応：濃硝酸 HNO_3 を加えて加熱し，冷却後アンモニア水を加えて塩基性にする。

ウ　ビウレット反応：水酸化ナトリウム $NaOH$ 水溶液を加えて塩基性にした後，薄い硫酸銅(Ⅱ)$CuSO_4$ 水溶液を少量加える。

① ア　　　　　**②** イ　　　　　**③** ウ　　　　　**④** ア，イ

⑤ ア，ウ　　　**⑥** イ，ウ　　　**⑦** ア，イ，ウ

— 2024本 − 23 —

問 4 医薬品に関する次の問い（**a** ～ **c**）に答えよ。

a ヤナギの樹皮に含まれるサリシンは，サリチルアルコールとグルコースが脱水縮合したかたちのグリコシド結合をもつ化合物である。サリシンは消化管を通る間に，図 2 に示すように加水分解される。生成したサリチルアルコールは酸化され，生じたサリチル酸が解熱鎮痛作用を示す。しかしサリチル酸を服用すると胃に炎症を起こすため，そのかわりにアセチルサリチル酸が開発された。アセチルサリチル酸のように病気の症状を緩和する医薬品を対症療法薬という。

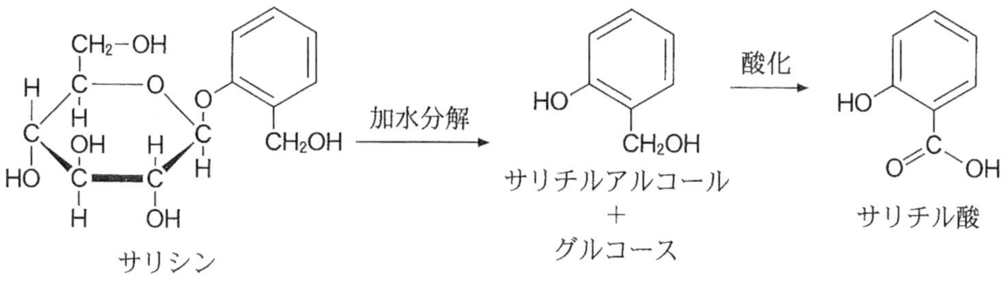

図 2 サリシンの加水分解で得られるサリチルアルコールを経由したサリチル酸の生成

次の記述のうち下線部に**誤りを含むもの**はどれか。最も適当なものを，次の①～④のうちから一つ選べ。 24

① グリコシド結合は，希硫酸と加熱することにより加水分解される。

② サリシンを溶かした水溶液は，銀鏡反応を示す。

③ サリチル酸は，ナトリウムフェノキシドと二酸化炭素を高温・高圧で反応させた後，酸性にすることにより得られる。

④ サリチル酸とメタノールを反応させてできるエステルは，消炎鎮痛剤として用いられる。

b イギリスの細菌学者フレミングがアオカビから発見した抗生物質ペニシリンGは，病原菌の増殖を抑えて感染症を治す化学療法薬である。図3に示すペニシリンGは，破線で囲まれたβ-ラクタム環とよばれる環状のアミド構造をもつことで抗菌作用を示す。

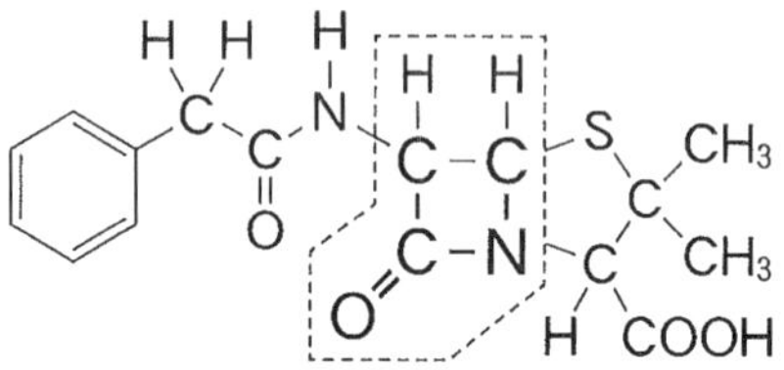

図3　ペニシリンGの構造
（破線で囲まれた部分がβ-ラクタム環）

ペニシリンGのβ-ラクタム環は反応性が高く，図4のように細菌の増殖に重要なはたらきをする酵素の活性部位にあるヒドロキシ基と反応する。その結果，この酵素のはたらきが阻害されるため，細菌の増殖が抑えられる。

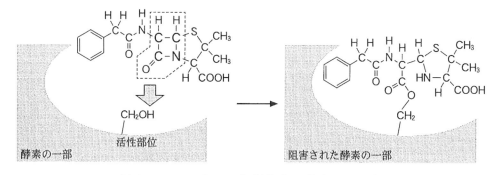

図4　ペニシリンGと細菌内の酵素との反応

分子内の脱水反応により β-ラクタム環ができる化合物はどれか。最も適当なものを，次の①～⑤のうちから一つ選べ。 | 25 |

c p-アミノ安息香酸エチルは局所麻酔薬として用いられる合成医薬品である。図5にトルエンから化合物 A，B，C を経由して合成する経路を示す。化合物 B として最も適当なものを，後の①～⑥のうちから一つ選べ。

化合物B ⎡ 26 ⎤

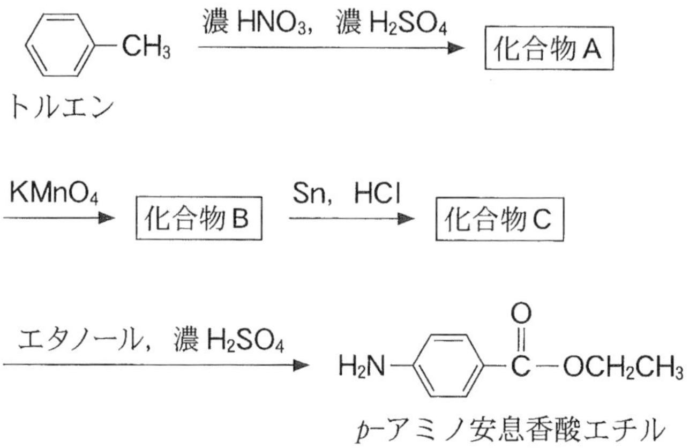

$$\text{トルエン} \xrightarrow{\text{濃 HNO}_3,\ \text{濃 H}_2\text{SO}_4} \boxed{\text{化合物A}}$$

$$\xrightarrow{\text{KMnO}_4} \boxed{\text{化合物B}} \xrightarrow{\text{Sn, HCl}} \boxed{\text{化合物C}}$$

$$\xrightarrow{\text{エタノール，濃 H}_2\text{SO}_4} \quad \text{H}_2\text{N}-\!\!\!\!\!\bigcirc\!\!\!\!\!-\overset{\displaystyle O}{\text{C}}\!-\text{OCH}_2\text{CH}_3$$

p-アミノ安息香酸エチル

図5　p-アミノ安息香酸エチルを合成する経路

① $\text{H}_2\text{N}-\!\!\!\!\bigcirc\!\!\!\!-\text{CH}_3$

② $\text{H}_2\text{N}-\!\!\!\!\bigcirc\!\!\!\!-\overset{\displaystyle O}{\text{C}}\!-\text{H}$

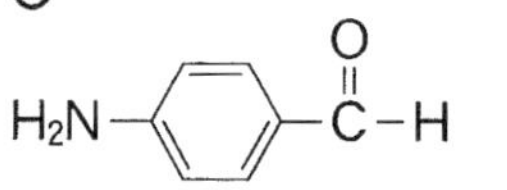

③ $\text{H}_2\text{N}-\!\!\!\!\bigcirc\!\!\!\!-\overset{\displaystyle O}{\text{C}}\!-\text{OH}$

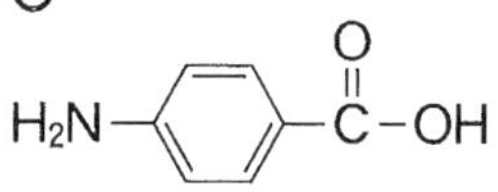

④ $\text{O}_2\text{N}-\!\!\!\!\bigcirc\!\!\!\!-\text{CH}_3$

⑤ $\text{O}_2\text{N}-\!\!\!\!\bigcirc\!\!\!\!-\overset{\displaystyle O}{\text{C}}\!-\text{OH}$

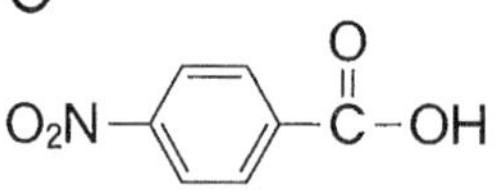

⑥ $\text{O}_2\text{N}-\!\!\!\!\bigcirc\!\!\!\!-\overset{\displaystyle O}{\text{C}}\!-\text{OCH}_2\text{CH}_3$

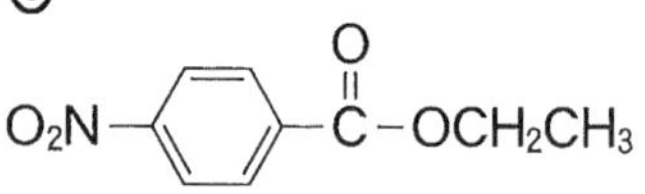

（下 書 き 用 紙）

化学の試験問題は次に続く。

第5問 質量分析法に関する次の文章を読み，後の問い（**問1～3**）に答えよ。
（配点　20）

　　質量分析法では，(a)きわめて微量な成分を分析することができる。この方法では，真空中で原子や分子をイオン化した後，電気や磁気の力を利用して(b)イオンを質量ごとに分離し，これを検出することで，イオン化した原子や分子の個数を知ることができる。

問1　下線部(a)に関連して，質量分析法はスポーツ競技における選手のドーピング検査などに利用されている。ドーピング検査では，検査対象となった選手から90 mL以上の尿を採取し，その一部を質量分析に用いて，対象物質の量が適正な範囲内であるかを調べる。

　　テストステロンは，生体内に存在するホルモンであるが，筋肉増強効果があるためドーピング禁止物質に指定されている。

　　図1に既知の質量のテストステロンを含む尿を質量分析法で分析した結果を示した。横軸は，尿3.0 mLに含まれるテストステロンの質量で，縦軸は，テストステロンに由来する陽イオン A^+ の検出された個数（信号強度）である。ここで縦軸の数値は，尿3.0 mL中のテストステロンの質量が 5.0×10^{-8} gのときの A^+ の信号強度を100とした相対値で表している。

　　ある選手の尿3.0 mLから得られた A^+ の信号強度は10であった。この選手の尿90 mL中に含まれるテストステロンの質量は何gか。最も適当な数値を，後の①～⑥のうちから一つ選べ。　27　g

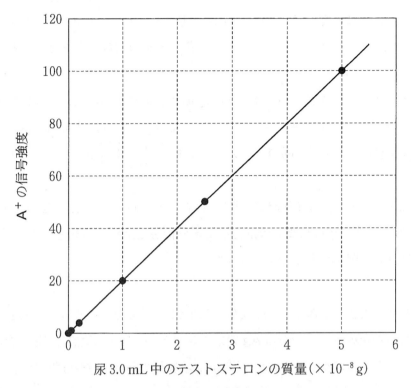

図1 尿中のテストステロンの質量と質量分析法で検出した
テストステロンに由来するイオン A⁺ の信号強度との関係

① 1.5×10^{-8} ② 9.0×10^{-8} ③ 6.0×10^{-7}
④ 1.5×10^{-7} ⑤ 9.0×10^{-7} ⑥ 6.0×10^{-6}

問 2 下線部(b)に関連して，質量分析法により，ある元素の同位体の物質量の割合を測定することで，試料中に含まれるその元素の物質量を求めることができる。

　　ある金属試料 X 中に含まれる銀 Ag の物質量を求めるため，次の**実験Ⅰ・Ⅱ**を行った。金属試料 X 中に含まれていた Ag の物質量は何 mol か。最も適当な数値を，後の①～④のうちから一つ選べ。 | 28 | mol

実験Ⅰ　X をすべて硝酸に完全に溶解させ 200 mL とした。この溶液中の ^{107}Ag と ^{109}Ag の物質量の割合を質量分析法により求めたところ，^{107}Ag が 50.0 ％，^{109}Ag が 50.0 ％ であった。

実験Ⅱ　実験Ⅰで調製した溶液から 100 mL を取り分け，それに ^{107}Ag の物質量の割合が 100 ％ である Ag 粉末を 5.00×10^{-3} mol 添加し，完全に溶解させた。この溶液中の ^{107}Ag と ^{109}Ag の物質量の割合を質量分析法により求めたところ，^{107}Ag が 75.0 ％，^{109}Ag が 25.0 ％ であった。

① 1.00×10^{-3}　② 5.00×10^{-3}　③ 1.00×10^{-2}　④ 5.00×10^{-2}

（下 書 き 用 紙）

化学の試験問題は次に続く。

問 3 イオンの質量(^{12}C 原子の質量を 12 とした「相対質量」)に対して，検出したそのイオンの個数(またはその最大値を 100 とした相対値で表した「相対強度」)をグラフにしたものを質量スペクトルという。質量スペクトルに関する次の文章を読み，後の問い(**a** ～ **c**)に答えよ。

図 2 は，メタン CH$_4$ を例としたイオン化の模式図である。外部から大きなエネルギーを与えると，CH$_4$ から電子が放出され，CH$_4{}^+$ が生成する。与えられるエネルギーがさらに大きいと，CH$_4{}^+$ の結合が切断された CH$_3{}^+$ や CH$_2{}^+$ などが生成することもある。

CH$_4$ をあるエネルギーでイオン化したときの質量スペクトルを図 3 に，相対質量 12～17 のイオンの相対強度を表 1 に示す。相対質量が 17 のイオンは，天然に 1 % 存在する ^{13}CH$_4$ に由来する ^{13}CH$_4{}^+$ である。CH$_4{}^+$ のような，電子を放出しただけのイオンを「分子イオン」，CH$_3{}^+$ や CH$_2{}^+$ のような結合が切断されたイオンを「断片イオン」とよぶ。

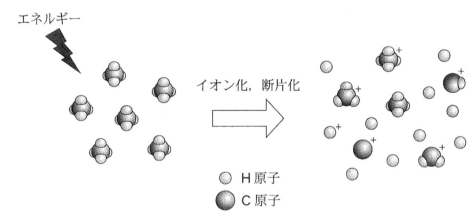

図 2 メタンのイオン化，断片化の模式図

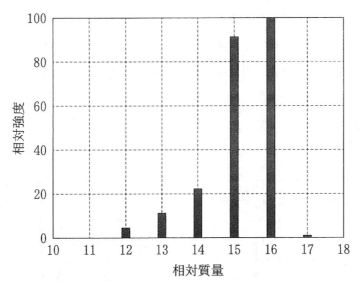

図3 メタンの質量スペクトル

表1 メタンの質量スペクトルにおけるイオンの強度分布

相対質量	相対強度	主なイオン
12	5	$^{12}C^+$
13	11	$^{12}CH^+$
14	22	$^{12}CH_2^+$
15	91	$^{12}CH_3^+$
16	100	$^{12}CH_4^+$
17	1	$^{13}CH_4^+$

a 塩素 Cl には 2 種の同位体 ^{35}Cl と ^{37}Cl があり，それらは天然におよそ 3：1 の割合で存在する。図 3 と同じエネルギーでクロロメタン CH$_3$Cl をイオン化した場合の，相対質量が 50 付近の質量スペクトルはどれか。最も適当なものを，次の①〜⑥のうちから一つ選べ。ただし，^{35}Cl と ^{37}Cl の相対質量は，それぞれ 35，37 とする。 29

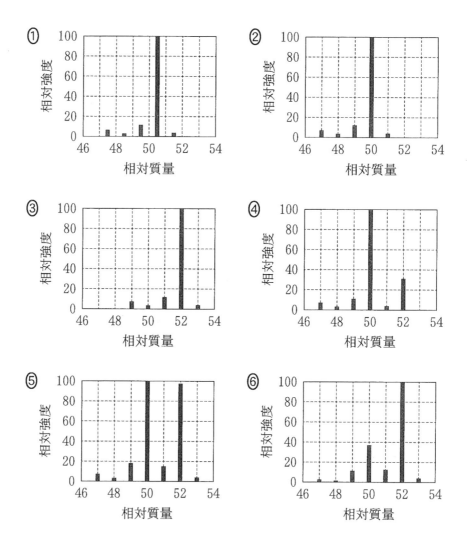

b ^{12}C 以外の原子の相対質量は，その原子の質量数とはわずかに異なる。分子量がいずれもおよそ 28 である一酸化炭素 CO，エチレン（エテン）C_2H_4，窒素 N_2 の混合気体 X の，相対質量 27.98～28.04 の範囲の質量スペクトルを図 4 に示す。図中の**ア**～**ウ**に対応する分子イオンの組合せとして正しいものはどれか。最も適当なものを，後の**①**～**⑥**のうちから一つ選べ。ただし，^{1}H，^{12}C，^{14}N，^{16}O の相対質量はそれぞれ，1.008，12，14.003，15.995 とし，これら以外の同位体は無視できるものとする。 30

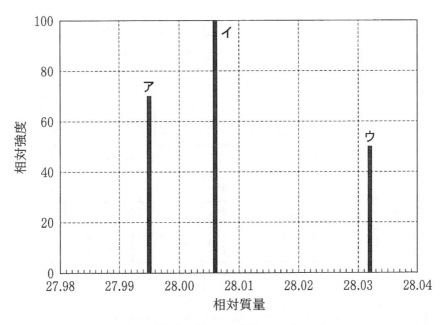

図 4　混合気体 X の質量スペクトル

	ア	イ	ウ
①	CO^+	$C_2H_4^+$	N_2^+
②	CO^+	N_2^+	$C_2H_4^+$
③	$C_2H_4^+$	CO^+	N_2^+
④	$C_2H_4^+$	N_2^+	CO^+
⑤	N_2^+	CO^+	$C_2H_4^+$
⑥	N_2^+	$C_2H_4^+$	CO^+

c あるエネルギーでメチルビニルケトン CH₃COCH＝CH₂（分子量 70）をイオン化すると，図5の破線で示した位置で結合が切断された断片イオンができやすいことがわかっている。メチルビニルケトンの質量スペクトルとして最も適当なものを，後の①〜④のうちから一つ選べ。ただし，相対強度が10未満のイオンは省略した。 31

図5 メチルビニルケトンの構造と切断されやすい結合

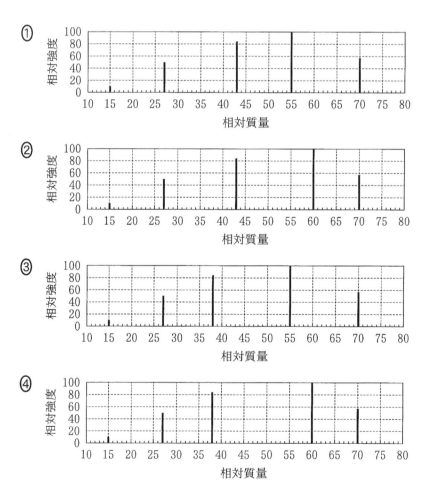

2023 本試

$\binom{100点}{60分}$

〔化学〕

注　意　事　項

1　理科②解答用紙（2023 本試）をキリトリ線より切り離し，試験開始の準備をしなさい。

2　時間を計り，上記の解答時間内で解答しなさい。

　ただし，納得のいくまで時間をかけて解答するという利用法でもかまいません。

3　**解答用紙には解答欄以外に受験番号欄，氏名欄，試験場コード欄，解答科目欄があります。解答科目欄は解答する科目を一つ選び，科目名の右の◯にマークしなさい。その他の欄は自分自身で本番を想定し，正しく記入し，マークしなさい。**

4　解答は，解答用紙の解答欄にマークしなさい。例えば，　10　と表示のある問いに対して③と解答する場合は，次の（例）のように**解答番号10の解答欄の③に**マークしなさい。

（例）

解答番号	解　　答　　欄
	1 2 3 4 5 6 7 8 9 0 a b
10	① ② ③ ④ ⑤ ⑥ ⑦ ⑧ ⑨ ⑩ ⓐ ⓑ

5　問題冊子の余白等は適宜利用してよいが，どのページも切り離してはいけません。

化　　　　学

$\left(\text{解答番号}\ \boxed{1}\ \sim\ \boxed{35}\right)$

必要があれば，原子量は次の値を使うこと。

H	1.0	Li	6.9	Be	9.0	C	12
O	16	Na	23	Mg	24	S	32
K	39	Ca	40	I	127		

気体は，実在気体とことわりがない限り，理想気体として扱うものとする。
また，必要があれば，次の値を使うこと。

$\sqrt{2} = 1.41$

第 1 問　次の問い(問 1 ～ 4)に答えよ。(配点　20)

問 1　すべての化学結合が単結合からなる物質として最も適当なものを，次の①～
④のうちから一つ選べ。　$\boxed{1}$

①　CH_3CHO　　②　C_2H_2　　③　Br_2　　④　$BaCl_2$

問 2 次の文章を読み，下線部(a)・(b)の状態を示す用語の組合せとして最も適当なものを，後の①〜⑧のうちから一つ選べ。　2

　海藻であるテングサを乾燥し，熱湯で溶出させると流動性のあるコロイド溶液が得られる。この溶液を冷却すると(a)流動性を失ったかたまりになる。さらに，このかたまりから水分を除去すると(b)乾燥した寒天ができる。

	(a)	(b)
①	ゾ　ル	エーロゾル（エアロゾル）
②	ゾ　ル	キセロゲル
③	エーロゾル（エアロゾル）	ゾ　ル
④	エーロゾル（エアロゾル）	ゲ　ル
⑤	ゲ　ル	エーロゾル（エアロゾル）
⑥	ゲ　ル	キセロゲル
⑦	キセロゲル	ゾ　ル
⑧	キセロゲル	ゲ　ル

— 2023本 - 3 —

問 3 水蒸気を含む空気を温度一定のまま圧縮すると，全圧の増加に比例して水蒸気の分圧は上昇する。水蒸気の分圧が水の飽和蒸気圧に達すると，水蒸気の一部が液体の水に凝縮し，それ以上圧縮しても水蒸気の分圧は水の飽和蒸気圧と等しいままである。

分圧 3.0×10^3 Pa の水蒸気を含む全圧 1.0×10^5 Pa，温度 300 K，体積 24.9 L の空気を，気体を圧縮する装置を用いて，温度一定のまま全圧 3.0×10^5 Pa，体積 8.3 L にまで圧縮した。この過程で水蒸気の分圧が 300 K における水の飽和蒸気圧である 3.6×10^3 Pa に達すると，水蒸気の一部が液体の水に凝縮し始めた。図 1 は圧縮前と圧縮後の様子を模式的に示したものである。圧縮後に生じた液体の水の物質量は何 mol か。最も適当な数値を，後の ①～⑥ のうちから一つ選べ。ただし，気体定数は $R = 8.3 \times 10^3$ Pa・L/(K・mol) とし，全圧の変化による水の飽和蒸気圧の変化は無視できるものとする。 ３ mol

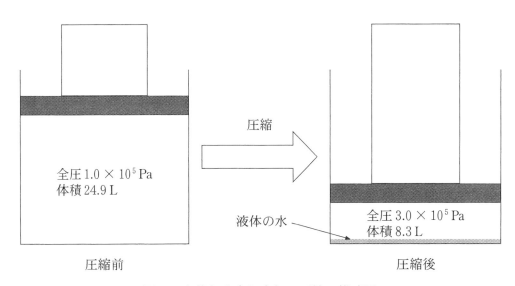

図 1 水蒸気を含む空気の圧縮の模式図

① 0.012   ② 0.018   ③ 0.030
④ 0.12   ⑤ 0.18   ⑥ 0.30

問4 硫化カルシウム CaS(式量 72)の結晶構造に関する次の記述を読み,後の問い(a～c)に答えよ。

　CaS の結晶中では,カルシウムイオン Ca²⁺ と硫化物イオン S²⁻ が図2に示すように規則正しく配列している。結晶中の Ca²⁺ と S²⁻ の配位数はいずれも ア で,単位格子は Ca²⁺ と S²⁻ がそれぞれ4個ずつ含まれる立方体である。隣り合う Ca²⁺ と S²⁻ は接しているが,(a)電荷が等しい Ca²⁺ どうし,および S²⁻ どうしは,結晶中で互いに接していない。Ca²⁺ のイオン半径を r_{Ca},S²⁻ のイオン半径を R_S とすると $r_{Ca} < R_S$ であり,CaS の結晶の単位格子の体積 V は イ で表される。

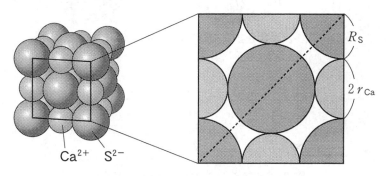

図2　CaS の結晶構造と単位格子の断面

a　空欄 ア ・ イ に当てはまる数字または式として最も適当なものを,それぞれの解答群の①～⑤のうちから一つずつ選べ。

アの解答群　4
① 4　　② 6　　③ 8　　④ 10　　⑤ 12

イの解答群　5
① $V = 8(R_S + r_{Ca})^3$　　② $V = 32(R_S^3 + r_{Ca}^3)$
③ $V = (R_S + r_{Ca})^3$　　④ $V = \dfrac{16}{3}\pi(R_S^3 + r_{Ca}^3)$
⑤ $V = \dfrac{4}{3}\pi(R_S^3 + r_{Ca}^3)$

b　エタノール40 mLを入れたメスシリンダーを用意し，CaSの結晶40 gをこのエタノール中に加えたところ，結晶はもとの形のまま溶けずに沈み，図3に示すように，40の目盛りの位置にあった液面が55の目盛りの位置に移動した。この結晶の単位格子の体積Vは何cm^3か。最も適当な数値を，後の①～⑤のうちから一つ選べ。ただし，アボガドロ定数を6.0×10^{23}/molとする。 6 cm^3

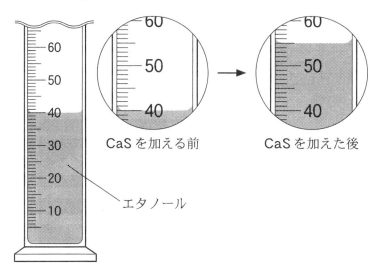

図3　メスシリンダーの液面の移動

① 4.5×10^{-23}　② 1.8×10^{-22}　③ 3.6×10^{-22}
④ 6.6×10^{-22}　⑤ 1.3×10^{-21}

c 図2に示すような配列の結晶構造をとる物質は CaS 以外にも存在する。そのような物質では，下線部(a)に示すのと同様に，結晶中で陽イオンどうし，および陰イオンどうしが互いに接していないものが多い。結晶を構成する2種類のイオンのうち，イオンの大きさが大きい方のイオン半径を R，小さい方のイオン半径を r として結晶の安定性を考える。このとき，R が $\left(\sqrt{\boxed{\text{ウ}}} + \boxed{\text{エ}}\right) r$ 以上になると，図2に示す単位格子の断面の対角線（破線）上で大きい方のイオンどうしが接するようになる。その結果，この結晶構造が不安定になり，異なる結晶構造をとりやすくなることが知られている。

空欄 $\boxed{\text{ウ}}$ ・ $\boxed{\text{エ}}$ に当てはまる数字として最も適当なものを，後の①〜⓪のうちから一つずつ選べ。ただし，同じものを繰り返し選んでもよい。

ウ $\boxed{7}$
エ $\boxed{8}$

① 1   ② 2   ③ 3   ④ 4   ⑤ 5

⑥ 6   ⑦ 7   ⑧ 8   ⑨ 9   ⓪ 0

第2問 次の問い(問1～4)に答えよ。(配点　20)

問1　二酸化炭素 CO_2 とアンモニア NH_3 を高温・高圧で反応させると，尿素 $(NH_2)_2CO$ が生成する。このときの熱化学方程式(1)の反応熱 Q は何 kJ か。最も適当な数値を，後の①～⑧のうちから一つ選べ。ただし，CO_2(気)，NH_3(気)，$(NH_2)_2CO$(固)，水 H_2O(液)の生成熱は，それぞれ 394 kJ/mol，46 kJ/mol，333 kJ/mol，286 kJ/mol とする。　| 9 | kJ

$$CO_2(\text{気}) + 2\,NH_3(\text{気}) = (NH_2)_2CO(\text{固}) + H_2O(\text{液}) + Q\ \text{kJ} \qquad (1)$$

①　－179　　　②　－153　　　③　－133　　　④　－107
⑤　　107　　　⑥　　133　　　⑦　　153　　　⑧　　179

問2　硝酸銀 $AgNO_3$ 水溶液の入った電解槽 V に浸した2枚の白金電極(電極 A，B)と，塩化ナトリウム $NaCl$ 水溶液の入った電解槽 W に浸した2本の炭素電極(電極 C，D)を，図1に示すように電源に接続した装置を組み立てた。この装置で電気分解を行った結果に関する記述として**誤りを含むもの**を，次の①～⑤のうちから二つ選べ。ただし，解答の順序は問わない。

| 10 |
| 11 |

① 電解槽 V の水素イオン濃度が増加した。
② 電極 A に銀 Ag が析出した。
③ 電極 B で水素 H_2 が発生した。
④ 電極 C にナトリウム Na が析出した。
⑤ 電極 D で塩素 Cl_2 が発生した。

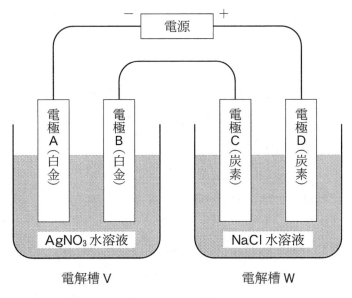

図 1　電気分解の装置

問 3　容積一定の密閉容器 X に水素 H_2 とヨウ素 I_2 を入れて，一定温度 T に保ったところ，次の式(2)の反応が平衡状態に達した。

$$H_2(気) + I_2(気) \rightleftarrows 2\,HI(気) \tag{2}$$

平衡状態の H_2，I_2，ヨウ化水素 HI の物質量は，それぞれ 0.40 mol，0.40 mol，3.2 mol であった。

次に，X の半分の一定容積をもつ密閉容器 Y に 1.0 mol の HI のみを入れて，同じ一定温度 T に保つと，平衡状態に達した。このときの HI の物質量は何 mol か。最も適当な数値を，次の①〜⑥のうちから一つ選べ。ただし，H_2，I_2，HI はすべて気体として存在するものとする。　12　mol

① 0.060　② 0.11　③ 0.20　④ 0.80　⑤ 0.89　⑥ 0.94

問 4 過酸化水素 H_2O_2 の水 H_2O と酸素 O_2 への分解反応に関する次の文章を読み，後の問い（**a ～ c**）に答えよ。

　　H_2O_2 の分解反応は次の式(3)で表され，水溶液中での分解反応速度は H_2O_2 の濃度に比例する。H_2O_2 の分解反応は非常に遅いが，酸化マンガン(IV)MnO_2 を加えると反応が促進される。

$$2\,H_2O_2 \longrightarrow 2\,H_2O + O_2 \tag{3}$$

　　試験管に少量の MnO_2 の粉末とモル濃度 0.400 mol/L の過酸化水素水 10.0 mL を入れ，一定温度 20 ℃ で反応させた。反応開始から 1 分ごとに，それまでに発生した O_2 の体積を測定し，その物質量を計算した。10 分までの結果を表 1 と図 2 に示す。ただし，反応による水溶液の体積変化と，発生した O_2 の水溶液への溶解は無視できるものとする。

表 1　反応温度 20 ℃ で各時間までに発生した O_2 の物質量

反応開始からの時間（min）	発生した O_2 の物質量（$\times 10^{-3}$ mol）
0	0
1.0	0.417
2.0	0.747
3.0	1.01
4.0	1.22
5.0	1.38
6.0	1.51
7.0	1.61
8.0	1.69
9.0	1.76
10.0	1.81

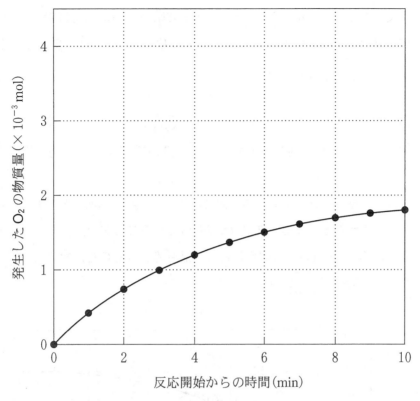

図2 反応温度20℃で各時間までに発生したO₂の物質量

a　H₂O₂の水溶液中での分解反応に関する記述として**誤りを含む**ものはどれか。最も適当なものを，次の①〜④のうちから一つ選べ。　13

① 少量の塩化鉄(Ⅲ)FeCl₃水溶液を加えると，反応速度が大きくなる。
② 肝臓などに含まれるカタラーゼを適切な条件で加えると，反応速度が大きくなる。
③ MnO₂の有無にかかわらず，温度を上げると反応速度が大きくなる。
④ MnO₂を加えた場合，反応の前後でマンガン原子の酸化数が変化する。

b 反応開始後 1.0 分から 2.0 分までの間における H₂O₂ の分解反応の平均反応速度は何 mol/(L·min) か。最も適当な数値を，次の ①〜⑧ のうちから一つ選べ。 $\boxed{14}$ mol/(L·min)

① 3.3×10^{-4} ② 6.6×10^{-4} ③ 8.3×10^{-4} ④ 1.5×10^{-3}
⑤ 3.3×10^{-2} ⑥ 6.6×10^{-2} ⑦ 8.3×10^{-2} ⑧ 0.15

c 図2の結果を得た実験と同じ濃度と体積の過酸化水素水を，別の反応条件で反応させると，反応速度定数が 2.0 倍になることがわかった。このとき発生した O₂ の物質量の時間変化として最も適当なものを，次の ①〜⑥ のうちから一つ選べ。 $\boxed{15}$

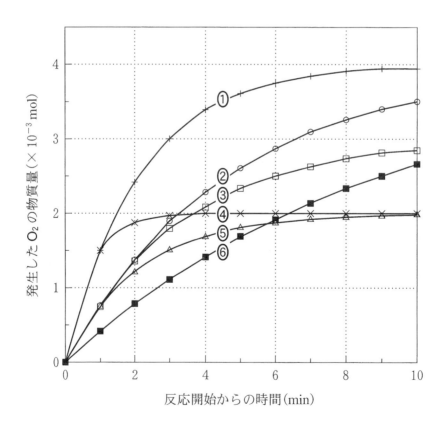

（下 書 き 用 紙）

化学の試験問題は次に続く。

第3問 次の問い(問1～3)に答えよ。(配点 20)

問1 フッ化水素 HF に関する記述として**誤りを含むもの**はどれか。最も適当なものを，次の①～④のうちから一つ選べ。 16

① 水溶液は弱い酸性を示す。

② 水溶液に銀イオン Ag^+ が加わっても沈殿は生じない。

③ 他のハロゲン化水素よりも沸点が高い。

④ ヨウ素 I_2 と反応してフッ素 F_2 を生じる。

問 2　金属イオン Ag^+，Al^{3+}，Cu^{2+}，Fe^{3+}，Zn^{2+} の硝酸塩のうち二つを含む水溶液 A がある。A に対して次の図 1 に示す**操作 I ～ IV**を行ったところ，それぞれ図 1 に示すような**結果**が得られた。A に含まれる二つの金属イオンとして最も適当なものを，後の**①**～**⑤**のうちから二つ選べ。ただし，解答の順序は問わない。

| 17 |
| 18 |

操作の内容　　　　　　　　　　　　　　　　　結　果

| 操作 I | 水溶液 A に希塩酸を加えた | ➡ | 得られた水溶液 B には沈殿が生じなかった |

⬇

| 操作 II | 水溶液 B に十分な量の硫化水素を吹き込んだ | ➡ | 水溶液 C と沈殿が得られた |

⬇

| 操作 III | ろ過によって得た水溶液 C を煮沸し，硫化水素を追い出した後に硝酸を加えて熱し，冷却後に過剰な量のアンモニア水を加えて，弱塩基性とした | ➡ | 得られた水溶液 D には沈殿が生じなかった |

⬇

| 操作 IV | 水溶液 D に十分な量の硫化水素を吹き込んだ | ➡ | 水溶液 E と沈殿が得られた |

図 1　操作の内容と結果

①　Ag^+　　　**②**　Al^{3+}　　　**③**　Cu^{2+}　　　**④**　Fe^{3+}　　　**⑤**　Zn^{2+}

問 3　1族，2族の金属元素に関する次の問い（a～c）に答えよ。

a　金属 X，Y は，1族元素のリチウム Li，ナトリウム Na，カリウム K，2族元素のベリリウム Be，マグネシウム Mg，カルシウム Ca のいずれかの単体である。X は希塩酸と反応して水素 H_2 を発生し，Y は室温の水と反応して H_2 を発生する。そこで，さまざまな質量の X，Y を用意し，X は希塩酸と，Y は室温の水とすべて反応させ，発生した H_2 の体積を測定した。反応させた X，Y の質量と，発生した H_2 の体積（0℃，1.013×10^5 Pa における体積に換算した値）との関係を図2に示す。

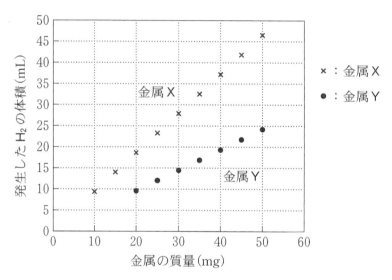

図2　反応させた金属 X，Y の質量と発生した H_2 の体積（0℃，1.013×10^5 Pa における体積に換算した値）の関係

このとき，X，Y として最も適当なものを，後の①～⑥のうちからそれぞれ一つずつ選べ。ただし，気体定数は $R = 8.31 \times 10^3$ Pa・L/(K・mol) とする。

X　19
Y　20

① Li　　　　　② Na　　　　　③ K
④ Be　　　　　⑤ Mg　　　　　⑥ Ca

b　マグネシウムの酸化物 MgO，水酸化物 Mg(OH)$_2$，炭酸塩 MgCO$_3$ の混合物 A を乾燥した酸素中で加熱すると，水 H$_2$O と二酸化炭素 CO$_2$ が発生し，後に MgO のみが残る。図 3 の装置を用いて混合物 A を反応管中で加熱し，発生した気体をすべて吸収管 B と吸収管 C で捕集する実験を行った。

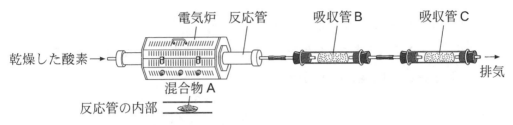

図 3　混合物 A を加熱し発生する気体を捕集する装置

このとき，B と C にそれぞれ 1 種類の気体のみを捕集したい。B，C に入れる物質の組合せとして最も適当なものを，次の①〜⑥のうちから一つ選べ。 21

	吸収管 B に入れる物質	吸収管 C に入れる物質
①	ソーダ石灰	酸化銅(Ⅱ)
②	ソーダ石灰	塩化カルシウム
③	塩化カルシウム	ソーダ石灰
④	塩化カルシウム	酸化銅(Ⅱ)
⑤	酸化銅(Ⅱ)	塩化カルシウム
⑥	酸化銅(Ⅱ)	ソーダ石灰

c　b の実験で，ある量の混合物 A を加熱すると MgO のみが 2.00 g 残った。また捕集された H$_2$O と CO$_2$ の質量はそれぞれ 0.18 g，0.22 g であった。加熱前の混合物 A に含まれていたマグネシウムのうち，MgO として存在していたマグネシウムの物質量の割合は何 % か。最も適当な数値を，次の①〜⑤のうちから一つ選べ。 22 ％

①　30　　　②　40　　　③　60　　　④　70　　　⑤　80

第4問 次の問い(問1～4)に答えよ。(配点　20)

問1　次の条件(ア・イ)をともに満たすアルコールとして最も適当なものを，後の①～④のうちから一つ選べ。　23

　　ア　ヨードホルム反応を示さない。
　　イ　分子内脱水反応により生成したアルケンに臭素を付加させると，不斉炭素原子をもつ化合物が生成する。

①
$$CH_3-\overset{\overset{\displaystyle CH_3}{|}}{C}H-OH$$

②
$$CH_3-CH_2-CH_2-OH$$

③
$$CH_3-\overset{\overset{\displaystyle CH_3}{|}}{\underset{\underset{\displaystyle CH_3}{|}}{C}}-OH$$

④
$$CH_3-\overset{\overset{\displaystyle CH_3}{|}}{C}H-CH_2-OH$$

問2　芳香族化合物に関する記述として**誤りを含むもの**はどれか。最も適当なものを，次の①～④のうちから一つ選べ。　24

①　フタル酸を加熱すると，分子内で脱水し，酸無水物が生成する。
②　アニリンは，水酸化ナトリウム水溶液と塩酸のいずれにもよく溶ける。
③　ジクロロベンゼンには，ベンゼン環に結合する塩素原子の位置によって3種類の異性体が存在する。
④　アセチルサリチル酸に塩化鉄(Ⅲ)水溶液を加えても呈色しない。

問 3 高分子化合物の構造に関する記述として**誤りを含むもの**はどれか。最も適当なものを，次の①～④のうちから一つ選べ。 25

① セルロースでは，分子内や分子間に水素結合が形成されている。

② DNA 分子の二重らせん構造中では，水素結合によって塩基対が形成されている。

③ タンパク質のポリペプチド鎖は，分子内で形成される水素結合により二次構造をつくる。

④ ポリプロピレンでは，分子間に水素結合が形成されている。

問 4 グリセリンの三つのヒドロキシ基がすべて脂肪酸によりエステル化された化合物をトリグリセリドと呼び，その構造は図1のように表される。

図1 トリグリセリドの構造（R^1, R^2, R^3 は鎖式炭化水素基）

あるトリグリセリドX（分子量882）の構造を調べることにした。(a)Xを触媒とともに水素と完全に反応させると，消費された水素の量から，1分子のXには4個のC＝C結合があることがわかった。また，Xを完全に加水分解したところ，グリセリンと，脂肪酸A（炭素数18）と脂肪酸B（炭素数18）のみが得られ，AとBの物質量比は1：2であった。トリグリセリドXに関する次の問い（a～c）に答えよ。

a 下線部(a)に関して，44.1 gのXを用いると，消費される水素は何molか。その数値を小数第2位まで次の形式で表すとき，26 ～ 28 に当てはまる数字を，後の①～⓪のうちから一つずつ選べ。ただし，同じものを繰り返し選んでもよい。また，XのC＝C結合のみが水素と反応するものとする。

26 . 27 28 mol

① 1   ② 2   ③ 3   ④ 4   ⑤ 5
⑥ 6   ⑦ 7   ⑧ 8   ⑨ 9   ⓪ 0

b トリグリセリド X を完全に加水分解して得られた脂肪酸 A と脂肪酸 B を，硫酸酸性の希薄な過マンガン酸カリウム水溶液にそれぞれ加えると，いずれも過マンガン酸イオンの赤紫色が消えた。脂肪酸 A（炭素数 18）の示性式として最も適当なものを，次の①～⑤のうちから一つ選べ。　　29

① $CH_3(CH_2)_{16}COOH$

② $CH_3(CH_2)_7CH＝CH(CH_2)_7COOH$

③ $CH_3(CH_2)_4CH＝CHCH_2CH＝CH(CH_2)_7COOH$

④ $CH_3CH_2CH＝CHCH_2CH＝CHCH_2CH＝CH(CH_2)_7COOH$

⑤ $CH_3CH_2CH＝CHCH_2CH＝CHCH_2CH＝CHCH_2CH＝CH(CH_2)_4COOH$

c　トリグリセリド X をある酵素で部分的に加水分解すると，図2のように脂肪酸 A，脂肪酸 B，化合物 Y のみが物質量比 1：1：1 で生成した。また，X には鏡像異性体(光学異性体)が存在し，Y には鏡像異性体が存在しなかった。A を $R^A－COOH$，B を $R^B－COOH$ と表すとき，図2に示す化合物 Y の構造式において，　ア　・　イ　に当てはまる原子と原子団の組合せとして最も適当なものを，後の①～④のうちから一つ選べ。　30

トリグリセリド X ──→ 脂肪酸 A ＋ 脂肪酸 B ＋
$CH_2－O－$ ア
$CH－O－$ イ
$CH_2－O－H$

化合物 Y

図2　ある酵素によるトリグリセリド X の加水分解

	ア	イ
①	$\overset{\overset{\displaystyle O}{\|\|}}{C}-R^A$	H
②	$\overset{\overset{\displaystyle O}{\|\|}}{C}-R^B$	H
③	H	$\overset{\overset{\displaystyle O}{\|\|}}{C}-R^A$
④	H	$\overset{\overset{\displaystyle O}{\|\|}}{C}-R^B$

（下 書 き 用 紙）

化学の試験問題は次に続く。

第5問 硫黄 S の化合物である硫化水素 H_2S や二酸化硫黄 SO_2 を，さまざまな物質と反応させることにより，人間生活に有用な物質が得られる。一方，H_2S と SO_2 はともに火山ガスに含まれる有毒な気体であり，健康被害を及ぼす量のガスを吸い込むことがないように，大気中の濃度を求める必要がある。次の問い(問 1 ～ 3)に答えよ。(配点 20)

問 1 H_2S と SO_2 が関わる反応について，次の問い(a ・ b)に答えよ。

　　a H_2S と SO_2 の発生や反応に関する記述として**誤りを含むもの**はどれか。最も適当なものを，次の①～④のうちから一つ選べ。 31

　　　① 硫化鉄(Ⅱ)FeS に希硫酸を加えると，H_2S が発生する。
　　　② 硫酸ナトリウム Na_2SO_4 に希硫酸を加えると，SO_2 が発生する。
　　　③ H_2S の水溶液に SO_2 を通じて反応させると，単体の S が生じる。
　　　④ 水酸化ナトリウム NaOH の水溶液に SO_2 を通じて反応させると，亜硫酸ナトリウム Na_2SO_3 が生じる。

　　b 酸化バナジウム(Ⅴ)V_2O_5 を触媒として SO_2 と O_2 の混合気体を反応させると，正反応が発熱反応である，次の式(1)の反応が起こる。SO_2 と O_2 の混合気体と触媒をピストン付きの密閉容器に入れて反応させるとき，式(1)の反応に関する記述として下線部に**誤りを含むもの**はどれか。最も適当なものを，後の①～④のうちから一つ選べ。 32

$$2\,SO_2 + O_2 \rightleftharpoons 2\,SO_3 \tag{1}$$

① 反応が平衡状態に達した後，温度一定で密閉容器内の圧力を減少させる
  と，<u>平衡は右に移動する</u>。

② 反応が平衡状態に達した後，圧力一定で密閉容器内の温度を上昇させる
  と，<u>平衡は左に移動する</u>。

③ SO_2 の濃度を 2 倍にしたとき，正反応の反応速度が何倍になるかは，<u>反
  応式中の係数から単純に導き出すことはできない</u>。

④ 平衡状態では，<u>正反応と逆反応の反応速度が等しくなっている</u>。

問 2　窒素と H_2S からなる気体試料 A がある。気体試料 A に含まれる H_2S の量を
　　次の式(2)～(4)で表される反応を利用した酸化還元滴定によって求めたいと考
　　え，後の**実験**を行った。

$$H_2S \longrightarrow 2H^+ + S + 2e^- \tag{2}$$

$$I_2 + 2e^- \longrightarrow 2I^- \tag{3}$$

$$2S_2O_3^{2-} \longrightarrow S_4O_6^{2-} + 2e^- \tag{4}$$

実験　ある体積の気体試料 A に含まれていた H_2S を水に完全に溶かした水溶
　　　液に，0.127 g のヨウ素 I_2（分子量 254）を含むヨウ化カリウム KI 水溶液を
　　　加えた。そこで生じた沈殿を取り除き，ろ液に 5.00×10^{-2} mol/L チオ硫
　　　酸ナトリウム $Na_2S_2O_3$ 水溶液を 4.80 mL 滴下したところで少量のデンプ
　　　ンの水溶液を加えた。そして，$Na_2S_2O_3$ 水溶液を全量で 5.00 mL 滴下した
　　　ときに，水溶液の青色が消えて無色となった。

　　この**実験**で用いた気体試料 A に含まれていた H_2S は，0 ℃，1.013×10^5 Pa
において何 mL か。最も適当な数値を，次の①～⑤のうちから一つ選べ。ただ
し，気体定数は $R = 8.31 \times 10^3$ Pa·L/(K·mol) とする。　|　33　| mL

①　2.80　　　②　5.60　　　③　8.40　　　④　10.0　　　⑤　11.2

問 3 火口周辺での SO_2 の濃度は，SO_2 が光を吸収する性質を利用して測定できる。光の吸収を利用して物質の濃度を求める方法の原理を調べたところ，次の記述が見つかった。

多くの物質は紫外線を吸収する。紫外線が透過する方向の長さが L の透明な密閉容器に，モル濃度 c の気体試料が封入されている。ある波長の紫外線（光の量，I_0）を密閉容器に入射すると，その一部が気体試料に吸収され，透過した光の量は少なくなり I となる。このことを模式的に表したものが図1である。

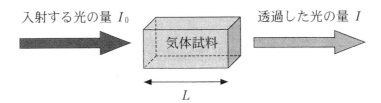

図1　密閉容器内の気体試料に紫外線を入射したときの模式図

入射する光の量 I_0 に対する透過した光の量 I の比を表す透過率 $T = \dfrac{I}{I_0}$ を用いると，$\log_{10} T$ は c および L と比例関係となる。

次の問い（**a・b**）に答えよ。

a 圧力一定の条件で，窒素で満たされた長さ L の密閉容器内に物質量の異なる SO_2 を添加し，ある波長の紫外線に対する透過率 T をそれぞれ測定した。SO_2 のモル濃度 c と得られた $\log_{10} T$ を次ページの表1に示す。次に，窒素中に含まれる SO_2 のモル濃度が不明な気体試料 B に対して，同じ条件で透過率 T を測定したところ 0.80 であった。気体試料 B に含まれる SO_2 のモル濃度を次の形式で表すとき，　34　に当てはまる数値として最も適当なものを，後の①～⑤のうちから一つ選べ。必要があれば，次ページの方眼紙や $\log_{10} 2 = 0.30$ の値を使うこと。ただし，窒素および密閉容器による紫外線の吸収，反射，散乱は無視できるものとする。

気体試料 B に含まれる SO_2 のモル濃度　34　$\times 10^{-8}\, mol/L$

① 2.2 　　② 2.6 　　③ 3.0 　　④ 3.4 　　⑤ 3.8

表1　密閉容器内の気体に含まれる SO_2 のモル濃度 c と $\log_{10} T$ の関係

SO_2 のモル濃度 c ($\times 10^{-8}$ mol/L)	$\log_{10} T$
0.0	0.000
2.0	－0.067
4.0	－0.133
6.0	－0.200
8.0	－0.267
10.0	－0.333

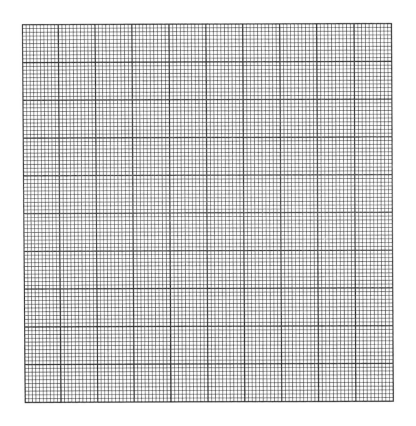

b 図2に示すように，**a**で用いたものと同じ密閉容器を二つ直列に並べて長さ2*L*とした密閉容器を用意した。それぞれに**a**と同じ条件で気体試料Bを封入して，**a**で用いた波長の紫外線を入射させた。このときの透過率 T の値として最も適当な数値を，後の①〜⑤のうちから一つ選べ。ただし，窒素および密閉容器による紫外線の吸収，反射，散乱は無視できるものとする。
35

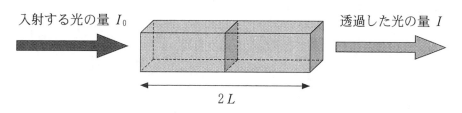

図2　密閉容器を直列に並べた場合の模式図

① 0.32　　② 0.40　　③ 0.60　　④ 0.64　　⑤ 0.80

2022 本試

$\binom{100点}{60分}$

〔化学〕

注 意 事 項

1　理科②解答用紙（2022 本試）をキリトリ線より切り離し，試験開始の準備をしなさい。

2　時間を計り，上記の解答時間内で解答しなさい。

　　ただし，納得のいくまで時間をかけて解答するという利用法でもかまいません。

3　**解答用紙には解答欄以外に受験番号欄，氏名欄，試験場コード欄，解答科目欄があります。解答科目欄は解答する科目を一つ選び**，科目名の右の◯に**マーク**しなさい。その他の欄は自分自身で本番を想定し，**正しく記入し，マーク**しなさい。

4　解答は，解答用紙の解答欄にマークしなさい。例えば， 10 と表示のある問いに対して③と解答する場合は，次の(例)のように**解答番号10の解答欄の③**に**マーク**しなさい。

(例)

解答番号	解　　答　　欄 1 2 3 4 5 6 7 8 9 0 a b
10	① ② ③ ④ ⑤ ⑥ ⑦ ⑧ ⑨ ⓪ ⓐ ⓑ

5　問題冊子の余白等は適宜利用してよいが，どのページも切り離してはいけません。

化　　　　　学

$$\left(\text{解答番号}\boxed{\ 1\ }\sim\boxed{\ 33\ }\right)$$

必要があれば，原子量は次の値を使うこと。

H	1.0	C	12	N	14	O	16
Na	23	S	32	Cl	35.5	Ca	40

気体は，実在気体とことわりがない限り，理想気体として扱うものとする。

また，必要があれば，次の値を使うこと。

$$\sqrt{2}=1.41 \qquad \sqrt{3}=1.73 \qquad \sqrt{5}=2.24$$

第 1 問　次の問い（問 1 ～ 5）に答えよ。（配点　20）

問 1　原子が L 殻に電子を 3 個もつ元素を，次の①～⑤のうちから一つ選べ。
　　　$\boxed{\ 1\ }$

　　①　Al　　　　②　B　　　　③　Li　　　　④　Mg　　　⑤　N

問 2 表 1 に示した窒素化合物は肥料として用いられている。これらの化合物のうち，窒素の含有率(質量パーセント)が最も高いものを，後の①〜④のうちから一つ選べ。 2

表 1 肥料として用いられる窒素化合物とそのモル質量

窒素化合物	モル質量(g/mol)
NH_4Cl	53.5
$(NH_2)_2CO$	60
NH_4NO_3	80
$(NH_4)_2SO_4$	132

① NH_4Cl ② $(NH_2)_2CO$ ③ NH_4NO_3 ④ $(NH_4)_2SO_4$

問 3 2種類の貴ガス(希ガス)AとBをさまざまな割合で混合し、温度一定のもとで体積を変化させて、全圧が一定値 p_0 になるようにする。元素Aの原子量が元素Bの原子量より小さいとき、貴ガスAの分圧と混合気体の密度の関係を表すグラフはどれか。最も適当なものを、次の①〜⑤のうちから一つ選べ。

3

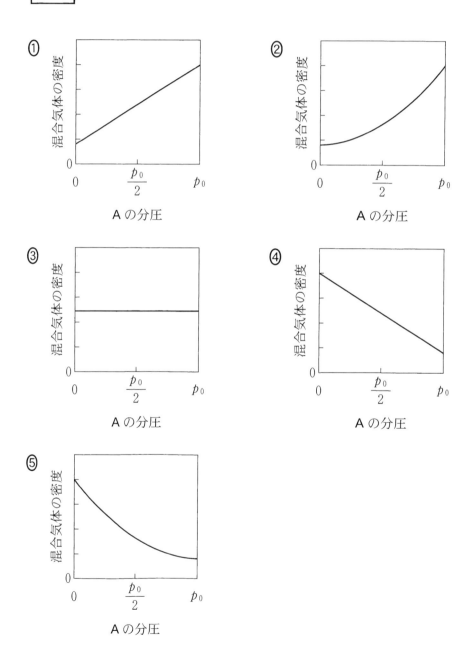

問 4 非晶質に関する記述として**誤りを含むもの**はどれか。最も適当なものを，次の①〜④のうちから一つ選べ。 4

① ガラスは一定の融点を示さない。

② アモルファス金属やアモルファス合金は，高温で融解させた金属を急速に冷却してつくられる。

③ 非晶質の二酸化ケイ素は，光ファイバーに利用される。

④ ポリエチレンは，非晶質の部分（非結晶部分・無定形部分）の割合が増えるほどかたくなる。

問 5 空気の水への溶解は，水中生物の呼吸（酸素の溶解）やダイバーの減圧症（溶解した窒素の遊離）などを理解するうえで重要である。1.0×10^5 Pa の N_2 と O_2 の溶解度（水 1 L に溶ける気体の物質量）の温度変化をそれぞれ図 1 に示す。N_2 と O_2 の水への溶解に関する後の問い（**a**・**b**）に答えよ。ただし，N_2 と O_2 の水への溶解は，ヘンリーの法則に従うものとする。

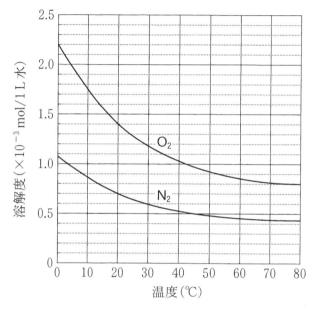

図 1　1.0×10^5 Pa の N_2 と O_2 の溶解度の温度変化

a　1.0×10^5 Pa で O_2 が水 20 L に接している。同じ圧力で温度を 10 ℃ から 20 ℃ にすると，水に溶解している O_2 の物質量はどのように変化するか。最も適当な記述を，次の①～⑤のうちから一つ選べ。　5

① 3.5×10^{-4} mol 減少する。　　② 7.0×10^{-3} mol 減少する。
③ 変化しない。　　　　　　　　　　　④ 3.5×10^{-4} mol 増加する。
⑤ 7.0×10^{-3} mol 増加する。

b　図 2 に示すように，ピストンの付いた密閉容器に水と空気(物質量比 $N_2 : O_2 = 4 : 1$)を入れ，ピストンに 5.0×10^5 Pa の圧力を加えると，20 ℃ で水および空気の体積はそれぞれ 1.0 L，5.0 L になった。次に，温度を一定に保ったままピストンを引き上げ，圧力を 1.0×10^5 Pa にすると，水に溶解していた気体の一部が遊離した。このとき，遊離した N_2 の体積は 0 ℃，1.013×10^5 Pa のもとで何 mL か。最も近い数値を，後の①～⑤のうちから一つ選べ。ただし，気体定数は $R = 8.31 \times 10^3$ Pa・L/(K・mol) とする。また，密閉容器内の空気の N_2 と O_2 の物質量比の変化と水の蒸気圧は，いずれも無視できるものとする。　6　mL

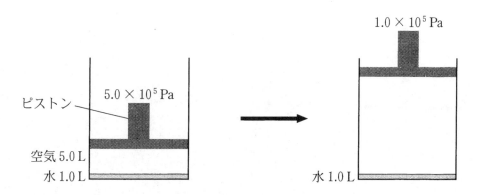

図 2　水と空気を入れた密閉容器内の圧力を変化させたときの模式図

① 13　　② 16　　③ 50　　④ 63　　⑤ 78

第2問 次の問い(問1～4)に答えよ。(配点 20)

問1 化学反応や物質の状態の変化において，発熱の場合も吸熱の場合もあるものはどれか。最も適当なものを，次の①～④のうちから一つ選べ。　7

①　炭化水素が酸素の中で完全燃焼するとき。
②　強酸の希薄水溶液に強塩基の希薄水溶液を加えて中和するとき。
③　電解質が多量の水に溶解するとき。
④　常圧で純物質の液体が凝固して固体になるとき。

問2 0.060 mol/L の酢酸ナトリウム水溶液 50 mL と 0.060 mol/L の塩酸 50 mL を混合して 100 mL の水溶液を得た。この水溶液中の水素イオン濃度は何 mol/L か。最も適当な数値を，次の①～⑥のうちから一つ選べ。ただし，酢酸の電離定数は 2.7×10^{-5} mol/L とする。　8　mol/L

①　8.1×10^{-7}　　　②　2.8×10^{-4}　　　③　9.0×10^{-4}
④　1.3×10^{-3}　　　⑤　2.8×10^{-3}　　　⑥　8.1×10^{-3}

問 3 溶液中での，次の式(1)で表される可逆反応

$$A \rightleftharpoons B + C \tag{1}$$

において，正反応の反応速度 v_1 と逆反応の反応速度 v_2 は，$v_1 = k_1[A]$，$v_2 = k_2[B][C]$ であった。ここで，k_1，k_2 はそれぞれ正反応，逆反応の反応速度定数であり，$[A]$，$[B]$，$[C]$ はそれぞれ A，B，C のモル濃度である。反応開始時において，$[A] = 1 \, \text{mol/L}$，$[B] = [C] = 0 \, \text{mol/L}$ であり，反応中に温度が変わることはないとする。$k_1 = 1 \times 10^{-6} \, /\text{s}$，$k_2 = 6 \times 10^{-6} \, \text{L}/(\text{mol·s})$ であるとき，平衡状態での $[B]$ は何 mol/L か。最も適当な数値を，次の①～④のうちから一つ選べ。 9 mol/L

① $\dfrac{1}{3}$ ② $\dfrac{1}{\sqrt{6}}$ ③ $\dfrac{1}{2}$ ④ $\dfrac{2}{3}$

問 4 化石燃料に代わる新しいエネルギー源の一つとして水素 H_2 がある。H_2 の貯蔵と利用に関する次の問い（a～c）に答えよ。

a　水素吸蔵合金を利用すると，H_2 を安全に貯蔵することができる。ある水素吸蔵合金 X は，0 ℃，1.013×10^5 Pa で，X の体積の 1200 倍の H_2 を貯蔵することができる。この温度，圧力で 248 g の X に貯蔵できる H_2 は何 mol か。最も適当な数値を，次の ①～⑤ のうちから一つ選べ。ただし，X の密度は 6.2 g/cm³ であり，気体定数は $R = 8.3 \times 10^3$ Pa・L/(K・mol) とする。
　10　mol

① 0.28　　② 0.47　　③ 1.1　　④ 2.1　　⑤ 11

b　リン酸型燃料電池を用いると，H_2 を燃料として発電することができる。図1に外部回路に接続したリン酸型燃料電池の模式図を示す。この燃料電池を動作させるにあたり，供給する物質（ア，イ）と排出される物質（ウ，エ）の組合せとして最も適当なものを，後の ①～⑥ のうちから一つ選べ。ただし，排出される物質には未反応の物質も含まれるものとする。　11

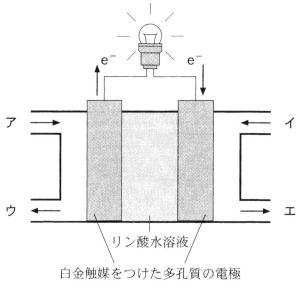

図1　リン酸型燃料電池の模式図

	ア	イ	ウ	エ
①	O_2	H_2	O_2	H_2, H_2O
②	O_2	H_2	O_2, H_2O	H_2
③	O_2	H_2	O_2, H_2O	H_2, H_2O
④	H_2	O_2	H_2	O_2, H_2O
⑤	H_2	O_2	H_2, H_2O	O_2
⑥	H_2	O_2	H_2, H_2O	O_2, H_2O

c 図1の燃料電池で H_2 2.00 mol, O_2 1.00 mol が反応したとき, 外部回路に流れた電気量は何 C か。最も適当な数値を, 次の①~⑤のうちから一つ選べ。ただし, ファラデー定数は 9.65×10^4 C/mol とし, 電極で生じた電子はすべて外部回路を流れたものとする。 $\boxed{12}$ C

① 1.93×10^4 ② 9.65×10^4 ③ 1.93×10^5

④ 3.86×10^5 ⑤ 7.72×10^5

第3問 次の問い(問1～3)に答えよ。(配点　20)

問 1　$AlK(SO_4)_2 \cdot 12H_2O$ と $NaCl$ はどちらも無色の試薬である。それぞれの水溶液に対して次の**操作ア～エ**を行うとき，この二つの試薬を**区別することができない操作**はどれか。最も適当なものを，後の①～④のうちから一つ選べ。 13

操作

ア　アンモニア水を加える。

イ　臭化カルシウム水溶液を加える。

ウ　フェノールフタレイン溶液を加える。

エ　陽極と陰極に白金板を用いて電気分解を行う。

① ア　　　　　② イ　　　　　③ ウ　　　　　④ エ

問 2 ある金属元素 M が，その酸化物中でとる酸化数は一つである。この金属元素の単体 M と酸素 O_2 から生成する金属酸化物 M_xO_y の組成式を求めるために，次の**実験**を考えた。

実験 M の物質量と O_2 の物質量の和を 3.00×10^{-2} mol に保ちながら，M の物質量を 0 から 3.00×10^{-2} mol まで変化させ，それぞれにおいて M と O_2 を十分に反応させたのち，生成した M_xO_y の質量を測定する。

実験で生成する M_xO_y の質量は，用いる M の物質量によって変化する。図 1 は，生成する M_xO_y の質量について，その最大の測定値を 1 と表し，他の測定値を最大値に対する割合(相対値)として示している。図 1 の結果が得られる M_xO_y の組成式として最も適当なものを，後の①〜⑤のうちから一つ選べ。 14

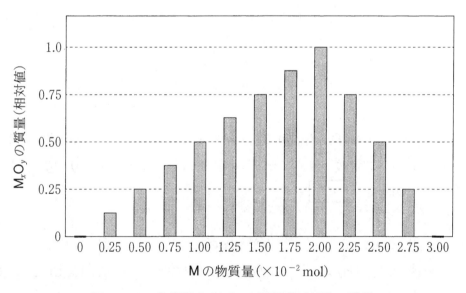

図 1 M の物質量と M_xO_y の質量(相対値)の関係

① MO   ② MO_2 ③ M_2O ④ M_2O_3 ⑤ M_2O_5

問 3 次の文章を読み，後の問い（a 〜 c）に答えよ。

アンモニアソーダ法は，Na_2CO_3 の代表的な製造法である。その製造過程を図 2 に示す。この方法には，$NaHCO_3$ の熱分解で生じる CO_2，および NH_4Cl と $Ca(OH)_2$ の反応で生じる NH_3 をいずれも回収して，無駄なく再利用するという特徴がある。

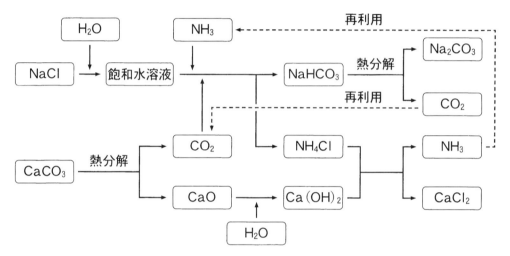

図 2　アンモニアソーダ法による Na_2CO_3 の製造過程

a　CO_2，Na_2CO_3，NH_4Cl をそれぞれ水に溶かしたとき，水溶液が酸性を示すものはどれか。すべてを正しく選んでいるものを，次の①〜⑦のうちから一つ選べ。　15

① CO_2
② Na_2CO_3
③ NH_4Cl
④ CO_2，Na_2CO_3
⑤ CO_2，NH_4Cl
⑥ Na_2CO_3，NH_4Cl
⑦ CO_2，Na_2CO_3，NH_4Cl

b アンモニアソーダ法に関する記述として**誤りを含むもの**はどれか。最も適当なものを，次の①～④のうちから一つ選べ。 16

① $NaHCO_3$ の水への溶解度は，NH_4Cl より大きい。

② $NaCl$ 飽和水溶液に NH_3 を吸収させたあとに CO_2 を通じるのは，CO_2 を溶かしやすくするためである。

③ 図2のそれぞれの反応は，触媒を必要としない。

④ $NaHCO_3$ の熱分解により Na_2CO_3 が生成する過程では，CO_2 のほかに水も生成する。

c $NaCl$ 58.5 kg がすべて反応して Na_2CO_3 と $CaCl_2$ を生成するときに，最小限必要とされる $CaCO_3$ は何 kg か。最も適当な数値を，次の①～④のうちから一つ選べ。ただし，この製造過程で生じる NH_3 および CO_2 は，すべて再利用されるものとする。 17 kg

① 25.0　　　　② 50.0　　　　③ 100　　　　④ 200

第 4 問 次の問い(問 1 ～ 4)に答えよ。(配点 20)

問 1 ハロゲン原子を含む有機化合物に関する記述として**誤りを含むもの**を,次の
①～④のうちから一つ選べ。 $\boxed{18}$

① メタンに十分な量の塩素を混ぜて光(紫外線)をあてると,クロロメタン,
ジクロロメタン,トリクロロメタン(クロロホルム),テトラクロロメタン
(四塩化炭素)が順次生成する。

② ブロモベンゼンの沸点は,ベンゼンの沸点より高い。

③ クロロプレン $CH_2＝CCl－CH＝CH_2$ の重合体は,合成ゴムになる。

④ プロピン 1 分子に臭素 2 分子を付加して得られる生成物は,1, 1, 3, 3-テト
ラブロモプロパン $CHBr_2CH_2CHBr_2$ である。

問 2 フェノールを混酸(濃硝酸と濃硫酸の混合物)と反応させたところ,段階的に
ニトロ化が起こり,ニトロフェノールとジニトロフェノールを経由して
2, 4, 6-トリニトロフェノールのみが得られた。この途中で経由したと考えられ
るニトロフェノールの異性体とジニトロフェノールの異性体はそれぞれ何種類
か。最も適当な数を,次の①～⑥のうちから一つずつ選べ。ただし,同じもの
を繰り返し選んでもよい。

ニトロフェノールの異性体 $\boxed{19}$ 種類
ジニトロフェノールの異性体 $\boxed{20}$ 種類

① 1 ② 2 ③ 3 ④ 4 ⑤ 5 ⑥ 6

問3 天然高分子化合物および合成高分子化合物に関する記述として下線部に**誤り**
を含むものを，次の①~⑤のうちから一つ選べ。 21

① タンパク質はα-アミノ酸 R−CH(NH$_2$)−COOH から構成され，その置換
基 R どうしが相互にジスルフィド結合やイオン結合などを形成すること
で，各タンパク質に特有の三次構造に折りたたまれる。

② タンパク質が強酸や加熱によって変性するのは，高次構造が変化するため
である。

③ アセテート繊維は，トリアセチルセルロースを部分的に加水分解した後，
紡糸して得られる。

④ 天然ゴムを空気中に放置しておくと，分子中の二重結合が酸化されて弾性
を失う。

⑤ ポリエチレンテレフタラートとポリ乳酸は，それぞれ完全に加水分解され
ると，いずれも1種類の化合物になる。

問 4　カルボン酸を適当な試薬を用いて還元すると，第一級アルコールが生成することが知られている。カルボキシ基を 2 個もつジカルボン酸（2 価カルボン酸）の還元反応に関する次の問い（**a** ～ **c**）に答えよ。

a　示性式 $HOOC(CH_2)_4COOH$ のジカルボン酸を，ある試薬 X で還元した。反応を途中で止めると，生成物として図 1 に示すヒドロキシ酸と 2 価アルコールが得られた。ジカルボン酸，ヒドロキシ酸，2 価アルコールの物質量の割合の時間変化を図 2 に示す。グラフ中の A～C は，それぞれどの化合物に対応するか。組合せとして最も適当なものを，後の①～⑥のうちから一つ選べ。 22

ヒドロキシ酸　　　　2 価アルコール

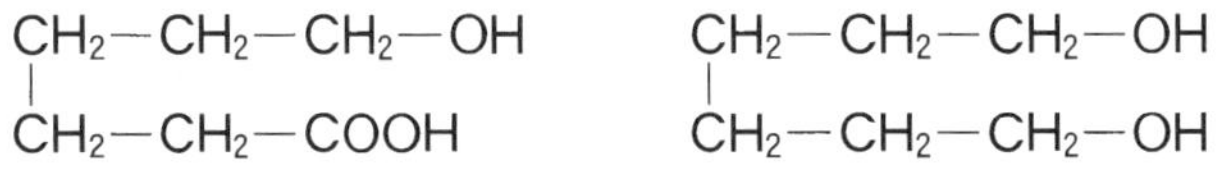

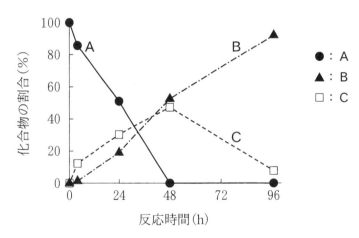

図 1　ヒドロキシ酸と 2 価アルコールの構造式

図 2　$HOOC(CH_2)_4COOH$ の還元反応における反応時間と化合物の割合

	ジカルボン酸	ヒドロキシ酸	2価アルコール
①	A	B	C
②	A	C	B
③	B	A	C
④	B	C	A
⑤	C	A	B
⑥	C	B	A

b 示性式 $HOOC(CH_2)_2COOH$ のジカルボン酸を試薬 X で還元すると，炭素原子を4個もつ化合物 Y が反応の途中に生成した。Y は銀鏡反応を示さず，$NaHCO_3$ 水溶液を加えても CO_2 を生じなかった。また，86 mg の Y を完全燃焼させると，CO_2 176 mg と H_2O 54 mg が生成した。Y の構造式として最も適当なものを，次の①〜⑥のうちから一つ選べ。 23

① $OHC-(CH_2)_2-CHO$

② $HO-(CH_2)_3-COOH$

③ $CH_2=CH-CH_2-COOH$

④

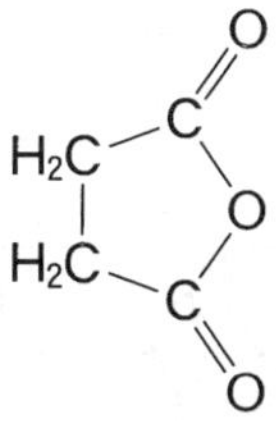

⑤

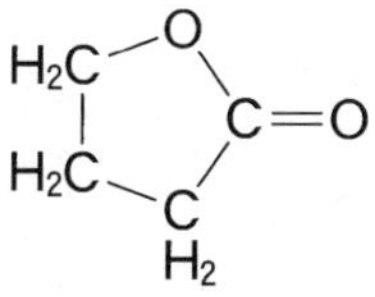

⑥

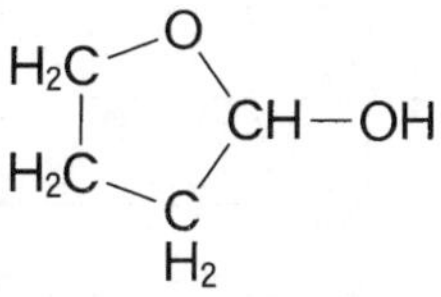

c 分子式 $C_5H_8O_4$ をもつジカルボン酸は，図3に示すように，立体異性体を区別しないで数えると4種類存在する。これら4種類のジカルボン酸を還元して生成するヒドロキシ酸 $C_5H_{10}O_3$ は，立体異性体を区別しないで数えると ア 種類あり，そのうち不斉炭素原子をもつものは イ 種類存在する。空欄 ア ・ イ に当てはまる数の組合せとして最も適当なものを，後の①～⑧のうちから一つ選べ。 24

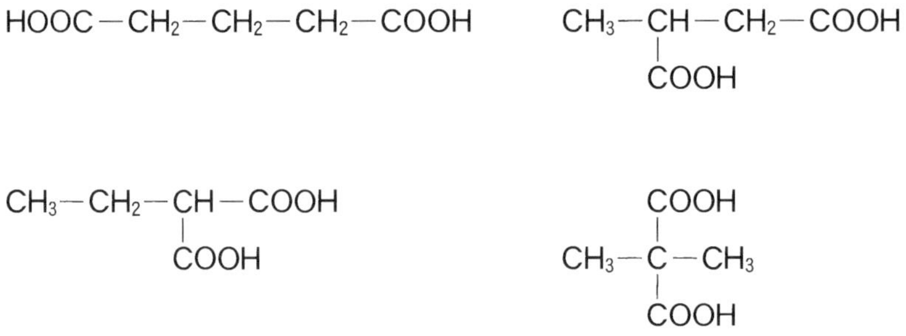

$$HOOC-CH_2-CH_2-CH_2-COOH$$

$$CH_3-\underset{\underset{\displaystyle COOH}{|}}{CH}-CH_2-COOH$$

$$CH_3-CH_2-\underset{\underset{\displaystyle COOH}{|}}{CH}-COOH$$

$$CH_3-\underset{\underset{\displaystyle COOH}{\overset{\overset{\displaystyle COOH}{|}}{C}}}{-}CH_3$$

図3 4種類のジカルボン酸 $C_5H_8O_4$ の構造式

	ア	イ
①	4	0
②	4	1
③	5	2
④	5	3
⑤	6	4
⑥	6	5
⑦	8	6
⑧	8	7

（下 書 き 用 紙）

化学の試験問題は次に続く。

第5問 大気中には，自動車の排ガスや植物などから放出されるアルケンが含まれている。大気中のアルケンは，地表近くのオゾンによる酸化反応で分解されて，健康に影響を及ぼすアルデヒドを生じる。アルケンを含む脂肪族不飽和炭化水素の構造と性質，およびオゾンとの反応に関する次の問い(**問1・2**)に答えよ。

(配点 20)

問1 脂肪族不飽和炭化水素とそれに関連する化合物の構造に関する記述として**誤りを含むもの**を，次の①～④のうちから一つ選べ。 25

① エチレン(エテン)の炭素─炭素原子間の結合において，一方の炭素原子を固定したとき，他方の炭素原子は自由に回転できない。

② シクロアルケンの一般式は，炭素数を n とすると C_nH_{2n-2} で表される。

③ 1-ブチン $CH \equiv C-CH_2-CH_3$ の四つの炭素原子は，同一直線上にある。

④ ポリアセチレンは，分子中に二重結合をもつ。

問 2 次の構造をもつアルケン A（分子式 C_6H_{12}）のオゾン O_3 による酸化反応について調べた。

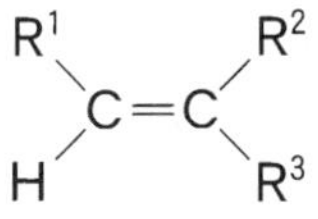

$$R^1 = H,\ CH_3,\ CH_3CH_2\ のいずれか$$

R¹ = H, CH₃, CH₃CH₂ のいずれか
R² = CH₃, CH₃CH₂ のいずれか
R³ = CH₃, CH₃CH₂ のいずれか

アルケン A

気体のアルケン A と O_3 を二酸化硫黄 SO_2 の存在下で反応させると，式(1)に示すように，最初に化合物 X（分子式 $C_6H_{12}O_3$）が生成し，続いてアルデヒド B とケトン C が生成した。式(1)の反応に関する後の問い（ **a** ～ **d** ）に答えよ。

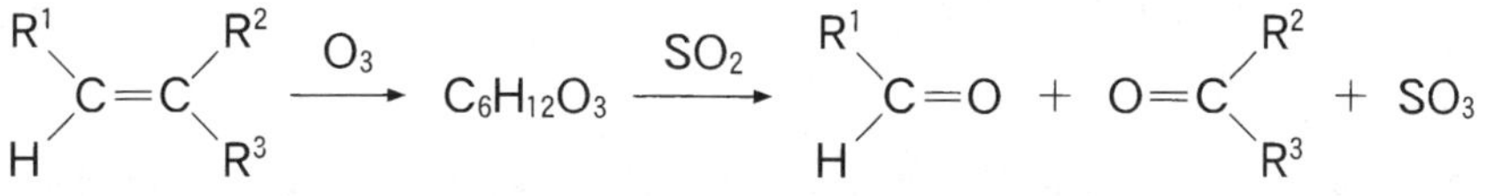

アルケン A   化合物 X   アルデヒド B   ケトン C
（C_6H_{12}）

a 式(1)の反応で生成したアルデヒド B はヨードホルム反応を示さず，ケトン C はヨードホルム反応を示した。R¹，R²，R³ の組合せとして正しいものを，次の①～④のうちから一つ選べ。 26

	R¹	R²	R³
①	H	CH₃CH₂	CH₃CH₂
②	CH₃	CH₃	CH₃CH₂
③	CH₃	CH₃CH₂	CH₃
④	CH₃CH₂	CH₃	CH₃

b 式(1)の反応における反応熱を求めたい。式(1)の反応，SO_2 から SO_3 への酸化反応，および O_2 から O_3 が生成する反応の熱化学方程式は，それぞれ式(2)，(3)，(4)で表される。

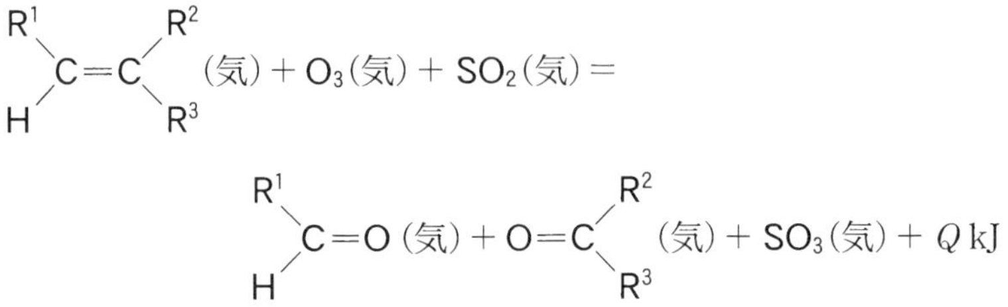

$$\underset{H}{\overset{R^1}{>}}C=C\underset{R^3}{\overset{R^2}{<}}(気) + O_3(気) + SO_2(気) =$$

$$\underset{H}{\overset{R^1}{>}}C=O\,(気) + O=C\underset{R^3}{\overset{R^2}{<}}(気) + SO_3(気) + Q\,\text{kJ} \qquad (2)$$

$$SO_2(気) + \frac{1}{2}O_2(気) = SO_3(気) + 99\ \text{kJ} \qquad (3)$$

$$\frac{3}{2}O_2(気) = O_3(気) - 143\ \text{kJ} \qquad (4)$$

各化合物の気体の生成熱が表1の値であるとき，式(2)の反応熱 Q は何 kJ か。最も適当な数値を，後の①～⑥のうちから一つ選べ。 27 kJ

表1　各化合物の気体の生成熱

化合物	生成熱(kJ/mol)
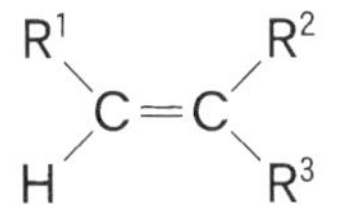 $\underset{H}{\overset{R^1}{>}}C=C\underset{R^3}{\overset{R^2}{<}}$	67
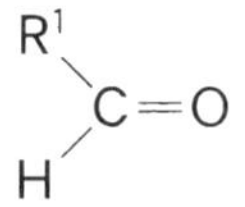 $\underset{H}{\overset{R^1}{>}}C=O$	186
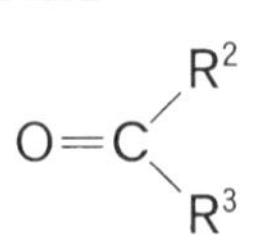 $O=C\underset{R^3}{\overset{R^2}{<}}$	217

① 221 　　② 229 　　③ 578

④ 799 　　⑤ 1020 　　⑥ 1306

c 式(1)のアルケンAとO₃から化合物Xが生成する反応の反応速度を考える。図1は，体積一定の容器に入っている 5.0×10^{-7} mol/L の気体のアルケンAと 5.0×10^{-7} mol/L の O₃ を，温度一定で反応させたときのアルケンAのモル濃度の時間変化である。反応開始後1.0秒から6.0秒の間に，アルケンAが減少する平均の反応速度は何 mol/(L·s) か。その数値を有効数字2桁の次の形式で表すとき， 28 ～ 30 に当てはまる数字を，後の①～⓪のうちから一つずつ選べ。ただし，同じものを繰り返し選んでもよい。

アルケンAが減少する平均の反応速度

 28 . 29 × 10⁻ 30 mol/(L·s)

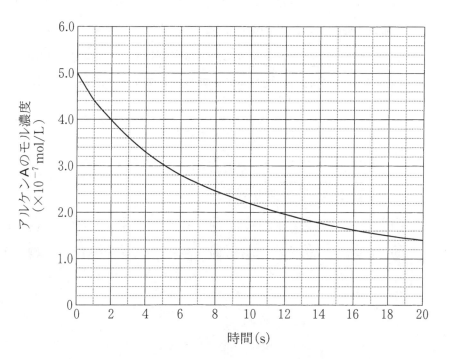

図1 アルケンAのモル濃度の時間変化

① 1　　② 2　　③ 3　　④ 4　　⑤ 5
⑥ 6　　⑦ 7　　⑧ 8　　⑨ 9　　⓪ 0

d アルケン A と O_3 から化合物 X が生成する式(1)の反応を，同じ温度でアルケン A のモル濃度 [A] と O_3 のモル濃度 [O_3] を変えて行った。反応開始直後の反応速度 v を測定した結果を表2に示す。

表2 アルケン A と O_3 のモル濃度と反応速度の関係

実　験	[A] (mol/L)	[O_3] (mol/L)	反応速度 v (mol/(L・s))
1	1.0×10^{-7}	2.0×10^{-7}	5.0×10^{-9}
2	4.0×10^{-7}	1.0×10^{-7}	1.0×10^{-8}
3	1.0×10^{-7}	6.0×10^{-7}	1.5×10^{-8}

この反応の反応速度式を $v = k[\mathrm{A}]^a[\mathrm{O_3}]^b$（$a$，$b$ は定数）の形で表すとき，反応速度定数 k は何 L/(mol・s) か。その数値を有効数字2桁の次の形式で表すとき，　31　～　33　に当てはまる数字を，後の①～⓪のうちから一つずつ選べ。ただし，同じものを繰り返し選んでもよい。

アルケン A と O_3 の反応の反応速度定数

$k = $　31　.　32　$\times 10^{\boxed{33}}$ L/(mol・s)

① 1　　　② 2　　　③ 3　　　④ 4　　　⑤ 5
⑥ 6　　　⑦ 7　　　⑧ 8　　　⑨ 9　　　⓪ 0

毎月の効率的な実戦演習で本番までに共通テストを攻略できる！

[専科] 共通テスト攻略演習

――― 7教科17科目セット　教材を毎月1回お届け ―――

セットで1カ月あたり **3,910円**（税込）　※「12カ月一括払い」の講座料金

セット内容
英語（リーディング）／英語（リスニング）／数学Ⅰ／数学A／数学Ⅱ／数学B／数学C／国語／化学基礎／生物基礎／地学基礎／物理／化学／生物／歴史総合、世界史探究／歴史総合、日本史探究／地理総合、地理探究／公共、倫理／公共、政治・経済／情報Ⅰ

※答案の提出や添削指導はありません。
※学習には「Z会学習アプリ」を使用するため、対応OSのスマートフォンやタブレット、パソコンなどの端末が必要です。

※「共通テスト攻略演習」は1月までの講座です。

POINT 1　共通テストに即した問題に取り組み、万全の対策ができる！

2024年度の共通テストでは、英語・リーディングで読解量（語数）が増えるなど、これまで以上に速読即解力や情報処理力が必要とされました。新指導要領で学んだ高校生が受験する2025年度の試験は、この傾向がより強まることが予想されます。

本講座では、毎月お届けする教材で、共通テスト型の問題に取り組んでいきます。傾向の変化に対応できるようになるとともに、「自分で考え、答えを出す力」を伸ばし、万全の対策ができます。

新設「情報Ⅰ」にも対応！
国公立大志望者の多くは、共通テストで「情報Ⅰ」が必須となります。本講座では、「情報Ⅰ」の対応教材も用意しているため、万全な対策が可能です。

8月…基本問題　12月・1月…本番形式の問題
※3〜7月、9〜11月は、大学入試センターから公開された「試作問題」や、「情報Ⅰ」の内容とつながりの深い「情報関係基礎」の過去問の解説を、「Z会学習アプリ」で提供します。
※「情報Ⅰ」の取り扱いについては各大学の要項をご確認ください。

POINT 2　月60分の実戦演習で、効率的な時短演習を！

全科目を毎月バランスよく継続的に取り組めるよう工夫された内容と分量で、本科の講座と併用しやすく、着実に得点力を伸ばせます。

1. 教材に取り組む
本講座の問題演習は、1科目あたり月60分（英語のリスニングと理科基礎、情報Ⅰは月30分）。無理なく自分のペースで学習を進められます。

2. 自己採点する／復習する
問題を解いたらすぐに自己採点して結果を確認。わかりやすい解説で効率よく復習できます。
英語、数学、国語は、毎月の出題に即した「ポイント映像」を視聴できます。1授業10分程度なので、スキマ時間を活用できます。共通テストならではの攻略ポイントや、各月に押さえておきたい内容を厳選した映像授業で、さらに理解を深められます。

POINT 3　戦略的なカリキュラムで、得点力アップ！

本講座は、本番での得意科目9割突破へ向けて、毎月着実にレベルアップできるカリキュラム。基礎固めから最終仕上げまで段階的な対策で、万全の態勢で本番に臨めます。

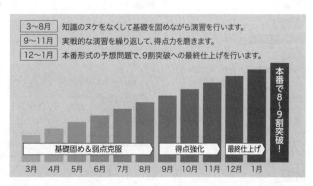

3〜8月	知識のヌケをなくして基礎を固めながら演習を行います。
9〜11月	実戦的な演習を繰り返して、得点力を磨きます。
12〜1月	本番形式の予想問題で、9割突破への最終仕上げを行います。

必要な科目を全部対策できる 7教科17科目セット

＊12月・1月は、共通テスト本番に即した学習時間（解答時間）となります。
※2023年度の「共通テスト攻略演習」と一部同じ内容があります。

英語（リーディング）
学習時間（問題演習） 60分×月1回＊

3月	情報の検索
4月	情報の整理
5月	情報の検索・整理
6月	概要・要点の把握①
7月	概要・要点の把握②
8月	テーマ・分野別演習のまとめ
9月	速読速解力を磨く①
10月	速読速解力を磨く②
11月	速読速解力を磨く③
12月	直前演習1
1月	直前演習2

英語（リスニング）
学習時間（問題演習） 30分×月1回＊

3月	情報の聞き取り①
4月	情報の聞き取り②
5月	情報の比較・判断など
6月	概要・要点の把握①
7月	概要・要点の把握②
8月	テーマ・分野別演習のまとめ
9月	多めの語数で集中力を磨く
10月	速めの速度で聞き取る
11月	1回聞きで聞き取る
12月	直前演習1
1月	直前演習2

数学Ⅰ、数学A
学習時間（問題演習） 60分×月1回＊

3月	2次関数
4月	数と式
5月	データの分析
6月	図形と計量、図形の性質
7月	場合の数と確率
8月	テーマ・分野別演習のまとめ
9月	日常の事象〜もとの事象の意味を考える〜
10月	数学の事象〜一般化と発展〜
11月	数学の事象〜批判的考察〜
12月	直前演習1
1月	直前演習2

数学Ⅱ、数学B、数学C
学習時間（問題演習） 60分×月1回＊

3月	三角関数、指数・対数関数
4月	微分・積分、図形と方程式
5月	数列
6月	ベクトル
7月	平面上の曲線・複素数平面、統計的な推測
8月	テーマ・分野別演習のまとめ
9月	日常の事象〜もとの事象の意味を考える〜
10月	数学の事象〜一般化と発展〜
11月	数学の事象〜批判的考察〜
12月	直前演習1
1月	直前演習2

国語
学習時間（問題演習） 60分×月1回＊

3月	評論
4月	文学的文章
5月	古文
6月	漢文
7月	テーマ・分野別演習のまとめ1
8月	テーマ・分野別演習のまとめ2
9月	図表から情報を読み取る
10月	複数の文章を対比する
11月	読み取った内容をまとめる
12月	直前演習1
1月	直前演習2

化学基礎
学習時間（問題演習） 30分×月1回＊

3月	物質の構成（物質の構成、原子の構造）
4月	物質の構成（化学結合、結晶）
5月	物質量
6月	酸と塩基
7月	酸化還元反応
8月	テーマ・分野別演習のまとめ
9月	解法強化1〜計算〜
10月	知識強化1〜文章の正誤判断〜
11月	知識強化2〜組合せの正誤判断〜
12月	直前演習1
1月	直前演習2

生物基礎
学習時間（問題演習） 30分×月1回＊

3月	生物の特徴1
4月	生物の特徴2
5月	ヒトの体の調節1
6月	ヒトの体の調節2
7月	生物の多様性と生態系
8月	テーマ・分野別演習のまとめ
9月	知識強化
10月	実験強化
11月	考察力強化
12月	直前演習1
1月	直前演習2

地学基礎
学習時間（問題演習） 30分×月1回＊

3月	地球のすがた
4月	活動する地球
5月	大気と海洋
6月	移り変わる地球
7月	宇宙の構成、地球の環境
8月	テーマ・分野別演習のまとめ
9月	資料問題に強くなる1〜図・グラフの理解〜
10月	資料問題に強くなる2〜図・グラフの活用〜
11月	知識活用・考察問題に強くなる〜探究活動〜
12月	直前演習1
1月	直前演習2

物理
学習時間（問題演習） 60分×月1回＊

3月	力学（放物運動, 剛体, 運動量と力積, 円運動）
4月	力学（単振動, 慣性力）, 熱力学
5月	波動（波の伝わり方, レンズ）
6月	波動（干渉）, 電磁気（静電場, コンデンサー）
7月	電磁気（回路, 電流と磁場, 電磁誘導）, 原子
8月	テーマ・分野別演習のまとめ
9月	解法強化 〜図・グラフ, 小問対策〜
10月	考察力強化1〜実験・考察問題対策〜
11月	考察力強化2〜実験・考察問題対策〜
12月	直前演習1
1月	直前演習2

化学
学習時間（問題演習） 60分×月1回＊

3月	結晶、気体、熱
4月	溶液、電気分解
5月	化学平衡
6月	無機物質
7月	有機化合物
8月	テーマ・分野別演習のまとめ
9月	解法強化〜計算〜
10月	知識強化〜正誤判断〜
11月	読解・考察力強化
12月	直前演習1
1月	直前演習2

生物
学習時間（問題演習） 60分×月1回＊

3月	生物の進化
4月	生命現象と物質
5月	遺伝情報の発現と発生
6月	生物の環境応答
7月	生態と環境
8月	テーマ・分野別演習のまとめ
9月	考察力強化1〜考察とその基礎知識〜
10月	考察力強化2〜データの読解・計算〜
11月	分野融合問題対応力強化
12月	直前演習1
1月	直前演習2

歴史総合、世界史探究
学習時間（問題演習） 60分×月1回＊

3月	古代の世界
4月	中世〜近世初期の世界
5月	近世の世界
6月	近・現代の世界1
7月	近・現代の世界2
8月	テーマ・分野別演習のまとめ
9月	能力別強化1〜諸地域の結びつきの理解〜
10月	能力別強化2〜情報処理・分析の演習〜
11月	能力別強化3〜史料読解の演習〜
12月	直前演習1
1月	直前演習2

歴史総合、日本史探究
学習時間（問題演習） 60分×月1回＊

3月	古代
4月	中世
5月	近世
6月	近代（江戸後期〜明治期）
7月	近・現代（大正期〜現代）
8月	テーマ・分野別演習のまとめ
9月	能力別強化1〜事象の比較・関連〜
10月	能力別強化2〜事象の推移／資料読解〜
11月	能力別強化3〜多面的・多角的考察〜
12月	直前演習1
1月	直前演習2

地理総合、地理探究
学習時間（問題演習） 60分×月1回＊

3月	地図／地域調査／地形
4月	気候／農林水産業
5月	鉱工業／現代社会の諸課題
6月	グローバル化する世界／都市・村落
7月	民族・領土問題／地誌
8月	テーマ・分野別演習のまとめ
9月	能力別強化1〜資料の読解〜
10月	能力別強化2〜地誌〜
11月	能力別強化3〜地形図の読図〜
12月	直前演習1
1月	直前演習2

公共、倫理
学習時間（問題演習） 60分×月1回＊

3月	青年期の課題／源流思想1
4月	源流思想2
5月	日本の思想
6月	近・現代の思想1
7月	近・現代の思想2／現代社会の諸課題
8月	テーマ・分野別演習のまとめ
9月	分野別強化1〜源流思想・日本思想〜
10月	分野別強化2〜西洋思想・現代思想〜
11月	分野別強化3〜青年期・現代社会の諸課題〜
12月	直前演習1
1月	直前演習2

公共、政治・経済
学習時間（問題演習） 60分×月1回＊

3月	政治1
4月	政治2
5月	経済
6月	国際政治・国際経済
7月	現代社会の諸課題
8月	テーマ・分野別演習のまとめ
9月	分野別強化1〜政治〜
10月	分野別強化2〜経済〜
11月	分野別強化3〜国際政治・国際経済〜
12月	直前演習1
1月	直前演習2

情報Ⅰ
学習時間（問題演習） 30分×月1回＊

3月	※情報Ⅰの共通テスト対策に役立つコンテンツを「Z会学習アプリ」で提供。
4月	
5月	
6月	
7月	
8月	演習問題
9月	※情報Ⅰの共通テスト対策に役立つコンテンツを「Z会学習アプリ」で提供。
10月	
11月	
12月	直前演習1
1月	直前演習2

Z会の通信教育「共通テスト攻略演習」のお申し込みはWebで

Web　Z会 共通テスト攻略演習　検索

https://www.zkai.co.jp/juken/lineup-ktest-kouryaku-s/

共通テスト対策 おすすめ書籍

❶ 基本事項からおさえ、知識・理解を万全に　問題集・参考書タイプ

ハイスコア！共通テスト攻略

Z会編集部 編／A5判／リスニング音声はWeb対応
定価：数学Ⅱ・B・C、化学基礎、生物基礎、地学基礎 1,320円（税込）
それ以外 1,210円（税込）

全9冊
- 英語リーディング
- 英語リスニング
- 数学Ⅰ・A
- 数学Ⅱ・B・C
- 国語 現代文
- 国語 古文・漢文
- 化学基礎
- 生物基礎
- 地学基礎

ここがイイ！
新課程入試に対応！

こう使おう！
- 例題・類題と、丁寧な解説を通じて戦略を知る
- ハイスコアを取るための思考力・判断力を磨く

---

❷ 過去問5回分＋試作問題で実力を知る　過去問タイプ

共通テスト 過去問 英数国

Z会編集部 編／A5判／定価 1,870円（税込）
リスニング音声はWeb対応

収録科目
- 英語リーディング｜英語リスニング
- 数学Ⅰ・A｜数学Ⅱ・B｜国語

収録内容
2024年本試	2023年本試	2022年本試
試作問題	2023年追試	2022年追試

→ 2025年度からの試験の問題作成の方向性を示すものとして大学入試センターから公表されたものです

ここがイイ！
3教科5科目の過去問がこの1冊に！

こう使おう！
- 共通テストの出題傾向・難易度をしっかり把握する
- 目標と実力の差を分析し、早期から対策する

---

❸ 実戦演習を積んでテスト形式に慣れる　模試タイプ

共通テスト 実戦模試

Z会編集部編／B5判
リスニング音声はWeb対応
解答用のマークシート付

※1 定価 各1,540円（税込）
※2 定価 各1,210円（税込）
※3 定価 各 880円（税込）
※4 定価 各 660円（税込）

全13冊
- 英語リーディング※1
- 英語リスニング※1
- 数学Ⅰ・A※1
- 数学Ⅱ・B・C※1
- 国語※1
- 化学基礎※2
- 生物基礎※2
- 物理※1
- 化学※1
- 生物※1
- 歴史総合、日本史探究※3
- 歴史総合、世界史探究※3
- 地理総合、地理探究※4

ここがイイ！
オリジナル模試は、答案にスマホをかざすだけで「自動採点」ができる！
得点に応じて、大問ごとにアドバイスメッセージも！

こう使おう！
- 予想模試で難易度・形式に慣れる
- 解答解説もよく読み、共通テスト対策に必要な重要事項をおさえる

---

❹ 本番直前に全教科模試でリハーサル　模試タイプ

共通テスト 予想問題パック

Z会編集部編／B5箱入／定価 1,650円（税込）
リスニング音声はWeb対応

収録科目（7教科17科目を1パックにまとめた1回分の模試形式）
英語リーディング｜英語リスニング｜数学Ⅰ・A｜数学Ⅱ・B・C｜国語｜物理｜化学｜化学基礎
生物｜生物基礎｜地学基礎｜歴史総合、世界史探究｜歴史総合、日本史探究｜地理総合、地理探究
公共、倫理｜公共、政治・経済｜情報Ⅰ

ここがイイ！
- ☑ 答案にスマホをかざすだけで「自動採点」ができ、時短で便利！
- ☑ 全国平均点やランキングもわかる

こう使おう！
- 予想模試で難易度・形式に慣れる
- 解答解説もよく読み、共通テスト対策に必要な重要事項をおさえる

書籍の詳細閲覧・ご購入が可能です　Z会の本 検索

https://www.zkai.co.jp/books/

2次・私大対策 おすすめ書籍

Z会の本

英語

入試に必須の1900語を生きた文脈ごと覚える
音声は二次元コードから無料で聞ける!

速読英単語 必修編 改訂第7版増補版
風早寛 著／B6変型判／定価 各1,540円(税込)

速単必修7版増補版の英文で学ぶ

英語長文問題 70
Z会出版編集部 編／B6変型判／定価 880円(税込)

この1冊で入試必須の攻撃点314を押さえる!

英文法・語法のトレーニング 1 戦略編 改訂版
風早寛 著／A5判／定価 1,320円(税込)

自分に合ったレベルから無理なく力を高める!

合格へ導く 英語長文 Rise 読解演習
2. 基礎〜標準編（共通テストレベル）
塩川千尋 著／A5判／定価 1,100円(税込)
3. 標準〜難関編
（共通テスト〜難関国公立・難関私立レベル）
大西純一 著／A5判／定価 1,100円(税込)
4. 最難関編（東大・早慶上智レベル）
杉田直樹 著／A5判／定価 1,210円(税込)

難関国公立・私立大突破のための1,200語
未知語の推測力を鍛える!

速読英単語 上級編 改訂第5版
風早寛 著／B6変型判／定価 1,650円(税込)

3ラウンド方式で
覚えた英文を「使える」状態に!

大学入試 英作文バイブル 和文英訳編
解いて覚える必修英文100
米山達郎・久保田智大 著／定価 1,430円(税込)
音声ダウンロード付

英文法をカギに読解の質を高める!
SNS・小説・入試問題など多様な英文を掲載

英文解釈のテオリア
英文法で迫る英文解釈入門
倉林秀男 著／A5判／定価 1,650円(税込)
音声ダウンロード付

英語長文のテオリア
英文法で迫る英文読解演習
倉林秀男・石原健志 著／A5判／定価 1,650円(税込)
音声ダウンロード付

基礎英文のテオリア
英文法で迫る英文読解の基礎知識
石原健志・倉林秀男 著／A5判／定価 1,100円(税込)
音声ダウンロード付

数学

教科書学習から入試対策への橋渡しとなる
厳選型問題集 [新課程対応]

Z会数学基礎問題集
チェック&リピート 改訂第3版
数学Ⅰ・A／数学Ⅱ・B+C／数学Ⅲ+C
亀田隆・髙村正樹 著／A5判／
数学Ⅰ・A：定価 1,210円(税込)／数学Ⅱ・B+C：定価 1,430円(税込)
数学Ⅲ+C：定価 1,650円(税込)

入試対策の集大成!

理系数学 入試の核心 標準編 新課程増補版
Z会出版編集部 編／A5判／定価 1,100円(税込)

文系数学 入試の核心 新課程増補版
Z会出版編集部 編／A5判／定価 1,320円(税込)

国語

全受験生に対応。現代文学習の必携書!

正読現代文 入試突破編
Z会編集部 編／A5判／定価 1,320円(税込)

現代文読解に不可欠なキーワードを網羅!

現代文 キーワード読解 改訂版
Z会出版編集部 編／B6変型判／定価 990円(税込)

基礎から始める入試対策!

古文上達 基礎編
仲光雄 著／A5判／定価 1,100円(税込)

1冊で古文の実戦力を養う!

古文上達
小泉貴 著／A5判／定価 1,068円(税込)

基礎から入試演習まで!

漢文道場
土屋裕 著／A5判／定価 961円(税込)

地歴・公民

日本史問題集の決定版で実力養成と入試対策を!

実力をつける日本史 100題 改訂第3版
Z会出版編集部 編／A5判／定価 1,430円(税込)

難関大突破を可能にする実力を養成します!

実力をつける世界史 100題 改訂第3版
Z会出版編集部 編／A5判／定価 1,430円(税込)

充実の論述問題。地理受験生必携の書!

実力をつける地理 100題 改訂第3版
Z会出版編集部 編／A5判／定価 1,430円(税込)

政治・経済の2次・私大対策の決定版問題集!

実力をつける政治・経済 80題 改訂第2版
栗原久 著／A5判／定価 1,540円(税込)

理科

難関大合格に必要な実戦力が身につく!

物理 入試の核心 改訂版
Z会出版編集部 編／A5判／定価 1,540円(税込)

難関大合格に必要な、真の力が手に入る1冊!

化学 入試の核心 改訂版
Z会出版編集部 編／A5判／定価 1,540円(税込)

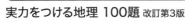

書籍の詳細閲覧・ご購入が可能です　Z会の本　検索

https://www.zkai.co.jp/book

書籍のアンケートにご協力ください

抽選で**図書カード**を
プレゼント！

Ｚ会の「個人情報の取り扱いについて」はＺ会Webサイト(https://www.zkai.co.jp/home/policy/)に掲載しておりますのでご覧ください。

2025 年用　共通テスト実戦模試
⑨化学

初版第 1 刷発行…2024 年 7 月 1 日
初版第 2 刷発行…2024 年 10 月 10 日

編者…………Ｚ会編集部
発行人………藤井孝昭
発行…………Ｚ会

〒411-0033　静岡県三島市文教町1-9-11
【販売部門：書籍の乱丁・落丁・返品・交換・注文】
TEL 055-976-9095
【書籍の内容に関するお問い合わせ】
https://www.zkai.co.jp/books/contact/
【ホームページ】
https://www.zkai.co.jp/books/

装丁…………犬飼奈央
印刷・製本…株式会社 リーブルテック

ⒸＺ会　2024　★無断で複写・複製することを禁じます
定価は表紙に表示してあります
乱丁・落丁はお取り替えいたします
ISBN978-4-86531-621-6 C7343

理科② 模試 第1回 解答用紙

マーク例

565

良い例	悪い例
●	⊙ ⊗ ◓ O

受験番号欄					
千位	百位	十位	一位	英字	
—	⓪	⓪	⓪	Ⓐ	A
①	①	①	①	Ⓑ	B
②	②	②	②	Ⓒ	C
③	③	③	③	Ⓗ	H
④	④	④	④	Ⓚ	K
⑤	⑤	⑤	⑤	Ⓜ	M
⑥	⑥	⑥	⑥	Ⓡ	R
⑦	⑦	⑦	⑦	Ⓤ	U
⑧	⑧	⑧	⑧	Ⓧ	X
⑨	⑨	⑨	⑨	Ⓨ	Y
—	—	—	—	Ⓩ	Z

フリガナ	
氏名	

試験場コード	十万位	万位	千位	百位	十位	一位

・1科目だけマークしなさい。
・解答科目欄が無マーク又は複数マークの場合は，0点となります。

解答科目欄	
物理	◯
化学	◯
生物	◯
地学	◯

解答番号	解答欄											
	1	2	3	4	5	6	7	8	9	0	a	b
1	①	②	③	④	⑤	⑥	⑦	⑧	⑨	⓪	ⓐ	ⓑ
2	①	②	③	④	⑤	⑥	⑦	⑧	⑨	⓪	ⓐ	ⓑ
3	①	②	③	④	⑤	⑥	⑦	⑧	⑨	⓪	ⓐ	ⓑ
4	①	②	③	④	⑤	⑥	⑦	⑧	⑨	⓪	ⓐ	ⓑ
5	①	②	③	④	⑤	⑥	⑦	⑧	⑨	⓪	ⓐ	ⓑ
6	①	②	③	④	⑤	⑥	⑦	⑧	⑨	⓪	ⓐ	ⓑ
7	①	②	③	④	⑤	⑥	⑦	⑧	⑨	⓪	ⓐ	ⓑ
8	①	②	③	④	⑤	⑥	⑦	⑧	⑨	⓪	ⓐ	ⓑ
9	①	②	③	④	⑤	⑥	⑦	⑧	⑨	⓪	ⓐ	ⓑ
10	①	②	③	④	⑤	⑥	⑦	⑧	⑨	⓪	ⓐ	ⓑ
11	①	②	③	④	⑤	⑥	⑦	⑧	⑨	⓪	ⓐ	ⓑ
12	①	②	③	④	⑤	⑥	⑦	⑧	⑨	⓪	ⓐ	ⓑ
13	①	②	③	④	⑤	⑥	⑦	⑧	⑨	⓪	ⓐ	ⓑ
14	①	②	③	④	⑤	⑥	⑦	⑧	⑨	⓪	ⓐ	ⓑ
15	①	②	③	④	⑤	⑥	⑦	⑧	⑨	⓪	ⓐ	ⓑ
16	①	②	③	④	⑤	⑥	⑦	⑧	⑨	⓪	ⓐ	ⓑ
17	①	②	③	④	⑤	⑥	⑦	⑧	⑨	⓪	ⓐ	ⓑ
18	①	②	③	④	⑤	⑥	⑦	⑧	⑨	⓪	ⓐ	ⓑ
19	①	②	③	④	⑤	⑥	⑦	⑧	⑨	⓪	ⓐ	ⓑ
20	①	②	③	④	⑤	⑥	⑦	⑧	⑨	⓪	ⓐ	ⓑ
21	①	②	③	④	⑤	⑥	⑦	⑧	⑨	⓪	ⓐ	ⓑ
22	①	②	③	④	⑤	⑥	⑦	⑧	⑨	⓪	ⓐ	ⓑ
23	①	②	③	④	⑤	⑥	⑦	⑧	⑨	⓪	ⓐ	ⓑ
24	①	②	③	④	⑤	⑥	⑦	⑧	⑨	⓪	ⓐ	ⓑ
25	①	②	③	④	⑤	⑥	⑦	⑧	⑨	⓪	ⓐ	ⓑ

解答番号	解答欄											
	1	2	3	4	5	6	7	8	9	0	a	b
26	①	②	③	④	⑤	⑥	⑦	⑧	⑨	⓪	ⓐ	ⓑ
27	①	②	③	④	⑤	⑥	⑦	⑧	⑨	⓪	ⓐ	ⓑ
28	①	②	③	④	⑤	⑥	⑦	⑧	⑨	⓪	ⓐ	ⓑ
29	①	②	③	④	⑤	⑥	⑦	⑧	⑨	⓪	ⓐ	ⓑ
30	①	②	③	④	⑤	⑥	⑦	⑧	⑨	⓪	ⓐ	ⓑ
31	①	②	③	④	⑤	⑥	⑦	⑧	⑨	⓪	ⓐ	ⓑ
32	①	②	③	④	⑤	⑥	⑦	⑧	⑨	⓪	ⓐ	ⓑ
33	①	②	③	④	⑤	⑥	⑦	⑧	⑨	⓪	ⓐ	ⓑ
34	①	②	③	④	⑤	⑥	⑦	⑧	⑨	⓪	ⓐ	ⓑ
35	①	②	③	④	⑤	⑥	⑦	⑧	⑨	⓪	ⓐ	ⓑ
36	①	②	③	④	⑤	⑥	⑦	⑧	⑨	⓪	ⓐ	ⓑ
37	①	②	③	④	⑤	⑥	⑦	⑧	⑨	⓪	ⓐ	ⓑ
38	①	②	③	④	⑤	⑥	⑦	⑧	⑨	⓪	ⓐ	ⓑ
39	①	②	③	④	⑤	⑥	⑦	⑧	⑨	⓪	ⓐ	ⓑ
40	①	②	③	④	⑤	⑥	⑦	⑧	⑨	⓪	ⓐ	ⓑ
41	①	②	③	④	⑤	⑥	⑦	⑧	⑨	⓪	ⓐ	ⓑ
42	①	②	③	④	⑤	⑥	⑦	⑧	⑨	⓪	ⓐ	ⓑ
43	①	②	③	④	⑤	⑥	⑦	⑧	⑨	⓪	ⓐ	ⓑ
44	①	②	③	④	⑤	⑥	⑦	⑧	⑨	⓪	ⓐ	ⓑ
45	①	②	③	④	⑤	⑥	⑦	⑧	⑨	⓪	ⓐ	ⓑ
46	①	②	③	④	⑤	⑥	⑦	⑧	⑨	⓪	ⓐ	ⓑ
47	①	②	③	④	⑤	⑥	⑦	⑧	⑨	⓪	ⓐ	ⓑ
48	①	②	③	④	⑤	⑥	⑦	⑧	⑨	⓪	ⓐ	ⓑ
49	①	②	③	④	⑤	⑥	⑦	⑧	⑨	⓪	ⓐ	ⓑ
50	①	②	③	④	⑤	⑥	⑦	⑧	⑨	⓪	ⓐ	ⓑ

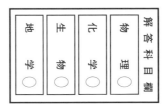

理科 ② 模 試 第 3 回 解 答 用 紙

567

マーク例

良い例	悪い例
●	⊙ ⊗ ◖ ◯

・1科目だけマークしなさい。
・解答科目欄が無マーク又は
複数マークの場合は、0点
となります。

解答科目欄

物 理 ○
化 学 ○
生 物 ○
地 学 ○

受験番号欄

英字: A B C H K M R U X Y Z

フリガナ

氏 名

試験場コード

理 科 ② 模 試 第 4 回 解 答 用 紙

568

マーク例
良い例 ●
悪い例 ⊙ ⊗ ◓ ○

受験番号欄

千位	百位	十位	一位	英字

フリガナ

氏名

試験場コード

十万位	万位	千位	百位	十位	一位

・1科目だけマークしなさい。
・解答科目欄が無マーク又は複数マークの場合は、0点となります。

解答科目欄

| 物 理 ◯ |
| 化 学 ◯ |
| 生 物 ◯ |
| 地 学 ◯ |

解答番号	解　答　欄
1	1 2 3 4 5 6 7 8 9 0 a b
2	1 2 3 4 5 6 7 8 9 0 a b
3	1 2 3 4 5 6 7 8 9 0 a b
4	1 2 3 4 5 6 7 8 9 0 a b
5	1 2 3 4 5 6 7 8 9 0 a b
6	1 2 3 4 5 6 7 8 9 0 a b
7	1 2 3 4 5 6 7 8 9 0 a b
8	1 2 3 4 5 6 7 8 9 0 a b
9	1 2 3 4 5 6 7 8 9 0 a b
10	1 2 3 4 5 6 7 8 9 0 a b
11	1 2 3 4 5 6 7 8 9 0 a b
12	1 2 3 4 5 6 7 8 9 0 a b
13	1 2 3 4 5 6 7 8 9 0 a b
14	1 2 3 4 5 6 7 8 9 0 a b
15	1 2 3 4 5 6 7 8 9 0 a b
16	1 2 3 4 5 6 7 8 9 0 a b
17	1 2 3 4 5 6 7 8 9 0 a b
18	1 2 3 4 5 6 7 8 9 0 a b
19	1 2 3 4 5 6 7 8 9 0 a b
20	1 2 3 4 5 6 7 8 9 0 a b
21	1 2 3 4 5 6 7 8 9 0 a b
22	1 2 3 4 5 6 7 8 9 0 a b
23	1 2 3 4 5 6 7 8 9 0 a b
24	1 2 3 4 5 6 7 8 9 0 a b
25	1 2 3 4 5 6 7 8 9 0 a b

解答番号	解　答　欄
26	1 2 3 4 5 6 7 8 9 0 a b
27	1 2 3 4 5 6 7 8 9 0 a b
28	1 2 3 4 5 6 7 8 9 0 a b
29	1 2 3 4 5 6 7 8 9 0 a b
30	1 2 3 4 5 6 7 8 9 0 a b
31	1 2 3 4 5 6 7 8 9 0 a b
32	1 2 3 4 5 6 7 8 9 0 a b
33	1 2 3 4 5 6 7 8 9 0 a b
34	1 2 3 4 5 6 7 8 9 0 a b
35	1 2 3 4 5 6 7 8 9 0 a b
36	1 2 3 4 5 6 7 8 9 0 a b
37	1 2 3 4 5 6 7 8 9 0 a b
38	1 2 3 4 5 6 7 8 9 0 a b
39	1 2 3 4 5 6 7 8 9 0 a b
40	1 2 3 4 5 6 7 8 9 0 a b
41	1 2 3 4 5 6 7 8 9 0 a b
42	1 2 3 4 5 6 7 8 9 0 a b
43	1 2 3 4 5 6 7 8 9 0 a b
44	1 2 3 4 5 6 7 8 9 0 a b
45	1 2 3 4 5 6 7 8 9 0 a b
46	1 2 3 4 5 6 7 8 9 0 a b
47	1 2 3 4 5 6 7 8 9 0 a b
48	1 2 3 4 5 6 7 8 9 0 a b
49	1 2 3 4 5 6 7 8 9 0 a b
50	1 2 3 4 5 6 7 8 9 0 a b

理 科 ② 模 試 第 5 回 解 答 用 紙

569

マーク例

良い例	悪い例
●	◌ ⊗ ◖ ◑

・1科目だけマークしなさい。
・解答科目欄が無マーク又は複数マークの場合は、0点となります。

解答科目欄

| 物理 ◯ | 化学 ◯ | 生物 ◯ | 地学 ◯ |

受験番号欄

フリガナ

氏 名

試験場コード

十万位 | 万位 | 千位 | 百位 | 十位 | 一位

理 科 ② 2024 本試 解答用紙

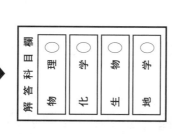

理科② 2022 本試 解答用紙

Z-KAI

2025年用
共通テスト実戦模試

❾ 化学

解答・解説編

Ｚ会編集部 編

共通テスト書籍のアンケートにご協力ください
ご回答いただいた方の中から、抽選で毎月50名様に「図書カード500円分」をプレゼント！
※当選者の発表は賞品の発送をもって代えさせていただきます。

学習診断サイトのご案内[1]

『実戦模試』シリーズ（過去問を除く）では，以下のことができます。

- マークシートをスマホで撮影して自動採点
- 自分の得点と，本サイト登録者平均点との比較
- 登録者のランキング表示（総合・志望大別）
- Ｚ会編集部からの直前対策用アドバイス

手順

① 本書を解いて，以下のサイトにアクセス（スマホ・PC 対応）

　Ｚ会共通テスト学習診断　検索　　二次元コード →

https://service.zkai.co.jp/books/k-test/

② 購入者パスワード **11521** を入力し，ログイン

③ 必要事項を入力（志望校・ニックネーム・ログインパスワード）[2]

④ スマホ・タブレットでマークシートを撮影　→**自動採点**[3]，アドバイス Get ！

※1　学習診断サイトは 2025 年 5 月 30 日まで利用できます。
※2　ID・パスワードは次回ログイン時に必要になりますので，必ず記録して保管してください。
※3　スマホ・タブレットをお持ちでない場合は事前に自己採点をお願いします。

目次

模試　第 1 回
模試　第 2 回
模試　第 3 回
模試　第 4 回
模試　第 5 回
大学入学共通テスト　2024 本試
大学入学共通テスト　2023 本試
大学入学共通テスト　2022 本試

模試 第1回

解 答

| 第1問小計 | 第2問小計 | 第3問小計 | 第4問小計 | 第5問小計 | 合計点 | /100 |

問題番号(配点)	設問		解答番号	正解	配点	自己採点	問題番号(配点)	設問		解答番号	正解	配点	自己採点
第1問(20)	1		1	③	4		第4問(20)	1		19	③	3	
	2		2	④	4			2		20	⑤	4	
	3		3	①	4			3		21	⑤	3	
	4	a	4	②	4			4	a	22	①	3	
		b	5	②	4				b	23	②-③	2*	
第2問(20)	1		6	①	4					24			
	2		7	④	4					25	③	2	
	3	a	8	②	4				c	26	③	3	
		b	9	③	4		第5問(20)	1	a	27	⑤	3	
		c	10	③	4*				b	28	⑦	4*	
			11	⑧						29	⑤		
			12	②					c	30	③	3	
第3問(20)	1		13	①	3			2	a	31	⑥	3	
	2		14	③	3				b	32	④	3	
	3		15	⑦	4				c	33	⑤	4	
	4	a	16	②	3								
		b	17	⑥	2								
		c	18	④	5								

(注)
1 *は，全部正解の場合のみ点を与える。
2 -(ハイフン)でつながれた正解は，順序を問わない。

化　学

第1問

問1 　1　③

選択肢①〜④の分子を電子式で表すと，次のようになる。

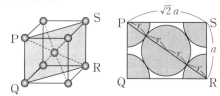

非共有電子対の数は，NH_3 が1組，H_2O が2組，CO_2 が4組，HCl が3組より，CO_2 が最も多く非共有電子対をもつ。

問2 　2　④

体心立方格子，面心立方格子の単位格子は，それぞれ次の図のように表される。

体心立方格子

面心立方格子

体心立方格子，面心立方格子とも，それぞれ網をかけた面PQRSにおいて，原子どうしが接しているので，それぞれの単位格子の一辺の長さを a とすると，原子半径 r は a を用いて次のように表される。

＜体心立方格子＞

$$4r = \sqrt{3}\,a \quad \therefore \quad r = \frac{\sqrt{3}}{4}a$$

＜面心立方格子＞

$$4r = \sqrt{2}\,a \quad \therefore \quad r = \frac{\sqrt{2}}{4}a$$

したがって，求める値は次のようになる。

$$\frac{r_A}{r_B} = \frac{\frac{\sqrt{3}}{4}a}{\frac{\sqrt{2}}{4}a} = \frac{\sqrt{3}}{\sqrt{2}} = \frac{\sqrt{6}}{2} = \frac{1.4 \times 1.7}{2}$$

$$= 1.19$$

問3 　3　①

実在気体においては，圧力が高くなると，気体の体積が小さくなって分子自身の体積の影響が相対的に大きくなったり，気体分子どうしが接近して分子間力の影響が大きくなったりして，理想気体から外れたふるまいをする。分子間力は分子量が大きいものや極性が大きいものほど強くはたらく。よって，実在気体の理想気体からのずれの程度は，気体の分子量と極性の有無に依存する。

本問で扱っている H_2，CH_4，CO_2 はいずれも無極性分子であるので，分子量の大きさに着目すればよい。図より，最もずれの度合いが小さい A は，分子量が小さい分子なので H_2 とわかる。また，最もずれの度合いが大きい C は，分子量が大きい分子なので，CO_2 とわかる。残った B が CH_4 となる。

問4 　a　4　②

用いる溶媒が同じという条件下で沸点上昇の大きさを等しくするには，溶質粒子の質量モル濃度を等しくすればよい。塩化ナトリウム，塩化カルシウムは，水溶液中でそれぞれ次のように完全に電離する。

$$NaCl \longrightarrow Na^+ + Cl^-$$
$$CaCl_2 \longrightarrow Ca^{2+} + 2Cl^-$$

必要な塩化カルシウム（式量111）の質量を x〔g〕とし，電離すると粒子数が増えることに注意して，質量モル濃度について立式すると，次のようになる。

$$\underbrace{\frac{\frac{1.17\,g}{58.5\,g/mol} \times 2}{\frac{90}{1000}\,kg}}_{NaCl\,水溶液} = \underbrace{\frac{\frac{x\,〔g〕}{111\,g/mol} \times 3}{\frac{60}{1000}\,kg}}_{CaCl_2\,水溶液}$$

$$\therefore \quad x = 0.986\,g$$

b 　5　②

塩化ナトリウム（式量58.5）を溶かした水溶液 I の蒸気圧 P_I と，グルコース $C_6H_{12}O_6$（分子量180）を溶かした水溶液 II の蒸気圧 P_{II} は，それぞれ次の

ように表される。
<水溶液Ⅰ>

水の物質量；$\dfrac{90\text{ g}}{18\text{ g/mol}} = 5.0\text{ mol}$

溶質粒子の物質量；$\dfrac{1.17\text{ g}}{58.5\text{ g/mol}} \times 2$
$= 4.00 \times 10^{-2}\text{ mol}$

より，純水の蒸気圧を P_0 とすると

$$P_\text{I} = \dfrac{5.0\text{ mol}}{5.0\text{ mol} + 4.00 \times 10^{-2}\text{ mol}} P_0$$

<水溶液Ⅱ>

水の物質量；$\dfrac{90\text{ g}}{18\text{ g/mol}} = 5.0\text{ mol}$

溶質粒子の物質量；$\dfrac{6.48\text{ g}}{180\text{ g/mol}} = 3.60 \times 10^{-2}\text{ mol}$

より

$$P_\text{Ⅱ} = \dfrac{5.0\text{ mol}}{5.0\text{ mol} + 3.60 \times 10^{-2}\text{ mol}} P_0$$

したがって，$P_\text{I} < P_\text{Ⅱ}$ より，それぞれの水溶液の蒸気圧が等しくなるように水溶液Ⅱの水が蒸発し，水溶液Ⅰの方へ移動する。

移動した水の物質量を x〔mol〕とすると，題意の状態では $P_\text{I} = P_\text{Ⅱ}$ であるから，次式が成り立つ。

$$\dfrac{5.0\text{ mol} + x}{5.0\text{ mol} + 4.00 \times 10^{-2}\text{ mol} + x} P_0$$
$$= \dfrac{5.0\text{ mol} - x}{5.0\text{ mol} + 3.60 \times 10^{-2}\text{ mol} - x} P_0$$

∴ $x = 0.263\text{ mol}$

別解 $P_\text{I} = P_\text{Ⅱ}$ であるとき，水溶液Ⅰと水溶液Ⅱの溶質粒子の質量モル濃度が等しいことに着目して，次のように立式することもできる。移動した水の質量は $18x$〔g〕と表されるので

$$\underbrace{\dfrac{4.00 \times 10^{-2}\text{ mol}}{\dfrac{90}{1000}\text{ kg} + \dfrac{18x}{1000}\text{〔kg〕}}}_{\text{水溶液Ⅰ}} = \underbrace{\dfrac{3.60 \times 10^{-2}\text{ mol}}{\dfrac{90}{1000}\text{ kg} - \dfrac{18x}{1000}\text{〔kg〕}}}_{\text{水溶液Ⅱ}}$$

∴ $x = 0.263\text{ mol}$

第2問

問1 6 ①

自発的に化学反応が進行するには，ΔG が負であればよい。$T > 0$ であるから，与えられた式より，$\Delta H < 0$，$\Delta S > 0$ であれば，必ず $\Delta G < 0$ となる。

次の図に示すように，$\Delta H < 0$ となる反応は外部に熱的なエネルギーを放出する反応なので，発熱反応である。

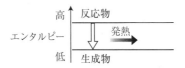

よって，発熱反応で，乱雑さが増す条件であれば，化学反応が自発的に進行することがわかる。

問2 7 ④

ダニエル電池の構造は次の図のとおりである。

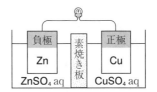

① イオン化傾向が Zn > Cu より，正極および負極では，それぞれ次のような反応が起こる。

正極；$Cu^{2+} + 2e^- \longrightarrow Cu$ (1)
負極；$Zn \longrightarrow Zn^{2+} + 2e^-$ (2)

このため，電子は亜鉛板から銅板に流れる。したがって，電流は銅板から亜鉛板に流れる。**正**

② 素焼き板は溶液が混ざらないようにすること以外に，水溶液中のイオンが通過できるようにする役割をもっている。これをガラス板に変えると，イオンが通過できなくなり，電流が流れなくなる。**正**

③ 電子が x〔mol〕流れたとすると，(2)式より亜鉛板では質量が $\dfrac{65}{2}x$〔g〕減少し，(1)式より銅板では質量が $\dfrac{64}{2}x$〔g〕増加する。したがって，質量変化の絶対値の比は $\dfrac{65}{2} : \dfrac{64}{2} = 65 : 64$ である。**正**

④ 逆方向に電流を流すと，正極では(1)式の逆反応が起こり銅(Ⅱ)イオンが増加するが，負極では(2)式の逆反応は起こらず，代わりに水分子が電子を受け取って水素が生じる反応が起こる。

$$2H_2O + 2e^- \longrightarrow 2OH^- + H_2$$

したがって，亜鉛イオンは減少しない。**誤**

問3 a 8 ②

図1より，S の面積は C_1a_1 であり，これは酢酸のモル濃度と電離度の積によって求められる酢酸イオンのモル濃度に相当する。酢酸の電離平衡の状態における，各化学種の濃度は次のように表せる。

$$CH_3COOH \rightleftharpoons CH_3COO^- + H^+$$

電離前	C_1	0	0
変化量	$-C_1\alpha_1$	$+C_1\alpha_1$	$+C_1\alpha_1$
電離後	$C_1(1-\alpha_1)$	$C_1\alpha_1$	$C_1\alpha_1$

b 　9　 ③

　酢酸水溶液の濃度を C〔mol/L〕，電離度を α とすると，(2)式より

$$K_a = \frac{[CH_3COO^-][H^+]}{[CH_3COOH]}$$

$$= \frac{(C\alpha)^2}{C(1-\alpha)} = \frac{C\alpha^2}{1-\alpha} \tag{3}$$

となる。

　酢酸の濃度 C が電離定数 K_a の 2.0 倍となるとき

$$C = 2.0K_a \tag{4}$$

となるので，(4)式に(3)式を代入すると

$$C = \frac{2.0C\alpha^2}{1-\alpha} \tag{5}$$

整理して

$$1-\alpha = 2.0\alpha^2$$
$$2.0\alpha^2 + \alpha - 1 = 0$$
$$(2.0\alpha - 1)(\alpha + 1) = 0$$
$$\therefore \ \alpha = \frac{1}{2.0}, \ -1$$

$\alpha > 0$ より，$\alpha = 0.50$ と求められる。

補足　本問の条件では電離度 $\alpha = 0.50 > 5.0 \times 10^{-2}$ となるため，$1-\alpha \fallingdotseq 1$ の近似を使うことはできない。仮に，(5)式において $1-\alpha \fallingdotseq 1$ とした場合

$$C = 2.0C\alpha^2$$

$$\therefore \ \alpha = \frac{\sqrt{2}}{2.0} = 0.70$$

となり，実際の値と大きな誤差が生じるため，近似ができないことも確認できる。

c 　10　 ③ 　11　 ⑧ 　12　 ②

　図1からもわかるように，酢酸の濃度 C が大きくなるほど電離度 α は小さくなる。つまり，$\alpha = 5.0 \times 10^{-2}$ となるときの C より大きい濃度であれば，$1-\alpha \fallingdotseq 1$ の近似を使うことができる。よって，$\alpha = 5.0 \times 10^{-2}$ となるときの C を，K_a を使って表すことを考える。

　b の(3)式に $\alpha = 5.0 \times 10^{-2}$ を代入すると，次式のようになる。

$$K_a = \frac{C(5.0 \times 10^{-2})^2}{1 - 5.0 \times 10^{-2}}$$

$$\therefore \ C = 3.8 \times 10^2 K_a$$

よって，C が K_a の 3.8×10^2 倍以上であれば，$\alpha \leqq 5.0 \times 10^{-2}$ となり，$1-\alpha \fallingdotseq 1$ の近似を使うことができる。

第3問

問1 　13　 ①

① 　貴ガスの原子における最外殻電子の数は，ヘリウムが 2，その他の元素については 8 である。**誤**

② 　貴ガスの原子は，価電子の数が 0 であり，他の原子に比べてきわめて安定している。**正**

③ 　貴ガスの単体はいずれも単原子分子である。**正**

④ 　貴ガスの融点・沸点は分子量が大きくなるほど高くなる。したがって，貴ガスの中で最も分子量が小さいヘリウムが最も沸点が低い。**正**

問2 　14　 ③

① 　銅，銀ともにイオン化傾向が水素より小さいため，塩酸とは反応しない。したがって，銅，銀いずれにも当てはまらない。**誤**

② 　塩化銅(Ⅱ) $CuCl_2$ は水に可溶であるが，塩化銀 $AgCl$ は水に難溶性の白色沈殿である。したがって，銅のみに当てはまる。**誤**

補足　銅の塩化物としては，塩化銅(Ⅱ) $CuCl_2$ のほかに塩化銅(Ⅰ) $CuCl$ も考えられる。$CuCl$ は水に溶けにくい物質であるが，これを知らなくても，$AgCl$ が水に不溶であるため，②が題意に適合しないことは判断できる。

③ 　とり得る酸化数は，銅が 0，+1，+2 の 3 種類，銀が 0，+1 の 2 種類である。したがって，銀のみに当てはまる。**正**

④ 　Cu^{2+} や Ag^+ を含む水溶液に少量のアンモニア水を加えると，それぞれ $Cu(OH)_2$ や Ag_2O の沈殿を生じるが，これらは過剰のアンモニア水には溶解して $[Cu(NH_3)_4]^{2+}$ や $[Ag(NH_3)_2]^+$ の錯イオンが生じる。したがって，銅，銀両方に当てはまる。**誤**

$$Cu^{2+} + 2OH^- \longrightarrow Cu(OH)_2$$
$$Cu(OH)_2 + 4NH_3 \longrightarrow [Cu(NH_3)_4]^{2+} + 2OH^-$$
$$2Ag^+ + 2OH^- \longrightarrow Ag_2O + H_2O$$
$$Ag_2O + 4NH_3 + H_2O$$
$$\longrightarrow 2[Ag(NH_3)_2]^+ + 2OH^-$$

問3 　15　 ⑦

　水溶液 A に含まれる H^+ 以外の陽イオンは K^+ のみである。K^+ は，ほかのイオンと反応して沈殿をつくったり変色したりしないため，**操作Ⅰ～操作Ⅲ**

— ① － 4 —

で観察された現象は，水溶液Aに含まれている陰イオンが反応したために起きたと考えられる。

操作Ⅰより，Ba^{2+} を加えると白色沈殿が生じることから，CO_3^{2-}，SO_4^{2-}，PO_4^{3-} のいずれかが反応したと考えられる。

$$Ba^{2+} + CO_3^{2-} \longrightarrow BaCO_3$$
$$Ba^{2+} + SO_4^{2-} \longrightarrow BaSO_4$$
$$3Ba^{2+} + 2PO_4^{3-} \longrightarrow Ba_3(PO_4)_2$$

$BaCO_3$ は炭酸（弱酸）の塩なので，強酸を加えると，次のように弱酸が遊離する。

$$BaCO_3 + 2HCl \longrightarrow BaCl_2 + H_2O + CO_2$$

よって，$BaCO_3$ は塩酸に溶解する。同様に，リン酸も弱酸であるので，リン酸バリウムは塩酸に溶解する。

しかし，生じた沈殿に塩酸を加えても反応しなかったことから，白色沈殿は硫酸バリウム $BaSO_4$ であると判断できるので，水溶液Aに SO_4^{2-} が含まれていることがわかる。

操作Ⅱより，Fe^{3+} を加えると溶液が血赤色に変化したことから，SCN^- が含まれていることがわかる。

操作Ⅲから，水溶液Aは塩基性であることがわかる。塩基性を示す陰イオンは弱酸のイオンである。候補として CO_3^{2-}（H_2CO_3 のイオン），CH_3COO^-（CH_3COOH のイオン），PO_4^{3-}（H_3PO_4 のイオン）が考えられる。

選択肢のうち，条件を満たすものは SO_4^{2-}，SCN^-，CH_3COO^- を含む⑦である。

問4 a 16 ②

水に溶けにくい気体の溶解度はヘンリーの法則に従う。ヘンリーの法則とは，「一定温度で，一定量の液体に溶ける気体の物質量（または質量）は，液体に接している気体の分圧に比例する」というものである。

空気には，酸素が20%含まれているものとするので，空気中の酸素の分圧は

$$1.0 \times 10^5 \text{ Pa} \times 0.20 = 2.0 \times 10^4 \text{ Pa}$$

である。よって，20℃，1気圧の条件下で水 100 mL（= 0.100 L）に溶ける酸素の物質量は

$$1.4 \times 10^{-3} \text{ mol} \times \frac{2.0 \times 10^4 \text{ Pa}}{1.0 \times 10^5 \text{ Pa}} \times \frac{0.100 \text{ L}}{1 \text{ L}}$$
$$= 2.8 \times 10^{-5} \text{ mol}$$

と表される。酸素のモル質量 32 g/mol を用いて，これを質量に換算すると，次のようになる。

$$2.8 \times 10^{-5} \text{ mol} \times 32 \text{ g/mol}$$
$$= 8.96 \times 10^{-4} \text{ g} = 0.896 \text{ mg}$$

b 17 ⑥

問題文より，**操作Ⅲ**で

$$MnO(OH)_2 + 2I^- + 4H^+$$
$$\longrightarrow Mn^{2+} + I_2 + 3H_2O$$

の反応によりヨウ素が生成し，続いて**操作Ⅳ**で

$$I_2 + 2S_2O_3^{2-} \longrightarrow 2I^- + S_4O_6^{2-}$$

のように反応して，ヨウ素 I_2 がヨウ化物イオン I^- に変化する。よって，生じたヨウ素が完全に反応してなくなったところが滴定の終点と判断できる。ヨウ素の存在を確認する方法の一つに，ヨウ素デンプン反応がある。ヨウ素を含む溶液にデンプンを加えると溶液が青紫色を示す。

したがって，滴定の終点は溶液の青紫色が消失したところと考えられる。

c 18 ④

操作Ⅱ〜操作Ⅳで起きた反応をまとめると，次のようになる。

$$2Mn(OH)_2 + O_2 \longrightarrow 2MnO(OH)_2 \quad (1)$$
$$MnO(OH)_2 + 2I^- + 4H^+$$
$$\longrightarrow Mn^{2+} + I_2 + 3H_2O \quad (2)$$
$$I_2 + 2Na_2S_2O_3 \longrightarrow 2NaI + Na_2S_4O_6 \quad (3)$$

(1)式〜(3)式より，反応する酸素とチオ硫酸ナトリウムの物質量比を考える。酸素 n〔mol〕が反応したとすると

$$O_2 \xrightarrow{(1)\text{式}} MnO(OH)_2 \xrightarrow{(2)\text{式}} I_2 \xrightarrow{(3)\text{式}} Na_2S_2O_3$$
$$n \qquad 2n \qquad 2n \qquad 4n \text{〔mol〕}$$

となるので，酸素とチオ硫酸ナトリウムは 1：4 の物質量比で反応することがわかる。

ここで，2本の密閉容器に入れた試料水について，すぐに滴定を行ったものは 3.65 mL，5日間静置したのちに滴定を行ったものは 1.52 mL を要したことから，その差 3.65 mL − 1.52 mL = 2.13 mL 分が，好気性微生物によって消費された酸素に相当すると考えられる。

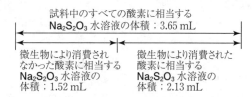

よって，試料水中で微生物によって消費された酸素の物質量は

$$0.025 \, \text{mol/L} \times \frac{(3.65-1.52)}{1000} \, \text{L} \times \frac{1}{4}$$

と表される。これを質量に直すと，次のようになる。

$$0.025 \, \text{mol/L} \times \frac{(3.65-1.52)}{1000} \, \text{L} \times \frac{1}{4} \times 32 \, \text{g/mol}$$

$$= 4.26 \times 10^{-4} \, \text{g} = 0.426 \, \text{mg}$$

BOD は，試料水 1 L につき微生物により消費される酸素量なので，この試料水の BOD は次式で求められる。

$$\frac{0.426 \, \text{mg}}{\dfrac{100}{1000} \, \text{L}} = 4.26 \, \text{mg/L}$$

第4問

問1 　19　　③

① エタノールを，濃硫酸を触媒として 160〜170℃ に加熱すると，分子内脱水が起こりエチレンが生成する。**正**

$$\underset{\text{エタノール}}{\text{CH}_3\text{-CH}_2\text{-OH}} \xrightarrow{\text{H}_2\text{SO}_4} \underset{\text{エチレン}}{\text{CH}_2\text{=CH}_2} + \text{H}_2\text{O}$$

② 直鎖状のアルカンは，分子量が大きいものほど分子間力が大きくなるため，沸点や融点が高くなる。**正**

③ 光を照射しながら，エタン 1 分子に塩素 1 分子を反応させると置換反応が起こり，クロロエタンが生成する。クロロエタンには構造異性体は存在しない。**誤**

$$\underset{\text{エタン}}{\text{CH}_3\text{-CH}_3} + \text{Cl}_2 \longrightarrow \underset{\text{クロロエタン}}{\text{CH}_3\text{-CH}_2\text{-Cl}} + \text{HCl}$$

④ 炭素数が 4 以上のアルカンは，枝分かれのある構造をとることができるため，構造異性体が存在する。**正**

$$\underset{\text{ブタン}}{\text{CH}_3\text{-CH}_2\text{-CH}_2\text{-CH}_3} \qquad \underset{\text{2-メチルプロパン}}{\text{CH}_3\text{-CH-CH}_3 \, (\text{CH}_3)}$$

問2 　20　　⑤

a アニリンに塩酸を加えると，中和反応が起こり，水に可溶なアニリン塩酸塩が生じる。**正**

b アニリン塩酸塩に氷冷下で亜硝酸ナトリウム水溶液を加えると，塩化ベンゼンジアゾニウムが生じる。

る。

この物質は非常に不安定であり，加熱すると容易に加水分解を起こし，フェノールと窒素が生じる。**誤**

c 水酸化ナトリウム水溶液にフェノールを溶かすと，中和反応が起こり，水に可溶なナトリウムフェノキシドが生じる。**正**

d 塩化ベンゼンジアゾニウムとナトリウムフェノキシドを混合すると，カップリングが起こり，橙赤色の p-ヒドロキシアゾベンゼンが生じる。**誤**

問3 　21　　⑤

① グルコースを酵母菌などによってエタノールと二酸化炭素に分解することを**アルコール発酵**といい，次の化学反応式で表される。

$$\text{C}_6\text{H}_{12}\text{O}_6 \longrightarrow 2\text{C}_2\text{H}_5\text{OH} + 2\text{CO}_2$$

よって，1 mol のグルコースから 2 mol のエタノールが生じる。**誤**

② セルロースに濃硫酸と濃硝酸の混合物（混酸）を作用させると，火薬の原料となるトリニトロセルロースが得られる。**誤**

$$\text{[C}_6\text{H}_7\text{O}_2(\text{OH})_3\text{]}_n + 3n\text{HONO}_2$$

$$\xrightarrow{\text{H}_2\text{SO}_4} \underset{\text{トリニトロセルロース}}{\text{[C}_6\text{H}_7\text{O}_2(\text{ONO}_2)_3\text{]}_n} + 3n\text{H}_2\text{O}$$

③ 加熱すると軟化し，冷却すると硬化する樹脂は**熱可塑性樹脂**である。加熱すると硬化し，再び加熱しても軟化しない樹脂のことを**熱硬化性樹脂**という。

— ① - 6 —

誤

④ ナイロン66はヘキサメチレンジアミンとアジピン酸の縮合重合によって生じ，ポリアクリロニトリルは，アクリロニトリルの付加重合によって生じる。**誤**

$$nH_2N-(CH_2)_6-NH_2 + nHOOC-(CH_2)_4-COOH$$
ヘキサメチレンジアミン　　　　　アジピン酸

$$\longrightarrow [NH-(CH_2)_6-NH-CO-(CH_2)_4-CO]_n + 2nH_2O$$
ナイロン66

$$nCH_2=CH \longrightarrow [CH_2-CH]_n$$
　　　|　　　　　　　　　|
　　　CN　　　　　　　　CN
アクリロニトリル　　ポリアクリロニトリル

⑤ ラテックスとは，ゴムの木から得られる乳白色の樹液で，炭化水素のコロイド溶液である。ラテックスに酢酸などの弱酸を加えてよく混ぜると，凝固して弾性をもつ天然ゴムが得られる。天然ゴムの主成分はシス形のポリイソプレンである。**正**

イソプレン単位

問4 a **22** ①

アセチレン1分子に水1分子が付加すると，ビニルアルコールが生じる。C=Cに直結したヒドロキシ基をもつ構造はエノール形といい，不安定な構造のため，構造が変化し，アセトアルデヒドが生じる。

$$CH\equiv CH + H_2O \xrightarrow[\text{付加}]{\text{触媒}(HgSO_4)}$$

ビニルアルコール　　　アセトアルデヒド
（エノール形）

b **23**・**24** ②，③（順不同）
　　25 ③

はじめに，化合物A〜化合物Hの関係を整理するために反応経路図を示すと，次のようになる。

A　$\xrightarrow{+H_2}$　B　$\xrightarrow{+H_2O}$
（アルキン）　（シス形の
　　　　　　アルケン）

C $\xrightarrow{\text{酸化}}$ E（対称性をもつケトン）
（第二級アルコール）

D $\xrightarrow{\text{酸化}}$ E（対称性をもたないケトン）
（第二級アルコール
ヨードホルム反応陽性）

$+H_2O$　G（エノール形）→ E
　　　　　H（エノール形）→ F

問題文より，アルコールDは第二級アルコールでヨードホルム反応を示すため，右に示す部分構造をもつことがわかる（Rは炭化水素基。Rが水素原子でもヨードホルム反応を示すが，Dは第二級アルコールであるので，ここでは考えない）。

$$CH_3-CH-R$$
　　　　|
　　　OH

よって，水が付加することでアルコールDを生じるアルケンBとしては，次の2種類が考えられる。

$$CH_2=CH-\underset{|}{C}-　　　CH_3-CH=C\underset{}{\diagdown}$$

B^1　　　　　　　　B^2

Bに水が付加すると，アルコールC，Dが生じるが，B^1，B^{2}に水が付加すると，アルコールDのほかにそれぞれ次のC^1，C^{2}が生じる。

$$CH_2-CH-\underset{|}{C}-　　　CH_3-CH-\underset{|}{C}-$$
　|　　|　　　　　　　　　|
OH　　　　　　　　　　　OH

C^1　　　　　　　　C^2

Cは第二級アルコールであるので，第一級アルコールであるC^{1}は不適である。よって，BはB^2，CはC^{2}の構造をもつことがわかる。

アルコールCの酸化で生じるケトンEが対称性をもつケトンであるため，アルコールCの炭素数は5個であることがわかり，この構造は3-ペンタノールである。つまり，Cは直鎖状に炭素原子が5個並んだアルコールであるとわかる。また，Cを酸化して生じるEは3-ペンタノンであることもわかる。

$$CH_3-CH_2-CH-CH_2-CH_3　　　CH_3-CH_2-\underset{\|}{C}-CH_2-CH_3$$
　　　　　|　　　　　　　　　　　　　　　　O
　　　　OH
C（3-ペンタノール）　　　　E（3-ペンタノン）

さらに，CとDの炭素骨格は同じであり，Dは$CH_3-CH(OH)-$の部分構造をもつことから，2-ペンタノールであることがわかる。また，Dを酸化して生じるFは2-ペンタノンである。

$$CH_3-CH-CH_2-CH_2-CH_3　　　CH_3-\underset{\|}{C}-CH_2-CH_2-CH_3$$
　　　|　　　　　　　　　　　　　　　　O
　　OH
D（2-ペンタノール）　　　　　F（2-ペンタノン）

これは，Fが対称性をもたないケトンであるという条件にも一致する。

シス形のアルケンBはB^{2}の構造をもつ化合物で，Cと同じく炭素数5の直鎖の化合物であるから，2位と3位の炭素原子の間に二重結合が存在する*cis*-2-ペンテンであることがわかる。

— ① - 7 —

$$CH_3-\underset{H}{\overset{}{\underset{}{C}}}=C-CH_2-CH_3$$
$$\overset{|}{H}$$
B (cis-2-ペンテン)

したがって，水素付加をする前のアルキン **A** は 2 位と 3 位の炭素原子の間に三重結合をもつ 2-ペンチンであり，次に示す構造の化合物である。

$$CH_3-C≡C-CH_2-CH_3$$
A (2-ペンチン)

また，エノール形の **G** からケトン **E**（3-ペンタノン）が生じたため，**G** はアルキン **A** の 3 位の炭素原子に –OH 基が結合した構造ということがわかる。

$$CH_3-CH=\underset{OH}{\overset{|}{C}}-CH_2-CH_3 \quad CH_3-CH_2-\underset{O}{\overset{\parallel}{C}}-CH_2-CH_3$$
$$G \qquad\qquad\qquad E（3-ペンタノン）$$

補足 アルケン，アルキンの不飽和結合の位置を表す炭素原子の番号は，できるだけ小さくなるように振る。たとえば **A** の場合，次の図の a のように振り，b のようには振らない。よって，**A** は 3-ペンチンとはせず 2-ペンチンとする。

○ a 1　2　3　4　5
$$CH_3-C≡C-CH_2-CH_3$$
× b 5　4　3　2　1

c　26　③

アルケン **B** の分子式は C_5H_{10} である。アルケン **B** も含めた C_5H_{10} のアルケンの異性体は，次の 6 つである。

$$CH_2=CH-CH_2-CH_2-CH_3$$
$$CH_3-CH=CH-CH_2-CH_3 \quad （シス形・トランス形）$$
$$CH_2=CH-\underset{CH_3}{\overset{|}{C}H}$$
$$CH_3-CH=\underset{CH_3}{\overset{|}{C}}-CH_3$$
$$CH_3-CH_2-\underset{CH_3}{\overset{|}{C}}=CH_2$$

第5問

問1　**a**　27　⑤

① 酵素は，それぞれ決まった基質にしか作用しない（**基質特異性**）。したがって，デンプンに作用する酵素はペプチドには作用しない。**誤**

② 酵素は一定の温度を超えると反応速度が急激に低下する。**誤**

③ 酵素の活性は pH に依存し，多くは pH 7 付近が最適な pH であるが，胃液に含まれるペプシンの

ように，最適な pH が酸性付近の場合もある。**誤**

④ 酵素が変性などによって活性を失うことを**失活**という。失活した酵素は，もとの条件に戻してもそのはたらきは回復しない。**誤**

⑤ 酵素はタンパク質であるため，アミノ基を有する。よって，ニンヒドリン溶液を加えて加熱すると，ニンヒドリン反応により赤紫色を呈する。**正**

b　28　⑦　　29　⑤

まず，(1)式の平衡定数は

$$K = \frac{[E \cdot S]}{[E][S]} \qquad (5)$$

と表される。$[E \cdot S]$ を，K, c, $[S]$ で表すので，$[E]$ を消去すればよい。(4)式より

$$[E] + [E \cdot S] = c$$

であるから，これを変形して

$$[E] = c - [E \cdot S]$$

とし，(5)式に代入すると

$$K = \frac{[E \cdot S]}{[E][S]} = \frac{[E \cdot S]}{(c - [E \cdot S])[S]}$$

となる。これを $[E \cdot S]$ について解けばよい。

$$K[S](c - [E \cdot S]) = [E \cdot S]$$
$$[E \cdot S](1 + K[S]) = Kc[S]$$
$$\therefore \quad [E \cdot S] = \frac{Kc[S]}{1 + K[S]}$$

c　30　③

問題文にあるように，多くの酵素反応では，(1)式の反応はいずれも(2)式の反応と比べるとはるかに速い。すなわち，(2)式の反応が酵素反応の律速段階となる。このため，酵素反応の反応速度としては

$$v = k[E \cdot S] \qquad (3)$$

の反応速度を考えればよい。

$[E \cdot S]$ は反応物質の濃度 $[S]$ に比例して大きくなるが，ある濃度に達すると酵素のほとんどが基質と結合し，新たな酵素–基質複合体 E・S がさほど増えなくなるため，反応速度もあまり増加しなくなる。

そして，酵素がすべて酵素–基質複合体 E・S になると，$[S]$ を大きくしてもそれ以上 $[E \cdot S]$ が大きくならないため，反応速度は一定となる。

これに当てはまるグラフは③である。

問2　**a**　31　⑥

物質どうしが反応に都合のよい条件で衝突すると，エネルギーの高い不安定な状態を経由する。このような状態のことを**遷移状態**または**活性化状態**という。

— ① - 8 —

また，温度が高くなるほど，粒子の熱運動が激しくなり，運動エネルギーを多くもつ気体分子の割合が増加するため，Ⅲで表される曲線のような分布となる。

b ⬛ **32** ④

化学反応式の係数比より，1 mol の **A** から 2 mol の **B** が生成する。つまり

$$(-\Delta[\mathbf{A}]):\Delta[\mathbf{B}]=1:2$$

である（**A** は反応物であり減少するため，$\Delta[\mathbf{A}]<0$ であるため $-$ の符号がついている）。これより

$$-\Delta[\mathbf{A}]=\frac{1}{2}\times\Delta[\mathbf{B}]$$

$$-\frac{\Delta[\mathbf{A}]}{\Delta t}=\frac{1}{2}\times\frac{\Delta[\mathbf{B}]}{\Delta t}$$

よって，**ウ** としては 0.5 が適当である。

また，反応速度式内に用いられる比例定数の反応速度定数は，反応の種類によって異なり，一般に温度が一定であれば反応物や生成物の濃度によらず一定の値となる。

c ⬛ **33** ⑤

A の濃度が一定量まで減少するのに要する時間を考えるので，**A** の濃度が，初期濃度 $[\mathbf{A}]_0$ から $\frac{1}{n}$ になる（すなわち，$\frac{[\mathbf{A}]}{[\mathbf{A}]_0}=\frac{1}{n}$ となる）までの時間 t を，式で表すことを考える。

問題文に与えられた式から

$$\log_{10}[\mathbf{A}]=-\frac{kt}{2.30}+\log_{10}[\mathbf{A}]_0$$

$$\frac{kt}{2.30}=-\log_{10}[\mathbf{A}]+\log_{10}[\mathbf{A}]_0$$

$$=\log_{10}\frac{[\mathbf{A}]_0}{[\mathbf{A}]}=\log_{10}n$$

$$\therefore\quad t=\frac{2.30\times\log_{10}n}{k}$$

A の濃度が $0.50[\mathbf{A}]_0$ から $0.10[\mathbf{A}]_0$ に変化するとき $n=5$，**A** の濃度が $[\mathbf{A}]_0$ から $0.50[\mathbf{A}]_0$ に変化するとき $n=2$ であるため，求める値は次のようになる。

$$\frac{\dfrac{2.30\times\log_{10}5}{k}}{\dfrac{2.30\times\log_{10}2}{k}}=\frac{\log_{10}5}{\log_{10}2}$$

$$=\frac{\log_{10}\dfrac{10}{2}}{\log_{10}2}$$

$$=\frac{\log_{10}10-\log_{10}2}{\log_{10}2}$$

$$=\frac{1-0.30}{0.30}$$

$$=\frac{0.70}{0.30}$$

$$=2.33$$

模試 第2回

解　答

第1問小計 ☐　第2問小計 ☐　第3問小計 ☐　第4問小計 ☐　第5問小計 ☐　　合計点 ／100

問題番号(配点)	設問		解答番号	正解	配点	自己採点	問題番号(配点)	設問		解答番号	正解	配点	自己採点
第1問(20)	1		1	②	4		第4問(20)	1		19	①	4	
	2		2	④	3			2		20	②	4	
	3	a	3	⑤	3			3		21	⑥	4	
		b	4	②	4			4		22	⑤	4	
	4	a	5	①	3			5		23	⑤	4	
		b	6	③	3		第5問(20)	1	a	24	④	4	
第2問(20)	1		7	⑦	4				b	25	④	4	
	2	a	8	①	3			2	a	26	①	4	
		b	9	③	3				b	27	③	4*	
	3	a	10	⑥	3					28	⑤		
		b	11	③	3			3		29	③	4	
		c	12	②	4								
第3問(20)	1		13	④	4								
	2		14	③	3								
	3		15	⑥	4								
	4		16	⑤	3								
	5	a	17	④	3								
		b	18	③	3								

（注）＊は，両方正解の場合のみ点を与える。

化　　学

第1問

問1　1　②

①~④の分子の名称から構造式を書いて，三重結合の有無を調べる。

① 窒素　N原子は原子価が3価なので，原子2個が結合した窒素分子 N_2 の構造式は次のようになる。
$$N \equiv N$$
窒素分子は三重結合をもつ。

② 酢酸ビニル　触媒の存在下でエチレンに酢酸と酸素を作用させてつくられる。触媒を用いてアセチレンに酢酸を付加させても得られる。構造式は

$$\begin{array}{c} H \\ H \end{array} C=C \begin{array}{c} H \\ O-C-CH_3 \\ \| \\ O \end{array}$$

である。構造式を見ればわかるように，酢酸ビニルは三重結合をもたない。これが正解。

③ アクリロニトリル　触媒を用いてプロペン（プロピレン）にアンモニアと酸素を作用させてつくられている。アセチレンに触媒を用いてシアン化水素 $H-C \equiv N$ を付加させても得られる。構造式は

$$\begin{array}{c} H \\ H \end{array} C=C \begin{array}{c} H \\ C \equiv N \end{array}$$

であり，アクリロニトリルは三重結合をもつ。

④ プロピン（メチルアセチレン）　アルキンの一種でプロパンの単結合の一つを三重結合にした分子である。アセチレンのH原子1個をメチル基 $-CH_3$ に置き換えたと考えてもよい。構造式は次のとおり。
$$H-C \equiv C-CH_3$$
プロピンは三重結合をもつ。

問2　2　④

図1の状態図では，Aが気体，Bが固体，Cが液体である。A（気体）とC（液体）の境界線が蒸気圧曲線であり，蒸気圧曲線は臨界点でとぎれる。臨界点よりも温度と圧力が大きくなると，気体と液体の区別がつかなくなる。このような状態にある物質を**超臨界流体**という。以上をふまえて，図1の状態図をもとに，①~④の正誤を判断する。

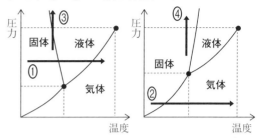

① 水の場合，圧力を標準大気圧（1.013×10^5 Pa）にして温度を上げる（状態図を左から右にたどる）と，図の①の矢印のように，固体→液体→気体と状態が変化する。したがって，固体を昇華させて液体を経ないで気体にすることはできない。**誤**

② 二酸化炭素の場合，圧力を標準大気圧（1.013×10^5 Pa）にして温度を上げると，図の②の矢印のように，固体→気体と状態が変化し，必ず昇華する。標準大気圧の下では，液体の状態にはできない。**誤**

③ 水は，三重点よりも低い温度なら，図の③の矢印のように，温度一定で圧力を上げて，固体を液体にすることができる。これは水の融解曲線（固体と液体の境界線）が左に傾いているためである。**誤**

④ 二酸化炭素は，図の④の矢印のように，いかなる温度でも，温度一定で圧力を上げて，固体を液体にすることができない。これは二酸化炭素の融解曲線が右に傾いているためである。ふつうの物質は，二酸化炭素のように，融解曲線は右に傾く。**正**

問3　a　3　⑤

容器Aの水素をすべて容器Bに移し温度を100 ℃に保ったとき，水素と酸素の混合気体の全圧が 4.0×10^5 Pa になっている。水素と酸素の物質量は同じだから，このときの水素の分圧は 2.0×10^5 Pa である。容器Aの容積を V_A，容器Bの容積を V_B とすると，水素を移す前の温度27 ℃の状態と，水素を移した後の温度100 ℃の状態で，ボイル・シャルルの法則が成り立つ。

$$\frac{6.0 \times 10^6 \text{ Pa} \times V_A}{(273+27) \text{ K}} = \frac{2.0 \times 10^5 \text{ Pa} \times V_B}{(273+100) \text{ K}}$$

$$\therefore \ \frac{V_B}{V_A} = 37.3$$

b　4　②

燃焼の前後で気体の体積と温度は同じだから，各気体の物質量は分圧に比例する。そこで，燃焼による各気体の量の変化を，物質量のかわりに分圧で表すと，次のようになる（単位は $\times 10^5$ Pa）。

	$2H_2$	$+$	O_2	$\longrightarrow$	$2H_2O$
燃焼前	2.0		2.0		0.0
変化量	-2.0		-1.0		$+2.0$
燃焼後	0.0		1.0		2.0

ただし，水の圧力は，水がすべて気体と仮定したときの圧力である。

温度が 100 ℃ のときの水の飽和蒸気圧は，標準大気圧と同じ 1.013×10^5 Pa である（なぜなら標準大気圧における水の沸点は 100 ℃ なので）。気体の圧力は飽和蒸気圧より大きくなることはできないので，100 ℃ における実際の水の圧力は，上で求めた 2.0×10^5 Pa ではなく（つまり水はすべて気体ではなく），水の一部は液体になっており，水の圧力は飽和蒸気圧の 1.013×10^5 Pa に等しくなる。

以上により，水素を燃焼させた後の混合気体の全圧は次のようになる。

全圧 ＝ 酸素の分圧 ＋ 水の分圧
$$= 1.0 \times 10^5 \,\mathrm{Pa} + 1.013 \times 10^5 \,\mathrm{Pa}$$
$$\fallingdotseq 2.0 \times 10^5 \,\mathrm{Pa}$$

問4 a ▢5▢ ①

水溶液の温度を下げていくと，凝固点になっても固体にならず，液体のまま温度が下がっていくことがある。このような状態を**過冷却**という。図3でいうと，点Aから点Bまでが過冷却である。過冷却は不安定な状態なので，振動などにより過冷却が破れると急激に凝固が始まり（点B），熱が発生していったん温度が上昇する（点C）。水溶液の凝固点は，過冷却が起こらないとしたとき凝固が始まる温度なので，点C以降の直線を延長して求めた点Aの温度である。また，実際に水溶液の凝固が始まるのは点Bである。

b ▢6▢ ③

水 250 g が凝固したとき，水溶液中の水の質量は 500 g － 250 g ＝ 250 g である。また，氷の中にグルコースは含まれていないので，水溶液中のグルコースの質量は 9.00 g のままである。したがって，このときの水溶液は，250 g の水に 9.00 g のグルコース $C_6H_{12}O_6$（モル質量 180 g/mol）を溶かしたものだから，水溶液の凝固点降下の大きさ Δt は次のようになる。

$$\Delta t = 1.85 \,\mathrm{K \cdot kg/mol} \times \frac{\dfrac{9.00 \,\mathrm{g}}{180 \,\mathrm{g/mol}}}{0.250 \,\mathrm{kg}} = 0.370 \,\mathrm{K}$$

よって，求める温度は － 0.37 ℃ となる。

第2問

問1 ▢7▢ ⑦

塩酸と水酸化ナトリウム水溶液の中和の場合，HCl は1価の酸，NaOH は1価の塩基だから，モル濃度が同じなら1：1の体積比で過不足なく中和する。したがって，表1の実験番号4で過不足なく中和し，発生する熱量が最大となるため，図1で温度変化が最大になる。このとき反応した H^+ は

$$1 \times 1.0 \,\mathrm{mol/L} \times 30 \times 10^{-3} \,\mathrm{L} = 0.030 \,\mathrm{mol}$$

であり，図1で約 6.7 ℃ の温度上昇が見られる。

一方，硫酸水溶液と水酸化ナトリウム水溶液の中和の場合，H_2SO_4 は2価の酸，NaOH は1価の塩基だから，モル濃度が同じなら1：2の体積比で過不足なく中和する。したがって，実験番号3で温度変化が最大になる。このとき反応する H^+ は

$$2 \times 1.0 \,\mathrm{mol/L} \times 20 \times 10^{-3} \,\mathrm{L} = 0.040 \,\mathrm{mol}$$

である。この実験において，混合後の水溶液の質量はすべて 60 g であるため，発生する熱量と温度上昇との間に比例関係が成り立つ。よって，温度上昇の最大値は図1の $\dfrac{4}{3}$ 倍になり，

$$6.7 \,℃ \times \frac{4}{3} = 8.9 \,℃$$

になる。⑦のグラフが正解。

問2 a ▢8▢ ①

陽極と陰極では，それぞれ次の反応が起こる。

陽極　　$2Cl^- \longrightarrow Cl_2 + 2e^-$
陰極　　$2H_2O + 2e^- \longrightarrow H_2 + 2OH^-$

陰極では OH^- が生成し，陽イオン交換膜を通って陽極から陰極へ Na^+ が移動するので，陰極側の水溶液は濃厚な水酸化ナトリウム NaOH 水溶液となる。

陽極で発生した Cl_2 は，水に溶けて一部が塩化水素 HCl と次亜塩素酸 HClO になる。

$$Cl_2 + H_2O \rightleftharpoons HCl + HClO \qquad (ⅰ)$$

陽イオン交換膜を取りつけずに実験を行うと，これらの酸は陰極で生成した水酸化ナトリウムと中和反応をする。

$$HCl + NaOH \longrightarrow NaCl + H_2O \qquad (ⅱ)$$
$$HClO + NaOH \longrightarrow NaClO + H_2O \qquad (ⅲ)$$

(ⅰ)＋(ⅱ)＋(ⅲ)をつくると，問題の式(1)の反応式となる。

$$\underset{0}{\text{Cl}_2} + 2\text{Na}\underset{+1\ -2\ +1}{\text{O H}} \longrightarrow \underset{+1\ -1}{\text{Na Cl}} + \underset{+1\ +1\ -2}{\text{Na Cl O}} + \underset{+1\ -2}{\text{H}_2\text{O}}$$

還元された
酸化された

この反応式のすべての原子に酸化数をつけると上のようになり，還元された原子も酸化された原子も Cl になる。したがって，酸化剤も還元剤も Cl_2 である。

このように，同じ物質の分子が2種類の異なる酸化数の物質になる反応を，**不均化反応**または**自己酸化還元反応**という。次の反応も，下線部の原子が，酸化数が異なる複数の物質に変化しており，不均化反応である。

$$2\text{H}_2\underline{\text{O}}_2 \longrightarrow 2\text{H}_2\underline{\text{O}} + \underline{\text{O}}_2$$

$$3\underline{\text{N}}\text{O}_2 + \text{H}_2\text{O} \longrightarrow 2\text{H}\underline{\text{N}}\text{O}_3 + \underline{\text{N}}\text{O}$$

なお，この装置のように陽極と陰極の間を陽イオン交換膜で区切れば，陰イオンは膜を通過できないから，陽極付近の水溶液中の HCl や HClO が陰極付近の水溶液中の NaOH と反応することはない。

b 　9　③

電気分解前後で水溶液の体積は変化せず 1.00 L だから，電気分解前の OH^- の物質量は

$$1.00 \times 10^{-2} \text{ mol/L} \times 1.00 \text{ L} = 0.0100 \text{ mol}$$

である。電気分解後は 25 ℃ で pH が 13 であり，pH + pOH = 14 より pOH が 1 で，$[\text{OH}^-] = 1.00 \times 10^{-1}$ mol/L だから，OH^- の物質量は

$$1.00 \times 10^{-1} \text{ mol/L} \times 1.00 \text{ L} = 0.100 \text{ mol}$$

となる。電気分解で生成した OH^- の物質量は，次のようになる。

$$0.100 \text{ mol} - 0.0100 \text{ mol} = 0.090 \text{ mol}$$

陰極のイオン反応式を見ると，電気分解で生成した OH^- の物質量は流れた電子 e^- の物質量に等しいので，流れた電子の物質量も 0.090 mol である。したがって，9.65 A の電流で t〔秒〕間電気分解を行ったとすれば，次の式が成り立つ。

$$9.65 \text{ A} \times t \text{〔秒〕}$$
$$= 0.090 \text{ mol} \times 9.65 \times 10^4 \text{ C/mol}$$

これを解いて，$t = 9.0 \times 10^2$ 秒。

問3 **a** 　10　⑥

NO_2（気）の生成エンタルピーが Q_1 kJ/mol，N_2O_4（気）の生成エンタルピーが Q_2 kJ/mol だから

$$2\text{NO}_2 \text{（気）} \rightleftharpoons \text{N}_2\text{O}_4 \text{（気）} \quad \Delta H = Q \text{ kJ} \quad (2)$$

に，"反応エンタルピー＝（生成物の生成エンタルピーの総和）－（反応物の生成エンタルピーの総和）"を使うと，次の式が成り立つ。

$$Q \text{ kJ} = 1 \text{ mol} \times Q_2 \text{ kJ/mol} - 2 \text{ mol} \times Q_1 \text{ kJ/mol}$$
$$\therefore \quad Q = -2Q_1 + Q_2$$

b 　11　③

① 式(2)の反応は右向きに進むと発熱反応なので，次の図のように，正反応の活性化エネルギー E_1 は逆反応の活性化エネルギー E_2 よりも小さい。**誤**

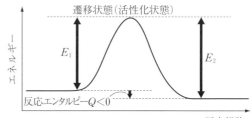

② 式(2)を見ると，二酸化窒素 NO_2 の係数は 2，四酸化二窒素 N_2O_4 の係数は 1 なので，NO_2 の分解速度は N_2O_4 の生成速度の 2 倍になる。**誤**

③ 平衡状態に達した後，温度一定のまま圧力を上げると，式(2)の平衡は気体分子の数が減る右向きに移動するので，四酸化二窒素 N_2O_4 が生成する向きに反応が進み，別の平衡状態に達する。**正**

④ 平衡状態に達した後，圧力一定のまま温度を上げると，式(2)の平衡は吸熱反応の左向きに移動するので，二酸化窒素 NO_2 が生成する向きに反応が進み，別の平衡状態に達する。**誤**

c 　12　②

密閉容器に NO_2 だけを入れ，温度 T と圧力 p を一定に保つと，平衡が移動して NO_2 と N_2O_4 の混合気体になる。このとき，質量 m は変化しないが，物質量 n や平均分子量が変化するため，体積 V や密度 d が変化する。この問題では密度 d が与えられているので，混合気体の平均分子量（平均モル質量 M から g/mol の単位をとった数値）を求めるとよい。

理想気体の状態方程式 $pV = nRT = (m/M)RT$ より，混合気体の平均モル質量 M は，

$$M = \frac{mRT}{pV} = \frac{m}{V} \times \frac{RT}{p} = d \times \frac{RT}{p}$$

$$= 3.0 \text{ g/L} \times \frac{8.3 \times 10^3 \text{ Pa·L/(K·mol)} \times 300 \text{ K}}{1.0 \times 10^5 \text{ Pa}}$$

$$= 74.7 \text{ g/mol}$$

になるので，混合気体の平均分子量は 74.7 である。NO_2（分子量 46）のモル分率を X とすると，N_2O_4（分子量 92）のモル分率は $1-X$ となるから，混合気体の平均分子量に関して次の式が成り立つ。

$$46X+92\times(1-X)=74.7$$

これを解いて，$X=0.376$。したがって，NO_2 の分圧は次のようになる。

$$\begin{aligned}分圧 &= 全圧 \times モル分率 \\ &= 1.0\times10^5\,Pa \times 0.376 \\ &= 3.76\times10^4\,Pa\end{aligned}$$

第3問

問1 13 ④

① 炭素原子1個を含む水素化合物は，メタン CH_4 である。メタンは正四面体形の分子で，C−H 結合の極性が打ち消されるため，無極性分子になる。誤

② 窒素原子1個を含む水素化合物は，アンモニア NH_3 である。アンモニアは水溶液中では次のように電離するので，1価の弱塩基である。誤

$$NH_3 + H_2O \rightleftharpoons NH_4^+ + OH^-$$

③ フッ素原子1個を含む水素化合物は，フッ化水素 HF である。ハロゲン化水素のうち，HCl，HBr，HI は1価の強酸であるが，HF は例外的に1価の弱酸である。誤

④ 硫黄原子1個を含む水素化合物は，硫化水素 H_2S である。H_2S は S が最低酸化数の −2 をとっており，酸化還元反応では S の酸化数が増加するので還元剤としてはたらく。正

⑤ 塩素原子1個を含む水素化合物は塩化水素 HCl，臭素原子1個を含む水素化合物は臭化水素 HBr である。HCl は HBr よりも分子量が小さく，分子間力も小さいので，沸点が低い。なお，ハロゲン化水素のうち，HF は分子間に水素結合をつくるので例外的に沸点が高い。ハロゲン化水素の沸点は HF＞HI＞HBr＞HCl の順であり，HCl はハロゲン化水素のうちで最も沸点が低い。誤

問2 14 ③

図1の器具はふたまた試験管とよばれている。

A に液体，B に固体を入れ，ふたまた試験管を右に傾けて A の液体を適量 B の固体に注ぎ，気体を発生させる。気体の発生を止めたいときは，ふたまた試験管を左に傾け，液体だけを A に戻す。このとき，固体を C のくびれで止め，A に流入しないよ

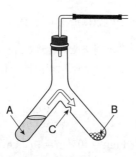

うにする。そのため，B に入れる固体はある程度の大きさをもつものがよい。粉末だと C のくびれで止めるのは難しい。

① 一酸化炭素発生の反応式は次のとおり（発生する気体の分子式の右には↑を書いた。以下同様）。濃硫酸は脱水剤である。

$$HCOOH \longrightarrow H_2O + CO\uparrow$$

ギ酸も濃硫酸も液体なので，ふたまた試験管を使うには向かない発生法である。

② 希硝酸と銅では，次の反応で主に一酸化窒素が発生する。

$$3Cu + 8HNO_3$$
$$\longrightarrow 3Cu(NO_3)_2 + 4H_2O + 2NO\uparrow$$

二酸化窒素を発生させるには濃硝酸を使う。

$$Cu + 4HNO_3$$
$$\longrightarrow Cu(NO_3)_2 + 2H_2O + 2NO_2\uparrow$$

使用する液体の種類が不適当である。

③ 硫化水素発生の反応式は次のとおり。

$$FeS + H_2SO_4 \longrightarrow FeSO_4 + H_2S\uparrow$$

A に液体の希硫酸を入れ，B に固体の硫化鉄(Ⅱ)のかたまりを入れており，これが最も適当である。

④ 酸素発生の反応式は次のようになる。酸化マンガン(Ⅳ)は触媒としてはたらく。

$$2H_2O_2 \longrightarrow 2H_2O + O_2\uparrow$$

A に固体の酸化マンガン(Ⅳ)，B に液体の過酸化水素水を入れているので不適当である。また，A，B に入れる物質を入れ替えたとしても，酸化マンガン(Ⅳ)が粉末なので，気体の発生を止めたいときに液体から分離するのが難しい。

問3 15 ⑥

まず，金属 A～C がアルミニウム，亜鉛，鉛のいずれであるかを決定する。金属 A は，アルカリマンガン乾電池，酸化銀電池，空気電池の負極活物質として用いられているから，亜鉛 Zn である。金属 B は，自動車のバッテリーに使われる実用二次電池，つまり鉛蓄電池の負極活物質として用いられているから，鉛 Pb である。金属 C は，密度が小さく，電気や熱の伝導性が大きいのでアルミニウム Al である。

次に，1.0 mol の A～C に過剰の塩酸を加えたときに発生する水素の物質量を考える。A（亜鉛 Zn）の場合，次の反応により 1.0 mol の水素が発生する。

$$Zn + 2HCl \longrightarrow ZnCl_2 + H_2\uparrow$$

B（鉛 Pb）も同様な反応

$$Pb + 2HCl \longrightarrow PbCl_2 + H_2 \uparrow$$

が起きそうだが，鉛の場合，水に溶けにくい $PbCl_2$ の被膜が表面を覆うため，鉛は希塩酸とはほとんど反応しない。その結果，水素もほとんど発生しない。なお，希硫酸を使っても水に難溶な $PbSO_4$ ができるため，鉛は希硫酸ともほとんど反応しない。

C（アルミニウム Al）からは，次の反応で 1.5 mol の水素が発生する。

$$2Al + 6HCl \longrightarrow 2AlCl_3 + 3H_2 \uparrow$$

以上により，発生する水素の物質量は，C＞A＞B となる。

問4 　16　 ⑤

実験Ⅰ と **実験Ⅱ** で起こっている鉄と銅の反応を化学反応式で表しながら，選択肢 ①～⑥ の正誤を検討する。

① 鉄に希硫酸を加えると，鉄は水素を発生して溶け，鉄(Ⅱ)イオン Fe^{2+} を含む硫酸鉄(Ⅱ)になる。

$$Fe + H_2SO_4 \longrightarrow FeSO_4 + H_2 \uparrow$$

水溶液中の Fe^{2+} の色は淡緑色である（色が薄いときはほぼ無色に見える）。**正**

② Fe^{2+} を含む硫酸酸性水溶液に過酸化水素水を加えると，過酸化水素が酸化剤としてはたらき，Fe^{2+} が酸化されて鉄(Ⅲ)イオン Fe^{3+} になる。

$$2Fe^{2+} + H_2O_2 + 2H^+ \longrightarrow 2Fe^{3+} + 2H_2O$$

なお，実際にこの反応を行うと，生成した Fe^{3+} が触媒となって次の過酸化水素の分解反応も同時に起こり，気体の発生が見られる。

$$2H_2O_2 \longrightarrow 2H_2O + O_2 \uparrow$$

水溶液中の Fe^{3+} の色は黄褐色である。Fe^{3+} の水和錯イオンの色は淡紫色だが（色が薄いとほぼ無色に見える），加水分解するため黄褐色になる。**正**

③ Fe^{3+} を含む水溶液にヘキサシアニド鉄(Ⅱ)酸カリウム $K_4[Fe(CN)_6]$ の水溶液を加えると，濃青色の沈殿を生じる。これは Fe^{3+} の検出によく使われる反応である。**正**

④ 銅は水素よりイオン化傾向が小さいので，希硫酸を加えただけでは溶けない。これに酸化剤として過酸化水素を加えると，次の反応が起こって銅が溶け，銅(Ⅱ)イオンを含む硫酸銅(Ⅱ)になる。

$$Cu + H_2SO_4 + H_2O_2 \longrightarrow CuSO_4 + 2H_2O$$

なお，実際にこの反応を行うと，生成した Cu^{2+} が Fe^{3+} と同様に触媒となり，過酸化水素の分解反応が同時進行する。その結果，気体の発生が見られる。水溶液中の Cu^{2+} の色は青色である。**正**

⑤ Cu^{2+} を含む水溶液に水酸化ナトリウムやアンモニアなどの塩基の水溶液を加えると，青白色の水酸化銅(Ⅱ)が沈殿する。

$$Cu^{2+} + 2OH^- \longrightarrow Cu(OH)_2$$

ただし，アンモニア水では，過剰に加えるとテトラアンミン銅(Ⅱ)イオンをつくって沈殿が溶ける。

$$Cu(OH)_2 + 4NH_3 \longrightarrow [Cu(NH_3)_4]^{2+} + 2OH^-$$

この場合は，過剰に加えても沈殿は溶けなかったので，加えた試薬はアンモニアの水溶液ではない。水酸化ナトリウムなど，強塩基の水溶液を加えたと考えられる。**誤**

⑥ 水酸化銅(Ⅱ)の青白色沈殿を加熱すると，次の反応が起こり，酸化銅(Ⅱ)の黒色沈殿に変化する。

$$Cu(OH)_2 \longrightarrow CuO + H_2O$$

下線部 6) の沈殿は，酸化物である。**正**

問5 a　17　 ④

Fe 原子と Ti 原子は，図2の左側の網をかけた面で接している。この面を書き出してみると次のようになる。

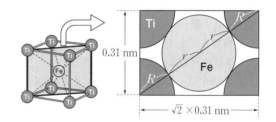

この図から，次の関係が成り立つ。

$$\sqrt{3} \times 0.31 \text{ nm} = 2 \times (r + R)$$

$\sqrt{3} = 1.73$ を代入して，$r + R = 0.268$ nm となる。

b　18　 ③

図2の右側を見ると，H 原子は，単位格子の各面の中心に $\frac{1}{2}$ 個分吸蔵される。したがって，一辺が 0.31 nm の立方体の単位格子1個に吸蔵できる H 原子の数は最大で $\frac{1}{2}$ 個 $\times 6 = 3$ 個であり，水素分子 H_2 にすると 1.5 個である。よって，この合金 1 cm³ が吸蔵できる水素分子 H_2 の数 N は，次のようになる。

$$N = \frac{1.0 \text{ cm}^3}{(0.31 \text{ nm})^3} \times 1.5$$

1 nm $= 10^{-9}$ m $= 10^{-7}$ cm，$3.1^3 = 30$ を代入すると

$$N = 0.50 \times 10^{23}$$

となる。この個数の水素分子は，0 ℃，1.013×10^5

Pa における体積が，次のようになる。

$$\frac{0.50 \times 10^{23}}{6.0 \times 10^{23}/\text{mol}} \times 22.4 \text{ L/mol} = 1.86 \text{ L}$$

第4問

問1 19 ①

① 有機化合物は必ず炭素 C を含むが，四塩化炭素 CCl₄ のように水素 H を含まない有機化合物もあり，必ず水素 H を含むとは限らない。誤
② 有機化合物の主な構成元素は，C，H，O，N，S，P，ハロゲンなど少数の非金属元素であり，構成元素の種類は無機物質に比べて少ない。正
③ 有機化合物は構成元素の種類は少ないが，C 原子が次々と共有結合でつながって鎖状や環状の骨格をつくり，C 原子間の結合も単結合だけでなく二重結合や三重結合もあるため，化合物の種類は無機物質に比べて多い。正
④ 有機化合物の主な構成元素は非金属元素なので，原子間の結合は主に共有結合である。正
⑤ 有機化合物の多くは，水よりも石油やジエチルエーテルなどの有機溶媒に溶けやすい。正
⑥ 有機化合物の性質は，主に官能基の種類によって決まる。たとえば，官能基としてヒドロキシ基 -OH をもつアルコール R-OH（R- は炭化水素基）の場合，炭化水素基は沸点や水への溶解度などに影響を及ぼす程度であり，酸化や脱水などアルコールの反応の多くはヒドロキシ基が関わっている。同じ官能基をもつ化合物は共通した性質をもつので，炭化水素基と官能基からなる有機化合物は，官能基の種類によって分類されている。正

問2 20 ②

① 組成式が CH₂O で炭素数が 1 の場合，分子式も CH₂O である。この分子式の化合物は，次のホルムアルデヒドしかなく，異性体が存在しない。正

$$\begin{array}{c} H \\ H \end{array} \!\!>\!\! C=O$$

② 炭素数 2 の場合，分子式は C₂H₄O₂ である。ヨードホルム反応は CH₃-CO-R や CH₃-CH(OH)-R の構造をもつ化合物で見られるが，-R は O 原子から始まる原子団であってはならない。C₂H₄O₂ の場合，前者は酢酸 CH₃-CO-OH しかなく，-R が O 原子から始まる原子団なので，ヨードホルム反応を示さない。後者は H 原子の数が 5 以上なのでこの構造の化合物が存在しない。結局，分子式 C₂H₄O₂ でヨードホルム反応を示すものは存在しない。誤
③ 炭素数 3 の場合，分子式は C₃H₆O₃ である。この分子式では，次の構造の乳酸が不斉炭素原子 C* をもつ。正

$$\begin{array}{c} CH_3 \\ | \\ H-C^*-COOH \\ | \\ OH \end{array}$$

④ 炭素数 6 の場合，分子式は C₆H₁₂O₆ である。この分子式は，グルコースやフルクトースなど単糖類の分子式である。単糖類には還元性があり，フェーリング液を還元する。正

問3 21 ⑥

ポリエチレンナフタレート（略称 PEN）は教科書には出ていないので，この問題では PEN の構造をポリエチレンテレフタラート（略称 PET）から類推する必要がある。PEN は，問題文の図1に示した2価アルコール A（エチレングリコール）と2価カルボン酸 B（ナフタレン-2,6-ジカルボン酸）から，縮合重合でつくられるポリエステルで，次の構造をもつ。

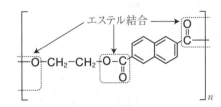

[ ] 内の繰り返し構造の原子量の総和は
$$62 + 216 - 18 \times 2 = 242$$
である。また，この繰り返し構造の中にはエステル結合 -O-CO- が 2 個ある。したがって，分子量が 7.0×10^4 の PEN 1分子中に含まれるエステル結合の数は，次のようになる。

$$\frac{7.0 \times 10^4}{242} \times 2 = 5.78 \times 10^2$$

PEN は PET に比べて強度，耐熱性，耐化学薬品性があり，気体や紫外線を通しにくいといった優れた性質をもつが，高価なので利用は限られた分野になり，PET ほど市場に出回っていない。

問4 22 ⑤

バニリルアミンは分子式が C₈H₁₁NO₂ で，ベンゼ

ン環の３つの水素原子−H を，３種類の異なる置換
基−X，−Y，−Z で置き換えたものだから，これら
の置換基の原子の合計は，次のようになる。

$$C_8H_{11}NO_2 − C_6H_3 = C_2H_8NO_2$$

アより，置換基−X，−Y，−Z は炭化水素基ではな
いので，それぞれの置換基に N か O が１個ずつ含
まれていることになる。**イ**より，置換基−X はフェ
ノール性ヒドロキシ基−OH である。**ウ**より，置換
基−Y は−R−NH$_2$ の構造をもつ（−R−は炭化水素基）。
上で求めたように，置換基の炭素数は合計で２だか
ら，炭化水素−R−は，−CH$_2$−か−C$_2$H$_4$−になる
が，−C$_2$H$_4$−だと置換基の残りの原子数から考えて
置換基−Z が−OH となり，置換基−X と同じにな
ってしまう。したがって，置換基−Y は−CH$_2$−NH$_2$
に決まる。置換基−Z は残りの原子数から考えて，
−CH$_3$O になる。これには −CH$_2$−OH と −O−CH$_3$
の構造が考えられるが，**エ**より，C$_6$H$_5$−Z は構造異
性体の関係にあるほかの芳香族化合物よりも沸点が
低いので，置換基−Z は水素結合をつくらず（−OH
をもたず）沸点の低い−O−CH$_3$ に決まる。

問5 ❚23❚ **⑤**

サリチル酸とメタノールからサリチル酸メチルを
合成するエステル化反応は，次のようになる。

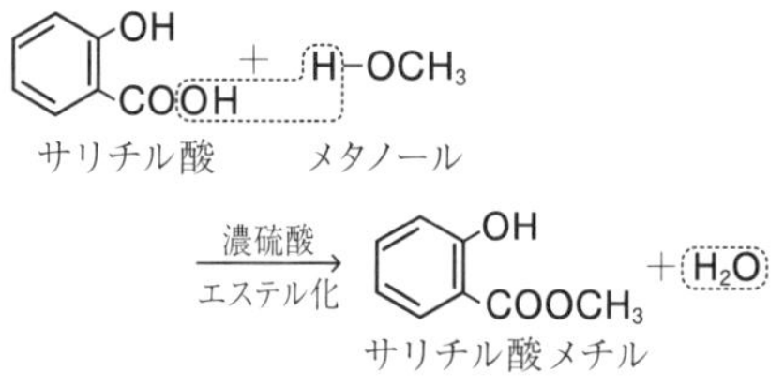

① 問題の図２で，熱水を加熱するのにガスバーナ
ーではなくホットプレートを用いるのは，有機化合
物への引火を防ぐためである。**正**

② 図２で，丸底フラスコ内に沸騰石を入れるのは，
突発的な沸騰（**突沸**という）を防ぐためである。**正**

③ 図２の冷却器は，蒸発した有機化合物を冷やし
て液体にし，丸底フラスコに戻すために取りつけて
ある。このような操作を**還流**という。還流冷却器を
つけないと，メタノール（沸点65℃）のような沸点
の低い有機化合物は，蒸発して失われてしまう。還
流冷却器には下から上に水を流し，冷却器の管内が
常に冷却水で満たされるようにする。**正**

④ 濃硫酸はエステル化の触媒としてよく用いられ
る。濃硫酸はほとんど水を含まないので，エステル
ができる向きに平衡が移動しやすい。**正**

⑤ 炭酸水素ナトリウム水溶液は，触媒の濃硫酸と
反応するだけではなく，未反応のサリチル酸とも反
応する（サリチル酸メチルとは反応しない）。

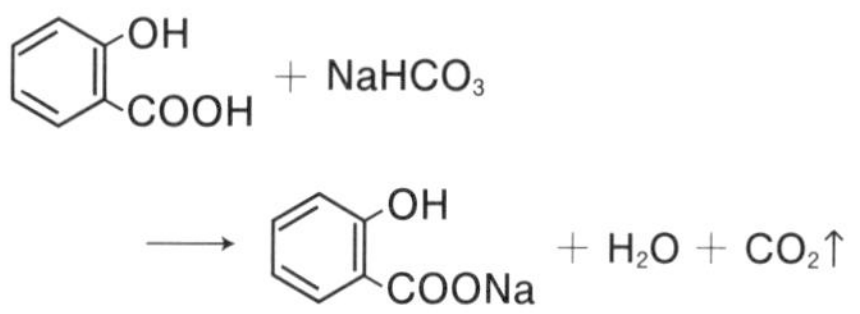

これによりサリチル酸は塩をつくって水に溶けるよ
うになり，サリチル酸メチルから分離される。炭酸
水素ナトリウム水溶液のかわりに水酸化ナトリウム
水溶液を使うと，サリチル酸だけでなくサリチル酸
メチルも塩をつくって水に溶けてしまう。

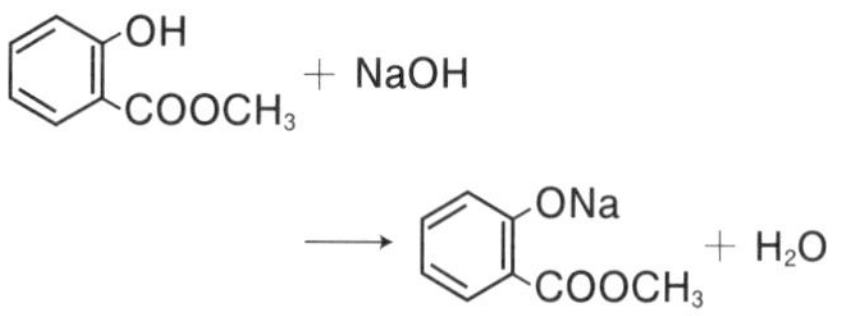

サリチル酸メチルが得られなくなるので，水酸化ナ
トリウム水溶液を使うことはできない。**誤**

第5問

問1 a ❚24❚ **④**

②は側鎖−R が−CH(CH$_3$)$_2$ のバリン，③は側鎖
−R が−CH$_2$OH のセリンである。アラニンは側鎖
−R がメチル基−CH$_3$ なので，①か④になる。

①は，次の図のように➡から分子を見て，H 原子
を不斉炭素原子の後方に置き，手前にある原子団を
カルボキシ基−COOH → 側鎖−CH$_3$ → アミノ基
−NH$_2$ の順に回転させると時計回り（右回り）になる
から，D 型である。つまり，D-アラニンである。

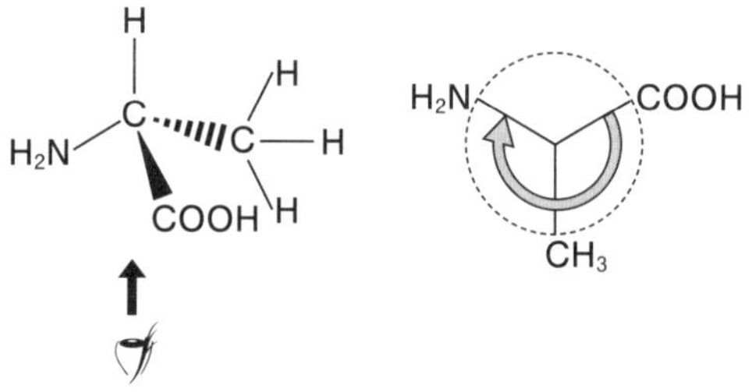

④も，次の図のように➡から分子を見て同様に回
転させると，こちらは反時計回り（左回り）になるか
ら L 型である。つまり，L-アラニンである。

— ②-8 —

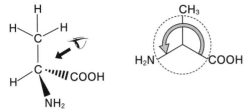

参考までに②と③のD型/L型の区別を書くと，②はD-バリン，③はD-セリンになる。

なお，天然のタンパク質を構成する α-アミノ酸は，すべてL型である。

b **25** ④

D型とL型の関係にある一対の鏡像異性体は，融点，密度，水に対する溶解度などの性質は変わらないが，光に対する性質が異なり，平面偏光を回転させる向きが異なる。このため，鏡像異性体のことを光学異性体ということもある。ただし，不斉炭素原子が2個以上ある化合物の場合は光学異性体の定義が難しくなる。最近の教科書では，「光学異性体」という語句を使わず，「鏡像異性体」を使うようになってきている。

問2 a **26** ①

グリシンの陽イオンを G^+，双性イオンを $G^±$，陰イオンを G^- で表すと，イオン間の電離平衡は

$$G^+ \underset{H^+}{\overset{OH^-}{\rightleftarrows}} G^± \quad K_1 = \frac{[G^±][H^+]}{[G^+]} = 4.5 \times 10^{-3} \text{ mol/L}$$

$$G^± \underset{H^+}{\overset{OH^-}{\rightleftarrows}} G^- \quad K_2 = \frac{[G^-][H^+]}{[G^±]} = 1.7 \times 10^{-10} \text{ mol/L}$$

であるから，pHが小さく $[H^+]$ が大きいほど平衡は左向きに移動し，$[G^+]$ が大きくなる。逆に，pHが大きく $[H^+]$ が小さいほど平衡は右向きに移動し，$[G^-]$ が大きくなる。したがって，**A**が陽イオン，**B**が双性イオン，**C**が陰イオンである。

b **27** ③ **28** ⑤

図2の矢印←で示した点では，$[G^+] = [G^±]$ なので，この関係を電離定数 K_1 の式に代入すると

$$K_1 = \frac{[G^±][H^+]}{[G^+]} = [H^+] = 4.5 \times 10^{-3} \text{ mol/L}$$

が得られる。したがって，矢印←で示した点のpHは次のようになる。

$$\begin{aligned}\text{pH} &= -\log_{10}(4.5 \times 10^{-3}) \\ &= 3 - \log_{10} 4.5 = 3 - 0.65 = 2.35\end{aligned}$$

問3 **29** ③

ア 濃硝酸を加えて加熱すると黄色になるのは，アミノ酸のベンゼン環がニトロ化されるためである。ペプチドにチロシンのようなニトロ化されやすい芳香族アミノ酸が含まれている場合に起こる。この反応を**キサントプロテイン反応**という。

$$\underset{\text{チロシン}}{H_2N\text{-}CH\text{-}COOH \atop |\phantom{H_2N\text{-}}CH_2\text{-}\bigcirc\text{-}OH}$$

イ ニンヒドリン水溶液を加えて加熱すると赤紫色になる反応は，アミノ基 $-NH_2$ に起因する反応で，ペプチドやアミノ酸全般で起こり，特定のアミノ酸とは関係がない。

ウ 水酸化ナトリウム水溶液を加えた後，少量の硫酸銅(II)水溶液を加えると赤紫色になるのは，2つ以上のペプチド結合が銅(II)イオン Cu^{2+} と錯イオンを形成するためである。2つ以上のペプチド結合をもつペプチド(トリペプチド以上のペプチド)で見られる。この反応を**ビウレット反応**という。ペプチド結合の数は関係するが，特定のアミノ酸とは関係がない。

エ 水酸化ナトリウム水溶液を加えて加熱後，酢酸鉛(II)水溶液を加えると黒色沈殿が生じるのは，硫化鉛(II) PbS の黒色沈殿を生じるためである。この反応はシステインのような硫黄 S を含むアミノ酸の検出に用いられる。

$$\underset{\text{システイン}}{H_2N\text{-}CH\text{-}COOH \atop |\phantom{H_2N\text{-}}CH_2\text{-}SH}$$

以上により，特定のアミノ酸を含む場合にだけ起こる反応は，**ア**と**エ**である。

模試 第3回

解　答

| 第1問小計 | 第2問小計 | 第3問小計 | 第4問小計 | 第5問小計 | 合計点 /100 |

問題番号(配点)	設問		解答番号	正解	配点	自己採点	問題番号(配点)	設問		解答番号	正解	配点	自己採点
第1問(20)	1		1	③	3		第4問(20)	1	a	20	④	4	
	2		2	①	4				b	21	⑤	4	
	3		3	④	4			2		22	⑥	4	
	4	a	4	③	4			3		23	⑤	4	
			5	⑤				4		24	⑥	4	
		b	6	⑨	5*1		第5問(20)	1		25	③	3	
			7	①				2		26	⑥	4	
第2問(20)	1		8	④	4			3		27	④	2	
	2	a	9	②	3					28	⑥	2	
		b	10	⑥	3			4		29	①	4*1	
	3	a	11	⑤	3					30	④		
		b	12	④	3					31	⑦		
	4		13	②	4					32	①		
第3問(20)	1		14	②	4			5		33	⑥	5*1	
	2		15	⑤	4					34	⑦		
	3		16	③	4					35	①		
	4	a	17	④	2					36	④		
		b	18	③	2								
		c	19	⑤	4								

(注)
1　*1は，全部正解の場合のみ点を与える。

化　学

第1問

問1　1　③

① 典型元素では，同族元素における価電子数が等しい。しかし最外殻電子については，18族では He で 2，Ne 以降で 8 と異なる値をとる。**誤**

② 遷移元素はすべて金属元素であり，最外殻電子数が 1 個または 2 個である。周期表で横に並んだ元素が互いによく似た性質を示す場合が多い。**誤**

③ 電子殻は原子核に近い内側から K 殻，L 殻，M 殻…とよばれ，電子はエネルギーの最も低い K 殻にまず配置され，原則として内側の電子殻から外側の電子殻へ順に配置される。**正**

④ 塩素原子の電子式は $\overset{\cdot\cdot}{\underset{\cdot\cdot}{:\!Cl\!\cdot}}$ であり，3 組の電子対と 1 個の不対電子をもつ。共有電子対とは，別の原子と共有結合をつくっている電子対のことをいう。**誤**

⑤ 窒素原子の電子式は $:\!\overset{\cdot}{\underset{\cdot}{N}}\!\cdot$ であり，1 組の電子対と 3 個の不対電子をもつ。**誤**

問2　2　①

ヘンリーの法則は，"同じ温度で一定量の液体に溶ける気体の物質量と質量は，その気体の圧力(混合気体の場合は分圧)に比例する"と考えればよい。気体の量を物質量や質量で扱うのがポイントで，気体の体積で扱うと間違いやすい。圧力が 1.0×10^5 Pa のとき，20 ℃ の水 1.0 L に溶ける酸素の量は，標準状態の体積に換算して 0.031 L だから，その質量は次のようになる。

$$\frac{0.031\,\text{L}}{22.4\,\text{L/mol}} \times 32\,\text{g/mol} = \frac{0.031 \times 32}{22.4}\,\text{g}$$

この酸素の質量は，酸素の圧力(分圧)に比例して変化する。1.0×10^5 Pa の空気中の酸素の分圧は

$$1.0 \times 10^5\,\text{Pa} \times \frac{1}{4+1} = 2.0 \times 10^4\,\text{Pa}$$

であり，水の量が 2.5 L であることに注意すると，求める質量は次のようになる。

$$\frac{0.031 \times 32}{22.4}\,\text{g} \times \frac{2.0 \times 10^4\,\text{Pa}}{1.0 \times 10^5\,\text{Pa}} \times \frac{2.5\,\text{L}}{1.0\,\text{L}}$$

$$= 0.0221\,\text{g} = 22.1\,\text{mg}$$

問3　3　④

① 小さな溶媒分子は通すが大きな溶質粒子は通さない膜のことを，**半透膜**という。**正**

② 半透膜を通って，純水側の水分子がスクロース水溶液側に浸透してくるため，スクロース水溶液側の液面が上昇する。**正**

③ ファントホッフの法則より，浸透圧 $\varPi = CRT$（C：溶液のモル濃度〔mol/L〕，R：気体定数〔Pa・L/(K・mol)〕，T：絶対温度〔K〕）と表すことができる。この式によると，浸透圧 $\varPi$ は絶対温度 T に比例するため，温度を高くするほど浸透圧は大きくなり，液面差も大きくなる。**正**

④ 生じた液面差の高さの液柱に相当する圧力は，水が浸透してきた後のスクロース水溶液の浸透圧である。本問では，初めのスクロース水溶液は 100 mL で，これが浸透により 110 mL に増加した(左右の液面差 10 cm より，体積の増加分は $2.0\,\text{cm}^2 \times \dfrac{10}{2}\,\text{cm} = 10\,\text{cm}^3 = 10\,\text{mL}$)。この体積増加による濃度の変化は無視できないので，もとの水溶液と浸透後の水溶液では濃度，浸透圧ともに異なる。**誤**

⑤ 塩化カルシウム $CaCl_2$ は水に溶けると完全に電離して Ca^{2+} と $2Cl^-$ となり，溶質粒子の数が 3 倍に増加する。浸透圧は溶質粒子のモル濃度に比例するので，同じモル濃度であればスクロース水溶液より塩化カルシウム水溶液の方が，浸透圧が大きく，液面差も大きくなる。**正**

問4　a　4　③

問題文より，$\left(P + \dfrac{n^2 a}{V^2}\right)$ が理想気体の圧力に対応するので，理想気体の圧力を P_i とすると

$$P + \frac{n^2 a}{V^2} = P_i$$

$$\therefore\quad P = P_i - \frac{n^2 a}{V^2}$$

となる。$\dfrac{n^2 a}{V^2} > 0$ なので，実在気体の圧力 P は，分子間力の影響により，理想気体の圧力 P_i よりも小さくなることがわかる。

同様に，$(V - nb)$ が理想気体の体積に対応するので，これを V_i とすると

$$V - nb = V_i$$

$$\therefore\quad V = V_i + nb$$

となる。$nb > 0$ なので，実在気体の体積 V は，分

子自身の体積の影響により，理想気体の体積 V_i よりも大きくなることがわかる。

b 5 ⑤ 6 ⑨ 7 ①

密度 d 〔g/L〕 は，$d\,[{\rm g/L}]=\dfrac{w\,[{\rm g}]}{V\,[{\rm L}]}$ で表されるから，式(3)を M について解き，密度 d を用いて表すと，次のようになる。

$$M=\dfrac{w}{PV}RT$$

$$\therefore\ M=\dfrac{d}{P}RT$$

理想気体であれば，$\dfrac{d}{P}RT$ は一定の値になるが，実在気体では，高圧になるとずれが生じる。いま，表1より，$\dfrac{d}{P}$ の値を求めると，次の表のようになる。

圧力 P〔×10⁵ Pa〕	密度 d〔g/L〕	$\dfrac{d}{P}$〔×10⁻⁵ g/(L·Pa)〕
0.200	0.480	2.40
0.400	0.972	2.43
0.600	1.476	2.46
0.800	1.992	2.49
1.00	2.520	2.52

これより，横軸を P，縦軸を $\dfrac{d}{P}$ とすると，次のようなグラフが得られる。

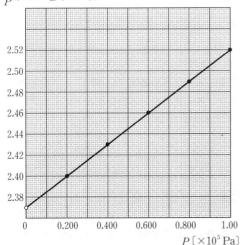

このグラフより，$P=0$ のときの $\dfrac{d}{P}$ の値は $2.37\times 10^{-5}\,{\rm g/(L\cdot Pa)}$ であるとわかる。これを $M=\dfrac{d}{P}RT$ に代入すると，ここでは M をモル質量として
$M=2.37\times 10^{-5}\,{\rm g/(L\cdot Pa)}\times 8.3\times 10^{3}\,{\rm Pa\cdot L/(K\cdot mol)}\times 300\,{\rm K}$
$=59.0\,{\rm g/mol}$
と求められる。以上より，解答欄の形式に合わせて，5.9×10^{1} と答えればよい。

なお，本問では，必ずしもグラフを描かなくても $P=0$ のときの $\dfrac{d}{P}$ の値は推測可能である。問題に応じて，方眼紙を活用すべきかを判断してほしい。

第2問

問1 8 ④

```
       a  2C(黒鉛)+3H₂+7/2 O₂
       ↓ ΔH=Q kJ
       b  C₂H₅OH(液)+3O₂        ΔH=-788 kJ
          
       c  2CO₂+3H₂+3/2 O₂
          ΔH=-1369 kJ          ΔH=-858 kJ
          
       d  2CO₂+3H₂O(液)
```
（エンタルピー図）

上の図に表されている，炭素(黒鉛)，水素，酸素，水(液体)，二酸化炭素，エタノール(液体)のもつエンタルピーの大小関係より，エンタルピー変化を含む化学反応式が書ける。ただし，上の図では，物質の状態が気体であることを表す「(気)」は省略している。

a と **b** の比較により，エタノールの生成エンタルピー Q kJ/mol は，次のように表せる。

$$2\,{\rm C}(黒鉛)+3\,{\rm H}_2(気)+\dfrac{1}{2}\,{\rm O}_2(気)$$
$$\longrightarrow {\rm C}_2{\rm H}_5{\rm OH}(液)\quad \Delta H=Q\,{\rm kJ}\quad \cdots(1)$$

さらに，ヘスの法則より，Q の値は次のように求められる。

$$Q-1369=-788-858$$
$$\therefore\ Q=-277\qquad \cdots\cdots\cdots(2)$$

b と **d** の比較により，エタノールの燃焼エンタルピーは，次のように表せる。

$${\rm C}_2{\rm H}_5{\rm OH}(液)+3\,{\rm O}_2(気)$$
$$\longrightarrow 2\,{\rm CO}_2(気)+3\,{\rm H}_2{\rm O}(液)$$
$$\Delta H=-1369\,{\rm kJ}\quad \cdots(3)$$

c と **d** の比較により，水素の燃焼エンタルピーま

は水の生成エンタルピーは，次のように求められる。

$$2\,CO_2(気)+3\,H_2(気)+\frac{3}{2}\,O_2(気)$$

$$\longrightarrow 2\,CO_2(気)+3\,H_2O(液)$$

$$\Delta H=-858\,kJ$$

両辺の $2\,CO_2$（気）を消去し，両辺を 3 で割ると，次のような式が得られる。

$$H_2(気)+\frac{1}{2}\,O_2(気)$$

$$\longrightarrow H_2O(液)\qquad \Delta H=-286\,kJ \quad\cdots(4)$$

a と **c** の比較により，炭素の燃焼エンタルピーまたは二酸化炭素の生成エンタルピーは，次のように求められる。

$$2\,C(黒鉛)+3\,H_2(気)+\frac{7}{2}\,O_2(気)$$

$$\longrightarrow 2\,CO_2(気)+3\,H_2(気)+\frac{3}{2}\,O_2(気)$$

$$\Delta H=-788\,kJ$$

両辺の $3\,H_2$（気）と $\frac{3}{2}\,O_2$（気）を消去し，両辺を 2 で割ると，次のような式が得られる。

$$C(黒鉛)+O_2(気)$$

$$\longrightarrow CO_2(気)\qquad \Delta H=-394\,kJ\cdots(5)$$

① 式(4)より，水素の燃焼エンタルピーは $-286\,kJ/mol$ である。**正**

② 図 1 より，3 mol の水（液体）が生成するとき，858 kJ の熱を放出する。**正**

③ エタノールの燃焼エンタルピーは，式(3)より $-1369\,kJ/mol$ である。したがって，2 mol のエタノール（液）が燃焼したときは，$1369\,kJ/mol\times2\,mol=2738\,kJ$ の熱を放出する。**正**

④ 式(5)より，炭素（黒鉛）と酸素から 1 mol の二酸化炭素が生成するとき，394 kJ の熱を放出する。788 kJ の熱を放出するのは，図 1 より，二酸化炭素が 2 mol 生成するときである。**誤**

⑤ 成分元素の単体から化合物 1 mol が生成するときのエンタルピー変化を，その化合物の**生成エンタルピー**という。図 1 の Q は，エタノールの生成エンタルピーの値に等しく，式(2)よりその値は -277 である。**正**

問2 **a** 　　9　　 ②

① 食酢は中和滴定には濃すぎるため，一般的には薄めて滴定を行う。まず，食酢 A をホールピペットで 10 mL はかり取って 100 mL メスフラスコに移す。メスフラスコの標線まで純水を加えてちょうど 100 mL にすることで，食酢 A を 10 倍に希釈した水溶液 B が調製できる。**正**

② 食酢 A でぬらしたホールピペットを，そのまま**操作 II** で水溶液 B をはかり取るときに用いると，水溶液 B の濃度が変化してしまう。ホールピペットは，次に使う水溶液 B で数回洗浄してから用いなければならない。この操作を**共洗い**という。**誤**

③ この実験は弱酸（酢酸）と強塩基（水酸化ナトリウム水溶液）の中和滴定なので，中和点付近の pH は塩基性側に片寄ると考えられる。よって，塩基性側に変色域をもつフェノールフタレインを指示薬として用いるのが適当である。**正**

④ フェノールフタレインは，酸性〜中性では無色で，pH 8.0〜9.8 に変色域をもち，塩基性で赤色を示す。**操作 III** で水酸化ナトリウム水溶液 D を滴下して，コニカルビーカー内の水溶液が少し赤色になり，軽く振り混ぜても水溶液の赤色が消えなくなったところを，滴定の終点とする。**正**

⑤ ビュレットは使用する前にコックを開き，先端まで水酸化ナトリウム水溶液 D で満たしておかなければならない。そうでないと，滴定値が不正確になってしまう。**正**

b 　　10　　 ⑥

この中和反応は次の反応式で表される。

$$CH_3COOH+NaOH \longrightarrow CH_3COONa+H_2O$$

もとの食酢 A 中の酢酸の濃度を C〔mol/L〕とすると，薄めた後の水溶液 B の濃度は $0.10\,C$〔mol/L〕となる。中和反応で酸から生じる H^+ と塩基から生じる OH^- の量的関係は，$acv=bc'v'$（a：酸の価数，c：酸の濃度〔mol/L〕，v：酸の体積〔L〕，b：塩基の価数，c'：塩基の濃度〔mol/L〕，v'：塩基の体積〔L〕）で表せるので，各数値を代入すると，次の式が成り立つ。

$$1\times0.10C\times\frac{10}{1000}=1\times0.080\times\frac{8.0}{1000}$$

$$\therefore\quad C=0.64\,mol/L$$

問3 **a** 　　11　　 ⑤

電気分解を利用して不純物を含む金属から純粋な金属を得る方法を電解精錬という。銅の電解精錬では，不純物を含む粗銅を陽極，純粋な銅（純銅）を陰極にして，硫酸酸性にした硫酸銅（II）水溶液の電気分解を行う。粗銅中の不純物のうち，銅よりイオン化傾向の大きい亜鉛や鉄などはイオンとなって溶け

出すが陰極には析出せず，水溶液中に残る。一方，銅よりイオン化傾向の小さい銀や金は単体のまま粗銅（陽極）の下に沈殿する。これを陽極泥という。

b 　 **12** 　④

I〔A〕の電流を t〔秒〕間流すと，電気量は

$$I〔A〕×t〔秒〕=It〔C〕$$

になるので，電子の物質量は次のようになる。

$$\frac{It〔C〕}{F〔C/mol〕}=\frac{It}{F}〔mol〕$$

陰極で銅が析出する反応の，電子 e^- を含むイオン反応式は，

$$Cu^{2+}+2e^-\longrightarrow Cu$$

だから，析出する銅の物質量は流れた電子の物質量の半分であり，求める銅の質量は次のようになる。

$$\frac{1}{2}×\frac{It}{F}〔mol〕×M〔g/mol〕=\frac{ItM}{2F}〔g〕$$

問4 　 **13** 　②

① 混合気体の成分のうち，一酸化窒素 NO と四酸化二窒素 N_2O_4 は無色の気体であるが，二酸化窒素 NO_2 は赤褐色の気体である。**誤**

② 混合気体の各成分の分子量は，$NO=30$，$NO_2=46$，$N_2O_4=92$ であり，いずれも $N_2=28$ より大きい。したがって，混合気体の各成分の比率にかかわらず，混合気体の平均分子量は，窒素の分子量よりも大きくなる。**正**

③ 混合気体の成分のうち，N_2O_4 は，NO_2 と平衡状態にある。また，NO_2 は，水に溶けると酸性の硝酸を生じる。

$$3NO_2+H_2O\longrightarrow 2HNO_3+NO　（温水）$$

$$2NO_2+H_2O\longrightarrow HNO_3+HNO_2　（冷水）$$

また，NO は水に溶けにくい。以上より，混合気体を水に溶かした溶液は塩基性ではなく，酸性となる。**誤**

④ 圧力一定で温度を上げると，吸熱反応の方向に平衡が移動する。問題文より

$$2NO_2\rightleftharpoons N_2O_4$$

の平衡は，右向きが発熱反応なので，圧力一定で温度を上げると，吸熱反応である左向きの方向に平衡が移動する。また，混合気体の成分のうち NO は，分子数が変わらない。したがって，圧力一定で温度を上げると，容器内の分子数は増加する。**誤**

⑤ 気体の物質量が一定であれば，ボイルの法則が成り立ち，体積と圧力の積は一定になる。しかし，本問の混合気体の体積を変化させると平衡移動が起こるため，気体の物質量が変化する。したがって，ボイルの法則は成り立たず，体積と圧力の積は一定とはならない。**誤**

第3問

問1 　 **14** 　②

① 臭素 Br_2；赤褐色の液体。臭素水は，エチレンやアセチレンなどの有機化合物の炭素原子間の不飽和結合と反応して，脱色される。**正**

② オゾン O_3；淡青色の気体で，特異臭をもつ。酸化力が強く，飲料水の殺菌などにも利用される。オゾンの酸化力によって，湿らせたヨウ化カリウムデンプン紙の KI が酸化されてヨウ素が生じ，それとデンプンが反応して青紫色を呈する。オゾンの性質の記述としては正しいが，オゾンはハロゲンに属する単体ではない。**誤**

③ ヨウ素 I_2；黒紫色の固体。昇華性があり，紫色の蒸気となる。無色のヨウ化カリウム水溶液にヨウ素を溶かすと，褐色の溶液となる。なお I_2 は，ヨウ化カリウム水溶液には I_3^-（三ヨウ化物イオン）をつくって溶け，この I_3^- が褐色を示す。**正**

$$KI+I_2\rightleftharpoons KI_3$$

④ 塩素 Cl_2；黄緑色の気体で，刺激臭をもつ。ヨウ化カリウム水溶液に吹き込むと，Cl_2 の酸化力によって次の反応が起こり，褐色の溶液となる。**正**

$$2KI+Cl_2\longrightarrow 2KCl+I_2$$

$$KI+I_2\rightleftharpoons KI_3$$

⑤ フッ素 F_2；淡黄色の気体。水と激しく反応し，フッ化水素 HF を生じる。HF の水溶液はフッ化水素酸とよばれ，ガラスを溶かす。**正**

問2 　 **15** 　⑤

① アルミニウム Al の鉱石はボーキサイトとよばれ，主成分は $Al_2O_3\cdot nH_2O$ だが不純物を多く含む。これを精製して純粋な Al_2O_3 のアルミナを得る。**誤**

② Al や Fe，Ni，Co は，濃硝酸に入れると，緻密な酸化被膜に覆われた**不動態**となるため，反応が進まず溶けない。しかし，濃塩酸には水素を発生しながら溶ける。**誤**

③ Al は銀白色の軟らかい軽金属（密度 $2.7\ g/cm^3$）である。Al と Cu，Mg，Mn との合金であるジュラルミンは飛行機の機体や電車の車体に用いられる。建造物の骨組には主に鉄が用いられる。**誤**

④ アルミニウム粉末と酸化鉄（Ⅲ）粉末を混合し，

— ③ － 5 —

点火すると以下の反応が起きる（**テルミット反応**）。

$$2Al+Fe_2O_3 \longrightarrow Al_2O_3+2Fe$$

このとき生じる鉄は融解状態であるため，溶接などに用いられる。**誤**

⑤ Al は，塩酸にも水酸化ナトリウム水溶液にも，次のように反応して溶解し，水素が発生する。**正**

$$2Al+6HCl \longrightarrow 2AlCl_3+3H_2$$

$$2Al+2NaOH+6H_2O$$
$$\longrightarrow 2Na[Al(OH)_4]+3H_2$$

問3 16 ③

① 生石灰は水と反応して水酸化カルシウムを生じる際大きな発熱をともなう。このことを利用して弁当の加熱剤などに利用されてきた。なお，現在では，主としてアルミニウム発熱剤が用いられている。**正**

② 脱酸素剤の鉄粉は袋や箱の中の酸素と反応することで，食品の酸化を防いでいる。このとき，鉄は酸化されて酸化鉄となる。**正**

③ 塩化カルシウムは除湿剤として利用されているが，これは塩化カルシウムの潮解性を活用したものである。**誤**

④ 脱臭剤として用いられる活性炭には無数の細かい穴があり，全体の表面積が非常に大きくなっている。この表面に様々な分子が吸着され，いやな臭いなどが除去される。**正**

⑤ 衣類の防虫剤が，固体から液体に変化すると衣類が汚れてしまうので，防虫剤は p–ジクロロベンゼンやナフタレンのように固体から気体に変化する昇華性のものを用いる。**正**

問4 a 17 ④

硫化水素の電離は，次の二段階で起こる。

一段階目：$H_2S \rightleftharpoons H^++HS^-$
二段階目：$HS^- \rightleftharpoons H^++S^{2-}$

pH を求める場合，二段階目の電離に由来する H^+ は非常に少ないため，一段階目の電離平衡のみを考えればよい。硫化水素の濃度を c〔mol/L〕，電離度を α とすると

$$H_2S \rightleftharpoons H^+ + HS^-$$

電離前	c	0	0 〔mol/L〕
平衡時	$c(1-\alpha)$	$c\alpha$	$c\alpha$ 〔mol/L〕

このとき

$$K_1=\frac{c\alpha \times c\alpha}{c(1-\alpha)}=\frac{c\alpha^2}{1-\alpha}$$
$$=c\alpha^2 \ (\because \ \alpha \ll 1 \ \Leftrightarrow \ 1-\alpha \fallingdotseq 1)$$

また，題意より $c=0.10\,\mathrm{mol/L}$，$K_1=1.0\times10^{-7}\,\mathrm{mol/L}$

より

$$1.0\times10^{-7}\,\mathrm{mol/L}=0.10\,\mathrm{mol/L}\times\alpha^2$$
$$\therefore \ \alpha=1.0\times10^{-3}$$

よって

$$[H^+]=c\alpha=0.10\,\mathrm{mol/L}\times(1.0\times10^{-3})$$
$$=1.0\times10^{-4}\,\mathrm{mol/L}$$

つまり，pH 4 と求められる。

b 18 ③

いくつもの平衡定数が絡む式が存在する場合，これらをまとめた式の平衡定数は，それぞれの平衡定数をかけ合わせることで求められる。たとえば

一段階目：$H_2S \rightleftharpoons H^++HS^-$
二段階目：$HS^- \rightleftharpoons H^++S^{2-}$

をまとめると

$$H_2S \rightleftharpoons 2H^++S^{2-}$$

が得られるが，このときの平衡定数

$$K_3=\frac{[H^+]^2[S^{2-}]}{[H_2S]}$$

は，$K_1 \times K_2$ により求められる。

$$K_1K_2=\frac{[H^+][HS^-]}{[H_2S]}\times\frac{[H^+][S^{2-}]}{[HS^-]}$$
$$=\frac{[H^+]^2[S^{2-}]}{[H_2S]}=K_3$$

c 19 ⑤

まず，水溶液中の $[S^{2-}]$ を求め，次に各イオン濃度の積を計算して，これが溶解度積を超えるかどうかを検討する。

$$K_3=\frac{[H^+]^2[S^{2-}]}{[H_2S]}$$

において

・pH 3 より，$[H^+]=1.0\times10^{-3}\,\mathrm{mol/L}$
・題意より，$[H_2S]=0.10\,\mathrm{mol/L}$
・$K_3=K_1K_2=(1.0\times10^{-7}\,\mathrm{mol/L})\times(1.0\times10^{-14}\,\mathrm{mol/L})$
$=1.0\times10^{-21}\,\mathrm{mol^2/L^2}$

これより

$$K_3=\frac{(1.0\times10^{-3}\,\mathrm{mol/L})^2\times[S^{2-}]\,(\mathrm{mol/L})}{0.10\,\mathrm{mol/L}}$$
$$=1.0\times10^{-21}\,\mathrm{mol^2/L^2}$$
$$\therefore \ [S^{2-}]=1.0\times10^{-16}\,\mathrm{mol/L}$$

となる。

一方，ここで加えた金属イオン M^{2+} は，いずれも 2 価のイオンであり，イオン積はすべて $[M^{2+}]$ $[S^{2-}]$ と表される。$[M^{2+}]=1.0\times10^{-4}\,\mathrm{mol/L}$ より

$$[M^{2+}][S^{2-}]=(1.0\times10^{-4}\,\mathrm{mol/L})$$

— ③ - 6 —

$$\times (1.0 \times 10^{-16}\,\text{mol/L})$$
$$=1.0 \times 10^{-20}\,\text{mol}^2/\text{L}^2$$

と求められる。これが溶解度積を超えてしまうもの，つまり Zn^{2+} と Cu^{2+} は硫化物となり沈殿する。

第4問

問1 **a** ⬜20 ④

化合物 X は，組成式が C_2H_4O で分子量が 88 だから，分子式は $C_4H_8O_2$ である。1分子の完全燃焼で，4分子の二酸化炭素 CO_2 と4分子の水 H_2O を生じる。図1では，**ア**の塩化カルシウムで水を吸収し，**イ**のソーダ石灰で二酸化炭素を吸収する。ソーダ石灰は水も吸収するから，水と二酸化炭素の質量を別々に測定するためには，この順序に物質を充填しなければならない。質量増加は次のようになる。

ア（H_2O）　$22\,\text{mg} \times \dfrac{4 \times 18}{88} = 18\,\text{mg}$

イ（CO_2）　$22\,\text{mg} \times \dfrac{4 \times 44}{88} = 44\,\text{mg}$

b ⬜21 ⑤

操作3で化合物 X は加水分解されているから，化合物 X はエステルと考えられる。加水分解生成物の化合物 A と化合物 B はアルコールとカルボン酸であるが，**操作4**で化合物 A を酸化すると化合物 B が得られたことから，化合物 A がアルコール，化合物 B がカルボン酸であり，両者の炭素原子の数は等しい（酸化によって炭素原子の数は変わらない）。化合物 X の分子式は $C_4H_8O_2$ だから，化合物 A と化合物 B の炭素原子の数はいずれも2で，化合物 A はエタノール C_2H_5OH，化合物 B は酢酸 CH_3COOH である。なお，化合物 X は酢酸エチルである。

① 化合物 A のエタノール C_2H_5OH には，構造異性体としてジメチルエーテル CH_3OCH_3 が存在する。**正**

② 化合物 A はエタノールなので，ナトリウムと反応して水素を発生する。**正**

　　$2\,CH_3CH_2OH + 2\,Na$
　　　　　　　　$\longrightarrow 2\,CH_3CH_2ONa + H_2\uparrow$

③ 化合物 B の酢酸 CH_3COOH には，構造異性体としてギ酸メチル $HCOOCH_3$ が存在する。**正**

④ 化合物 B は酢酸なので，炭酸より強い酸だから，炭酸水素ナトリウムと反応して二酸化炭素を発生す

る。**正**

　　$CH_3COOH + NaHCO_3$
　　　　　　　$\longrightarrow CH_3COONa + H_2O + CO_2\uparrow$

⑤ ヨードホルム反応は，一般に，CH_3CO- および $CH_3CH(OH)-$ の構造をもつケトン，アルデヒド，アルコールで見られる反応である。CH_3CO- に O 原子が結合したカルボン酸やエステルでは反応が見られない。**誤**

問2 ⬜22 ⑥

操作1において，安息香酸，フェノール，アニリンの3種類の化合物を含むジエチルエーテル溶液に塩酸を加えると，塩基性の化合物であるアニリンが次のように中和反応する。

◯-NH_2 + HCl ⟶ ◯-NH_3Cl

反応によって生じたアニリン塩酸塩は，電離して水に溶けるため，水層に移動する。したがって，エーテル層には安息香酸とフェノールが残る。

分離したアニリン塩酸塩を含む水層に水酸化ナトリウム水溶液を加えると，弱塩基の遊離反応によりアニリンが得られる。

◯-NH_3Cl + NaOH
　　　　　⟶ ◯-NH_2 + H_2O + NaCl

したがって，化合物 A はアニリンである。

操作2において，安息香酸とフェノールを含むエーテル層に水酸化ナトリウム水溶液を加えると，次のように中和反応する。

◯-OH + NaOH ⟶ ◯-ONa + H_2O

◯-COOH + NaOH
　　　　　⟶ ◯-COONa + H_2O

反応によって生じたナトリウムフェノキシドと安息香酸ナトリウムは，電離して水に溶けるため，いずれも水層に移動する。この水層に二酸化炭素を通じると，弱酸の遊離反応により，フェノールが得られる。

◯-ONa + H_2O + CO_2
　　　　　⟶ ◯-OH + $NaHCO_3$

フェノールは水に溶けにくいため，水層から分離される。したがって，化合物 B はフェノールである。

操作3において，安息香酸ナトリウムを含む水層

— ③ － 7 —

に塩酸を加えると，弱酸の遊離反応により，安息香酸が得られる。

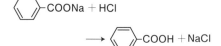

安息香酸は水に溶けにくいため，固体として析出する。したがって，化合物 C は安息香酸である。

問3 　23 　⑤

操作 1，2 は，それぞれ式(1)，式(2)の化学反応式で表せる。

$2\,Cu + O_2 \longrightarrow 2\,CuO$ ……………(1)

$CH_3OH + CuO \longrightarrow HCHO + Cu + H_2O$ (2)

式(1)+式(2)×2 より，全体の反応は次のようになる。

$2\,CH_3OH + O_2 \longrightarrow 2\,HCHO + 2\,H_2O$

この実験では，メタノールの蒸気を酸化してホルムアルデヒドを得ている。このとき銅 Cu は，CuO を経て反応後は Cu に戻るので，触媒であったことがわかる。

① メタノールからホルムアルデヒドへの反応において，炭素 C の酸化数は -2 から 0 に変化したので，メタノールは酸化されている。正

② 空気中で熱した銅線の表面は，黒色の酸化銅(Ⅱ) CuO となっている。正

③ ホルムアルデヒドは，無色で刺激臭をもつ気体である。水によく溶け，約 40 ％水溶液はホルマリンとよばれ，防腐剤などに用いられる。正

④ アルデヒドは酸化されてカルボン酸になりやすく，相手の物質を還元する性質(還元性)を示す。正

⑤ ホルムアルデヒドの沸点は $-19\,°C$ で，室温で気体である。アセトアルデヒド(沸点 $20\,°C$)のように氷水で冷やしても液体として捕集することはできない。誤

問4 　24 　⑥

本問で挙げた高分子化合物は，尿素樹脂(ユリア樹脂)である。

a 尿素樹脂はアミノ樹脂の一種で，熱硬化性樹脂である。正

b 尿素樹脂は尿素 $(NH_2)_2CO$ とホルムアルデヒド HCHO を付加縮合(付加反応と縮合反応を繰り返す重合)させることで得られる。誤

c 尿素樹脂は電気絶縁性に富み，透明で着色性がよいため，ボタンなどに利用されるほか，電気器具にも用いられる。正

第5問

問1 　25 　③

① アミノ酸の水溶液にニンヒドリン水溶液を加えて加熱すると，アミノ酸のアミノ基 $-NH_2$ と反応して，赤紫〜青紫色を呈する(ニンヒドリン反応)。この反応は非常に鋭敏であるため，タンパク質の $-NH_2$ とも反応し，同様に呈色する。正

② アミノ酸は，結晶中や水中では，カルボキシ基 $-COOH$ とアミノ基 $-NH_2$ の間で水素イオン H^+ をやりとりして，双性イオンになっている。そのため，一般の有機化合物に比べて，融点が高く，水に溶けやすいものが多い。正

③ タンパク質の変性は，水素結合などが切れて，タンパク質の立体構造が変わるために起こる。ペプチド結合が切れる変化は加水分解である。誤

④ 酵素は主成分がタンパク質であり，生体反応の触媒としてはたらく。正

問2 　26 　⑥

アミノ酸には，アミノ基 $-NH_2$ とカルボキシ基 $-COOH$ があるため，左がアミノ基側(N 末端)，右がカルボキシ基側(C 末端)として

　　　アミノ酸 A−アミノ酸 D

という結合の化合物と

　　　アミノ酸 D−アミノ酸 A

という結合の化合物は，互いに異なる構造をもつことになる。

同様に考えると，アミノ酸 A 2 分子とアミノ酸 D 1 分子からなるトリペプチドには，次のような結合の仕方が考えられる。

　　　A−A−D　　A−D−A　　D−A−A

ここで，アミノ酸 D は不斉炭素原子をもたないため鏡像異性体が存在しないが，アミノ酸 A は不斉炭素原子をもつため 1 対の鏡像異性体(L 体と D 体)が存在する。L 体のアミノ酸 A を A_L，D 体のアミノ酸 A を A_D とすると，アミノ酸 A 2 分子とアミノ酸 D 1 分子からなるトリペプチドは，次のように記せる。

A_L-A_L-D　　A_L-A_D-D　　A_D-A_L-D　　A_D-A_D-D
A_L-D-A_L　　A_L-D-A_D　　A_D-D-A_L　　A_D-D-A_D
$D-A_L-A_L$　　$D-A_L-A_D$　　$D-A_D-A_L$　　$D-A_D-A_D$

したがって，全部で 12 種類あるとわかる。

問3 　27 　④　　28 　⑥

問5 「解説」参照。

問4	29	①	30	④
	31	⑦	32	①

試験管3に含まれているアミノ酸Cは，pH4.0やpH7.0の緩衝液では陽イオン交換樹脂に吸着したままだが，pH11.0の緩衝液によって陽イオン交換樹脂から溶出するアミノ酸なので，等電点が7.0よりも大きい，塩基性アミノ酸である。塩基性アミノ酸とは，分子中に –NH$_2$ を2つもつアミノ酸であり，表1より，リシンが塩基性アミノ酸に該当するとわかる（等電点は9.7で，7.0より大きい）。したがって，アミノ酸Cはリシンである。

等電点9.7のリシンが，pH11.0の塩基性緩衝液で試験管3に溶出したので，試験管3中ではそのほとんどが，次のように陰イオンとして存在していると推測できる。

$$H_2N-CH-COO^-$$
$$CH_2$$
$$CH_2$$
$$CH_2$$
$$CH_2$$
$$NH_2$$

問5	33	⑥	34	⑦
	35	①	36	④

表1を踏まえながら，各実験からわかることをまとめてみる。

実験1

アミノ酸Dは不斉炭素原子をもたないことから，次のようなことがわかる。

・アミノ酸Dは，グリシンである。

実験2

ペプチドXのすべての –COOH を –COOCH$_3$ とした場合，ペプチドXのC末端の –COOH と，ペプチドX中に存在するアミノ酸の側鎖中の –COOH が，–COOCH$_3$ となる。したがって，実験2からは次のようなことがわかる。

・アミノ酸A，アミノ酸Bのうち一方は，ペプチドXのC末端にある。

・アミノ酸A，アミノ酸Bのうち少なくとも一方は，側鎖に –COOH をもつ。

実験3

アミノ酸Aは，キサントプロテイン反応を示すことがわかる。キサントプロテイン反応は，ベンゼン環がニトロ化されるために起こる反応であり，タ

ンパク質やアミノ酸の水溶液中に含まれるフェニルアラニンやチロシンなどを検出できる。

また，アミノ酸Bの分子中の炭素数は5であるから，アミノ酸Bの側鎖の炭素数は3であることがわかる。

以上より，実験3からは次のようなことがわかる。

・アミノ酸Aは，チロシンである。

・アミノ酸Bは，メチオニン，グルタミン酸のいずれかである。

ここで，アミノ酸Aが決定されたので，実験2の結果より，アミノ酸Bは側鎖に –COOH をもつアミノ酸であることがわかり，アミノ酸Bはグルタミン酸と決定される。

また，実験2より，アミノ酸AはペプチドXのC末端にあることもわかる（もしアミノ酸BがC末端にあると，アミノ酸Aのメチルエステルは得られない）。

N末端 ☐–☐–☐— Tyr　C末端
ペプチドX

実験4

塩基性アミノ酸のカルボキシ基側のペプチド結合を加水分解したので，リシンのカルボキシ基側のペプチド結合で加水分解したとわかる。

また，4種類のアミノ酸からなるテトラペプチドを加水分解し，ペプチド2つが得られたので，得られたペプチドY，Zはいずれもジペプチドである。以上より，実験4からは次のようなことがわかる。

・ペプチドYまたはペプチドZのC末端は，リシンである。

・ペプチドX中で，リシンはN末端側から2番目の位置にある。

N末端 ☐— Lys —☐— Tyr　C末端
ペプチドX

実験5

アミノ酸Bは pH 4.0，アミノ酸Cは pH 11.0 の緩衝液によって，それぞれ陽イオン交換樹脂から溶出したので，アミノ酸Bは等電点 2.5～4.0 の酸性アミノ酸，アミノ酸Cは等電点 7.0～11.0 の塩基性アミノ酸である。

すでにアミノ酸Bはグルタミン酸と決定されている。また，問4の「解説」より，アミノ酸Cはリシンである。

以上より，実験5からは次のようなことがわかる。

・アミノ酸Cは，リシンである。

・ペプチド Y は，グルタミン酸とリシンからなる。

また，**実験4**においてペプチド X を次のように加水分解していたことがわかる。

加水分解
N末端　ペプチド Y ≠ ペプチド Z　**C末端**
ペプチド X

したがって，ペプチド Y の C 末端はリシンで，N 末端はグルタミン酸と決定され，ペプチド X のアミノ酸配列は次のようになる。

N末端　Glu — Lys —□— Tyr　**C末端**
ペプチド X

同時に，ペプチド Z はチロシンとグリシンからなることもわかり，残りの空欄に当てはまるのは Gly である。

以上より，ペプチド X のアミノ酸配列は次のように決定される。

N末端　Glu — Lys — Gly — Tyr　**C末端**
ペプチド X

補足

アミノ酸は，水溶液中では陽イオン，陰イオン，双性イオンの平衡状態にある。そして，pH が小さいほど水溶液中の H^+ は多くなるので，H^+ を受け取ることで，陽イオンの割合が増える。同様に，pH が大きいほど水溶液中の H^+ は少なくなるので，H^+ を放出することで，陰イオンの割合が増える。

$$R\text{-}CH\text{-}COOH \underset{H^+}{\overset{OH^-}{\rightleftharpoons}} R\text{-}CH\text{-}COO^- \underset{H^+}{\overset{OH^-}{\rightleftharpoons}} R\text{-}CH\text{-}COO^-$$
$$\underset{NH_3^+}{} \qquad \underset{NH_3^+}{} \qquad \underset{NH_2}{}$$

陽イオン　　　双性イオン　　　陰イオン

小 ←――――[pH]――――→ 大

等電点とは，陽イオンと陰イオンの割合が等しく，全体の電荷が 0 になる pH のことである。アミノ酸の水溶液では，等電点より小さい pH では陽イオンの割合が大きくなり，等電点より大きい pH では陰イオンの割合が大きくなる。

陽イオン交換樹脂には陽イオンが吸着するので，各緩衝液の pH の条件において，陽イオンとなっているアミノ酸が吸着する。本問の**実験5**を例にすると，pH2.5 の緩衝液中では，表1のどのアミノ酸であっても陽イオンとなるため，ペプチド Y を構成するアミノ酸はいずれも陽イオン交換樹脂に吸着していた。しかし，pH4.0 となれば，酸性アミノ酸のグルタミン酸の等電点よりも pH が大きくなる

ため，グルタミン酸が溶出したのである。同様に，pH11.0 となれば，塩基性アミノ酸のリシンの等電点よりも pH が大きくなるため，リシンが溶出した。

③ - 10 -

模試 第4回

解　答

| 第1問小計 | 第2問小計 | 第3問小計 | 第4問小計 | 第5問小計 | 合計点 /100 |

問題番号(配点)	設問		解答番号	正解	配点	自己採点	問題番号(配点)	設問		解答番号	正解	配点	自己採点
第1問 (20)	1	a	1	①	2		第4問 (20)	1		19	④	3	
		b	2	⑤	2			2		20	⑥	4	
	2	a	3	①	4*1			3	a	21	②	3	
			4	③					b	22	④	3	
		b	5	②	4*1				c	23	④-⑥	4 (各2)	
			6	④						24			
	3	a	7	④	4			4		25	①	3	
		b	8	②	4		第5問 (20)	1		26	②	4	
第2問 (20)	1		9	④	4			2		27	⑥	4	
	2		10	④	4			3	a	28	⑤	4	
	3		11	⑥	4				b	29	②	4*1	
	4	a	12	①	4					30	②		
		b	13	③	4			4		31	①	4	
第3問 (20)	1		14	⑤	4								
	2		15	⑤	4								
	3		16	②	4								
	4	a	17	③	4								
		b	18	②	4								

(注)
1　*1は，全部正解の場合のみ点を与える。
2　−(ハイフン)でつながれた正解は，順序を問わない。

化 学

第1問

問1 a ┃ 1 ┃ ①

①の二酸化ケイ素 SiO_2 は，Si 原子と O 原子が共有結合を繰り返して巨大分子をつくっており，共有結合の結晶に分類される。共有結合の結晶をつくるものは，二酸化ケイ素の他に，ケイ素 Si，ダイヤモンド C，黒鉛 C などがある。

②の二酸化炭素 CO_2 と⑤のヨウ素 I_2 は分子結晶，③の銅 Cu は金属結晶，④の酸化マグネシウム MgO と⑥の酸化アルミニウム Al_2O_3 はイオン結晶に分類される。

b ┃ 2 ┃ ⑤

以下にそれぞれの構造式を示す。

① CH_3-CH_2-C-OH
        ‖
        O

② $O=C=O$

③ CH_3-C-H
        ‖
        O

④ （フタル酸無水物の構造式）

⑤ CH_2-OH
   $CH-OH$
   CH_2-OH

⑥ CH_3-C-CH_3
        ‖
        O

炭素-酸素原子間に二重結合が存在しないのは，⑤のグリセリンだけである。

問2 a ┃ 3 ┃ ① ┃ 4 ┃ ③

横軸に A の体積 x〔L〕，縦軸に燃焼後の混合気体の体積 V〔L〕をとり，表1に与えられた値を方眼紙にプロットし，線で結ぶと，次のようになる。

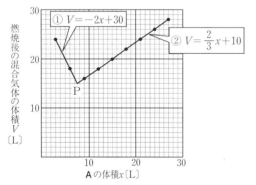

ここで，燃焼後の混合気体として含まれるのは，グラフ中の直線①で表される部分では，生成した二酸化炭素と未反応の酸素であり，直線②で表される部分では，二酸化炭素と未反応の A である。よって，グラフ中の直線①と直線②の交点 P において，A と酸素が過不足なく反応したと考えられる。

$$\begin{cases} 直線①：V=-2x+30 \\ 直線②：V=\dfrac{2}{3}x+10 \end{cases}$$

より，これらの交点の座標は(7.5, 15)である。$x=$（A の体積）$=7.5$ L より，このときの酸素の体積 y〔L〕は，$x+y=30$ L より

$$y=30\,\text{L}-7.5\,\text{L}=22.5\,\text{L}$$

となる。よって，求める体積比は

A の体積：酸素の体積
$=X:Y=7.5:22.5=1:3$

最も簡単な整数比で答えるように指示があるので，解答としては「1：3」が適する。「2：6」，「3：9」も等価であるが，ここでは不正解となるので注意して解答するようにしよう。

b ┃ 5 ┃ ② ┃ 6 ┃ ④

分子式 C_nH_m で表される炭化水素 A の完全燃焼を表す化学反応式は次のようになる。

$$C_nH_m+\left(n+\dfrac{m}{4}\right)O_2 \longrightarrow nCO_2+\dfrac{m}{2}H_2O$$

A と酸素が過不足なく反応したとき，グラフの交点 P における縦軸 V の値が，生成した二酸化炭素の体積に相当する。このときの A，酸素，二酸化炭素の各体積は

A：7.5 L，酸素：22.5 L，二酸化炭素：15 L

である。これらは標準状態に換算した体積であることから，反応式の係数比はこの体積比に等しいので次の関係式が成り立つ。

$C_nH_m:CO_2=1:n=7.5:15$

$C_nH_m:O_2=1:\left(n+\dfrac{m}{4}\right)=7.5:22.5$

これより，$n=2$，$m=4$ と求められる。

問3 a ┃ 7 ┃ ④

① 図1の領域Ⅱは液体，Ⅲは気体である。よって，その境界にある曲線 OA は液体と気体が共存し，両者が気液平衡の状態にある点を結んだ線であり，蒸気圧曲線である。正

② 低温部分で最も広い領域Ⅰは，固体の状態である。正

③ 点Oは融解曲線(OB)，蒸気圧曲線(OA)，昇華圧曲線(OC)が交わる点で，三重点である。この点は物質固有の定点であり，固体，液体，気体が平衡状態を保って共存している。**正**

④ 曲線OBは，固体と液体が共存できる点を結んだ線であり融解曲線である。つまり，融点の圧力変化を表した曲線である。図1の曲線OBに着目すると，ほぼ垂直に近い線ではあるが，圧力を高くすると少し温度が上昇している(右側に傾いている)のがわかる。**誤**

⑤ 点Oの圧力より低い圧力では領域ⅠかⅢしか存在しない。つまり固体か気体の状態である。この圧力下で固体を加熱すると，昇華して気体になる。**正**

b 　8　　②

水は分子間に水素結合が生じるため，凝固すると隙間の多い構造となる。このため，水は固体の方が液体より密度が小さく，一定温度のまま固体の氷に圧力をかけると融解する(次の図の上向き矢印)。

したがって，水の状態図において，領域Ⅰ(固体)と領域Ⅱ(液体)の境界線である曲線OB′は左に傾く。

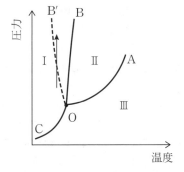

① 沸点の圧力変化は，蒸気圧曲線(OA)に関する現象である。高山では平地より気圧が低い。蒸気圧が外圧と等しくなる温度で液体が沸騰するので，高山では平地より水の沸点が下がる。

② 冬になると池の表面に氷が張るが，できた氷は池の底に沈まない。これは，水素結合により氷が隙間の大きい結晶構造をとることにより，水より氷の方が密度が小さくなることで起こる現象である。該当する選択肢である。

③ 樹氷は，空気中で過冷却状態となった小さな水滴が冬山の木々に衝突して凍り付くことによりできる。水素結合により隙間の大きい結晶構造をとることとは関係ないので，該当しない。

④ 海(海水)は，陸(地面)よりもあたたまりにくく冷えにくいが，これは水の比熱の大きさによるものであり，水素結合により隙間の大きい結晶構造をとることとは関係ないので，該当しない。

補足 水の比熱が大きいのは，水の分子量が小さいため，単位質量あたりに含まれる分子数(水素結合の数)が他の物質に比べて大きいことが主たる要因である。

第2問

問1　　9　　④

反応に関係する物質がすべて気体であるため
　　　(反応エンタルピー)
　　　　＝(反応物の結合エネルギーの総和)
　　　　　　－(生成物の結合エネルギーの総和)
により求めることができる。

$$C_2H_4(気) + H_2(気)$$
$$\longrightarrow C_2H_6(気) \quad \Delta H = Q \text{ kJ} \quad \cdots(a)$$

(a)の反応において，C_2H_4 と H_2 が反応物で，C_2H_6 が生成物である。C_2H_4 にはC=C結合1つとC-H結合4つ，H_2 にはH-H結合1つ，C_2H_6 にはC-C結合1つとC-H結合6つが含まれることを考慮すると

$$Q \text{ kJ} = (590 \text{ kJ} + 413 \text{ kJ} \times 4 + 436 \text{ kJ})$$
$$- (331 \text{ kJ} + 413 \text{ kJ} \times 6)$$
$$= 2678 \text{ kJ} - 2809 \text{ kJ}$$
$$= -131 \text{ kJ}$$

と求められる。得られたのは負の値であるので発熱反応であり，選択肢は「-131」〔kJ〕が適する。

問2　　10　　④

塩化ナトリウム水溶液の電気分解では，次のような反応が進行する。

$$\begin{cases} 陰極；2H_2O + 2e^- \longrightarrow H_2\uparrow + 2OH^- \\ 陽極；2Cl^- \longrightarrow Cl_2 + 2e^- \end{cases}$$

したがって，陽極では塩素，陰極では水素が発生する。また，陰極では OH^- が生成しているため，陰極付近の水溶液は塩基性を示し，赤色リトマス紙を青変させる。

問3　　11　　⑥

$2NO_2 \rightleftharpoons N_2O_4$ の反応において，正反応の速度は $v_1 = k_1[NO_2]^2$，また逆反応の速度は $v_2 = k_2[N_2O_4]$ と表される。このとき，k_1 および k_2 は温度に依存する定数であるため，反応速度は温度と反応物の濃度によって変化する値であることがわかる。

反応物の濃度と反応速度の関係においては，濃度が増すほど反応物どうしの衝突回数が増加するため，反応が進行しやすく，つまり反応速度が増大する。

また，温度と反応速度の関係においては，温度が高いほど，反応物のもつエネルギーが大きくなるため，活性化エネルギーを越える分子の数が増加し，反応が進行しやすく，つまり反応速度が増大する。温度が $10\,℃$ 上がると，反応速度定数は $2\sim3$ 倍になることが知られている。

したがって，平衡状態から温度を上げると，正反応も逆反応も，その速度が増大する。また，温度を上げると，ルシャトリエの原理により平衡は吸熱方向，つまり左向きに進み，新たな平衡状態へ達する。

問4 a **12** ①

このアンモニア水のモル濃度を $C\,〔mol/L〕$ とすると，中和滴定の結果から，次式が成り立つ。

$$1\times0.10\,\text{mol/L}\times\frac{8.0}{1000}\,\text{L}$$

$$=1\times C\,〔\text{mol/L}〕\times\frac{10}{1000}\,\text{L}$$

これから，$C=0.080\,\text{mol/L}$ となる。アンモニアの電離平衡の式より，平衡時における各化学種のモル濃度は

$$\text{NH}_3+\text{H}_2\text{O} \rightleftharpoons \text{NH}_4^{+}+\text{OH}^{-}$$
$$C(1-\alpha) \qquad C\alpha \quad C\alpha \quad 〔\text{mol/L}〕$$

なので，アンモニアの電離定数 K_b は，C と α を使って次のように表される。

$$K_\text{b}=\frac{[\text{NH}_4^{+}][\text{OH}^{-}]}{[\text{NH}_3]}=\frac{C\alpha\times C\alpha}{C(1-\alpha)}=\frac{C\alpha^2}{1-\alpha}$$

ここで，題意より $1-\alpha\fallingdotseq1$ なので，K_b は次のようになる。

$$K_\text{b}=C\alpha^2$$
$$\therefore\quad \alpha=\sqrt{\frac{K_\text{b}}{C}}$$

$C=0.080\,\text{mol/L}$，$K_\text{b}=2.4\times10^{-5}\,\text{mol/L}$ を代入して α を求めると，次のようになる。

$$\alpha=\sqrt{\frac{2.4\times10^{-5}\,\text{mol/L}}{0.080\,\text{mol/L}}}=\sqrt{3.0}\times10^{-2}$$
$$=1.7\times10^{-2}$$

b **13** ③

この緩衝液では，$[\text{NH}_3]=[\text{NH}_4^{+}]$ が成り立つ。これをアンモニアの電離定数 K_b の式に代入して

$$K_\text{b}=\frac{[\text{NH}_4^{+}][\text{OH}^{-}]}{[\text{NH}_3]}=[\text{OH}^{-}]$$

したがって

$$[\text{OH}^{-}]=K_\text{b}=2.4\times10^{-5}\,\text{mol/L}$$

となる。この $[\text{OH}^{-}]$ と水のイオン積

$$K_\text{w}=[\text{H}^{+}][\text{OH}^{-}]=1.0\times10^{-14}\,(\text{mol/L})^2$$

から $[\text{H}^{+}]$ を求め，その値から pH を求めてもよいが，塩基の水溶液の場合は $[\text{OH}^{-}]$ から pOH を求め，

$$\text{pH}+\text{pOH}=14$$

を使って pH を求める方が簡単である。

$[\text{OH}^{-}]=2.4\times10^{-5}\,\text{mol/L}$ より

$$\text{pOH}=-\log_{10}(2.4\times10^{-5})$$
$$=5-\log_{10}2.4=5-0.38$$
$$\therefore\quad \text{pH}=14-\text{pOH}=14-(5-0.38)=9.38$$

第3問

問1 **14** ⑤

それぞれの気体の発生法の化学反応式を立てて考える。

① $\underset{+4}{\text{Mn}}\text{O}_2+4\text{H}\underset{-1}{\text{Cl}} \longrightarrow \underset{+2}{\text{Mn}}\text{Cl}_2+2\text{H}_2\text{O}+\underset{0}{\text{Cl}}_2$

Mn の酸化数が $+4$ から $+2$ へ減少し，Cl の酸化数が -1 から 0 へ増加する。MnO_2 が酸化剤，HCl が還元剤としてはたらいており，酸化還元反応である。

② $\underset{0}{\text{Cu}}+2\text{H}_2\underset{+6}{\text{S}}\text{O}_4 \longrightarrow \underset{+2}{\text{Cu}}\text{SO}_4+2\text{H}_2\text{O}+\underset{+4}{\text{S}}\text{O}_2$

S の酸化数が $+6$ から $+4$ へ減少し，Cu の酸化数が 0 から $+2$ へ増加する。H_2SO_4 が酸化剤，Cu が還元剤としてはたらいており，酸化還元反応である。

③ $\underset{0}{\text{Cu}}+4\text{H}\underset{+5}{\text{N}}\text{O}_3$

$$\longrightarrow \underset{+2}{\text{Cu}}(\text{NO}_3)_2+2\text{H}_2\text{O}+2\underset{+4}{\text{N}}\text{O}_2$$

N の酸化数が $+5$ から $+4$ へ減少し，Cu の酸化数が 0 から $+2$ へ増加する。HNO_3 が酸化剤，Cu が還元剤としてはたらいており，酸化還元反応である。

④ $\underset{0}{\text{Zn}}+\underset{+1}{\text{H}_2}\text{SO}_4 \longrightarrow \underset{+2}{\text{Zn}}\text{SO}_4+\underset{0}{\text{H}_2}$

H の酸化数が $+1$ から 0 へ減少し，Zn の酸化数が 0 から $+2$ へ増加する。H_2SO_4 が酸化剤，Zn が還元剤としてはたらいており，酸化還元反応である。

⑤ $\text{FeS}+\text{H}_2\text{SO}_4 \longrightarrow \text{FeSO}_4+\text{H}_2\text{S}$

この反応では，酸化数が変化している原子がなく，酸化還元反応ではない。

別解 反応物あるいは生成物として単体を含む反応は，酸化還元反応である。①は Cl_2 が発生，②と③は Cu が反応，④は Zn が反応し H_2 が発生するので酸化還元反応である。このことから，消去法により答を⑤と絞り込むことができる。

問2 15 ⑤

① 一般に，SO_2 などの非金属元素の酸化物の多くは酸性酸化物であり，次式のように塩基と反応して塩を生じる。正

$$SO_2 + 2NaOH \longrightarrow Na_2SO_3 + H_2O$$

② P_4O_{10} は，SO_2 と同様に酸性酸化物である。P_4O_{10} は次式のように水と反応してオキソ酸(分子中に酸素 O を含む酸)を生じる。正

$$P_4O_{10} + 6H_2O \longrightarrow 4H_3PO_4$$

③ Al，Zn，Sn，Pb などの酸化物は両性酸化物であり，酸とも塩基とも反応して塩を生じる。塩基と反応する場合には，次式のように錯塩を生じる。正

$$ZnO + 2NaOH + H_2O \longrightarrow Na_2[Zn(OH)_4]$$

④ 一般に，Na_2O などの金属元素の酸化物の多くは塩基性酸化物であり，次式のように酸と反応して塩を生じる。正

$$Na_2O + 2HCl \longrightarrow 2NaCl + H_2O$$

⑤ 金属元素の酸化物である CuO は塩基性酸化物であるが，水には溶けにくい。誤

問3 16 ②

① ベリリウム Be；$K(2)L(2)$

マグネシウム Mg；$K(2)L(8)M(2)$

のように，2族元素の価電子はすべて2個である。正

② 2族元素は2個の価電子を放出し，2価の陽イオンになりやすい。したがって，イオン化エネルギーは小さい。誤

③ Ca は橙赤色，Sr は紅色，Ba は黄緑色のように，Be，Mg 以外の2族元素はすべて炎色反応を示す。正

④ 生石灰 CaO は，次式のように $CaCO_3$ を焼いて分解させることで得られる。正

$$CaCO_3 \longrightarrow CaO + CO_2$$

⑤ $CaCO_3$ は次式のように，水と二酸化炭素によって $Ca(HCO_3)_2$ となって溶解する。これは鍾乳洞の形成に関わる反応である。正

$$CaCO_3 + H_2O + CO_2 \longrightarrow Ca(HCO_3)_2$$

問4 a 17 ③ b 18 ②

この実験で，最初に沈殿するのは白色の $AgCl$ であり，次に沈殿するのは赤褐色の Ag_2CrO_4 である。

Ag_2CrO_4 の沈殿が生じ始めた瞬間，水溶液中では $[Ag^+]^2[CrO_4{}^{2-}] = K_{sp}$ (溶解度積)が成り立つので，このときの $[Ag^+]$ を x 〔mol/L〕とすると

$$x^2 \times 2.5 \times 10^{-3}\,mol/L = 1.0 \times 10^{-12}\,mol^3/L^3$$

$$\therefore \quad x = 2.0 \times 10^{-5}\,mol/L$$

このとき，$AgCl$ はすでに沈殿しており，$AgCl$ についても，水溶液中で $[Ag^+][Cl^-] = K_{sp}$ が成り立つ。このときの $[Cl^-]$ を y 〔mol/L〕とすると

$$2.0 \times 10^{-5}\,mol/L \times y = 1.8 \times 10^{-10}\,mol^2/L^2$$

$$\therefore \quad y = 9.0 \times 10^{-6}\,mol/L$$

よって，最初の $[Cl^-]$ に対するこのときの $[Cl^-]$ の割合〔%〕は

$$\frac{9.0 \times 10^{-6}\,mol/L}{2.5 \times 10^{-3}\,mol/L} \times 100 = 0.36 \,〔\%〕$$

である。

第4問

問1 19 ④

① この元素分析では，試料の燃焼によって生じた H_2O を，$CaCl_2$ 管で吸収してその質量を測定する。このとき送り込む O_2 に H_2O が含まれていると，試料の燃焼によって生じた H_2O を正確に測定することができなくなるので，送り込む O_2 は乾燥しておく必要がある。正

② CuO は，試料の不完全燃焼で生じた CO を酸化して CO_2 にする，酸化剤としての役割を果たす。正

$$CuO + CO \longrightarrow Cu + CO_2$$

③ $CaCl_2$ 管では H_2O が，ソーダ石灰管では CO_2 が吸収される。ソーダ石灰は H_2O も吸収するので，管をつなぐ順番は，$CaCl_2$ 管を先，ソーダ石灰管を後にすることで，H_2O と CO_2 を別々に吸収しなくてはならない。正

④ $CaCl_2$ 管で吸収された H_2O (分子量18)の物質量は

$$\frac{36 \times 10^{-3}\,g}{18\,g/mol} = 2.0 \times 10^{-3}\,mol$$

であるから，この H_2O 中に含まれる H 原子の物質量は

$$2.0 \times 10^{-3}\,mol \times 2 = 4.0 \times 10^{-3}\,mol$$

となる。また、ソーダ石灰管で吸収された CO_2（分子量 44）の物質量は

$$\frac{88 \times 10^{-3} \text{ g}}{44 \text{ g/mol}} = 2.0 \times 10^{-3} \text{ mol}$$

である。この CO_2 中に含まれる C 原子の物質量は，同じく 2.0×10^{-3} mol であるから，この有機化合物中の C と H の物質量の比は

C : H = 2.0×10^{-3} : 4.0×10^{-3} = 1 : 2

となる。**誤**

⑤ この実験では，④のように化合物中の C と H の比はわかるが，O がどれだけ含まれるかを知ることはできない。また，分子式を決定するには，分子量も必要であり，それを求めるための実験を行わなくてはならない。**正**

問2 　20　　⑥

化合物 A は二クロム酸カリウムの硫酸酸性水溶液で酸化されるので，第三級アルコール（③）ではない。また，化合物 B は還元性を示さず（＝B はアルデヒドではなく），酸性も示さない（＝B はカルボン酸でもない）ので，A は第一級アルコール（①）ではない。また，B がヨードホルム反応を示さなかったので，B は -CH-CH₃ あるいは -C-CH₃ といった
　　　　　　　　　　　　　　OH　　　　　　O
構造をもたない。

A の候補である②，④，⑤，⑥のそれぞれを酸化して生じるケトン（B の候補）の構造 B_2, B_4, B_5, B_6 は次のとおりである。

B_2
CH₃-CH₂-[C-CH₃]
　　　　　　O

B_4
　　　　　CH₃
　　　　　|
CH₃-[C-CH-CH₃]
　　　O

B_5
CH₃-CH₂-CH₂-[C-CH₃]　　ヨードホルム反応
　　　　　　　　O　　　　を示す構造

B_6
CH₃-CH₂-C-CH₂-CH₃
　　　　　O

よって，A として適当なものは⑥である。

問3 　ベンゼンに濃硝酸と濃硫酸の混合物（混酸）を加えて反応させると，ニトロベンゼン（化合物 A）が生じる（ニトロ化）。さらに，ニトロベンゼンをスズ，濃塩酸を用いて還元すると，アニリン塩酸塩が生じる。これに，強塩基である水酸化ナトリウム水溶液を加えてジエチルエーテルで抽出すると，アニリン（化合物 B）が得られる。

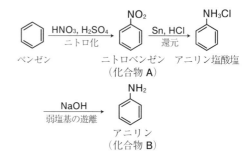

この反応の流れはきちんと押さえておきたい。

続いて，アニリンを希塩酸に溶かし，亜硝酸ナトリウム水溶液と反応させると，塩化ベンゼンジアゾニウムが生じる（ジアゾ化）。

（アニリン（化合物 B） → HCl, NaNO₂ ジアゾ化 → 塩化ベンゼンジアゾニウム（化合物 C））

この反応は氷冷下で行わなければならない。なぜなら，ジアゾニウム塩は不安定で温度が上がると，次のように分解してフェノールが生じるためである。

（塩化ベンゼンジアゾニウム（化合物 C）+ H₂O → フェノール（化合物 D）+ N₂ + HCl）

化合物 D（フェノール）を水酸化ナトリウム水溶液に溶かすと，フェノールのナトリウム塩（ナトリウムフェノキシド）となり，これを化合物 C（塩化ベンゼンジアゾニウム）と反応させると，化合物 E（p-ヒドロキシアゾベンゼン）が得られる（カップリング反応）。

（フェノール（化合物 D）+ NaOH → ナトリウムフェノキシド + H₂O）

（塩化ベンゼンジアゾニウム（化合物 C）+ ナトリウムフェノキシド
→ カップリング → ⌬-N=N-⌬-OH + NaCl
　p-ヒドロキシアゾベンゼン（化合物 E））

a 21 ②

目的の物質だけを溶かす溶媒を使って，その中に物質を溶解させて分離する操作を**抽出**という。

① 器具の名称；漏斗

漏斗は，ろ紙を用いて固体と液体を分離(ろ過)したり，液体試料をガラス器具に注ぎ入れたりするときに用いるガラス器具である。

② 器具の名称；分液漏斗

分液漏斗は混ざり合わない2種類の液体を分離するときに用いる。アニリン(化合物 B)は水に溶けにくいが，有機溶媒によく溶けるので，分液漏斗に反応溶液とジエチルエーテルを加えてよく振り混ぜたのち静置すると，液がジエチルエーテル層と水層にわかれる。アニリンは上層(ジエチルエーテル層)に溶け込んでいるので，それを取り出してジエチルエーテルを蒸発させるとアニリンが得られる。

③ 器具の名称；ビュレット

ビュレットは，滴定に用いるガラス器具であり，滴下した溶液の体積を正確に測ることができる器具である。滴定液を器具内部に満たした後，コックを開いて試料溶液に滴下していく。

④ 器具の名称；滴下漏斗

滴下漏斗は，液体試料を反応物の入ったフラスコなどに注ぎ入れるときに用いる。コックを操作することで注ぐ量を調節できる。

b 22 ④

下線部(b)のように，芳香族アミンに亜硝酸ナトリウムを反応させてジアゾニウム塩をつくる反応を**ジアゾ化**という。

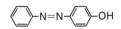

c 23 ・ 24 ④，⑥ (順不同)

① 化合物 A (ニトロベンゼン)は，淡黄色の液体であり，水に溶けにくく，水よりも重い(密度 1.2 g/cm³)。**正**

② 化合物 B (アニリン)は水には溶けにくいが，ジエチルエーテルなどの有機溶媒にはよく溶ける。**正**

③ 化合物 B (アニリン)をさらし粉水溶液に加えると赤紫色を呈する。この呈色反応はアニリンの検出に用いられる。このほかにアニリンに特徴的な反応として，硫酸酸性の二クロム酸カリウム水溶液を加えて加熱すると，アニリンブラックという黒色の物質が得られる反応がある。あわせて覚えておきたい。**正**

④ 化合物 C は，塩化ベンゼンジアゾニウムである。この化合物には不斉炭素原子は存在しない。**誤**

[⟨◯⟩−N≡N]⁺ Cl⁻

⑤ 化合物 D (フェノール)に塩化鉄(Ⅲ)水溶液を加えると，紫色に呈色する。多くのフェノール類は塩化鉄(Ⅲ)水溶液を加えると青紫〜赤紫色に呈色する(フェノール類の種類によって呈する色が少し異なる)。この反応はフェノール類の検出に用いられる。**正**

⑥ 化合物 E は，p-ヒドロキシアゾベンゼンである。

⟨◯⟩−N=N−⟨◯⟩−OH
p-ヒドロキシアゾベンゼン
(化合物 E)

この化合物には，アゾ基が含まれる。アゾ基は -N=N-，つまり，窒素原子間は三重結合ではなく二重結合である。**誤**

補足 ④の「解説」にあるように，塩化ベンゼンジアゾニウムの窒素原子間は三重結合である。間違えやすいポイントなので正しく覚えておきたい。

問 4 25 ①

① ビウレット反応は，アミノ酸3分子以上からなるペプチドに陽性な呈色反応であるため，アミノ酸の水溶液では呈色しない。アミノ酸3分子以上からなるペプチドの場合であれば，赤紫色を呈する。**誤**

② 同一の炭素原子にアミノ基とカルボキシ基が結合しているものが α-アミノ酸であるが，生体のタンパク質を構成するものは約20種類である。**正**

③ α-アミノ酸の一般式は R−CH(NH₂)−COOH であるが，この R が H のグリシンは不斉炭素原子をもたない。**正**

④ アラニンをはじめとする中性アミノ酸は，中性溶液中ではアミノ基が -NH₃⁺ に，カルボキシ基が -COO⁻ になり，双性イオンとして存在している。一方，酸性溶液中では，-COO⁻ が H⁺ を受け取るので，次のような陽イオンとして主に存在している。**正**

$$\underset{\substack{\text{双性イオン}\\\text{(中性溶液中)}}}{\underset{\overset{|}{NH_3^+}}{CH_3-CH-COO^-}} + H^+ \longrightarrow \underset{\substack{\text{陽イオン}\\\text{(酸性溶液中)}}}{\underset{\overset{|}{NH_3^+}}{CH_3-CH-COOH}}$$

⑤ リシンは代表的な塩基性アミノ酸であり，側鎖にアミノ基をもつ。そのため，等電点は塩基性側であり，7よりも大きい。**正**

第5問

問1 　26　②

標準電極電位は，標準水素電極の電位を基準(0V)として表した，電極の電位である。よって，水素電極と金属 M の反応について考える。

＊金属 M が Zn (水素よりイオン化傾向が大きい金属)の場合

$$2H^+ + 2e^- \rightleftharpoons H_2 \qquad \cdots(\text{i})$$
$$Zn^{2+} + 2e^- \rightleftharpoons Zn \qquad \cdots(\text{ii})$$

水素よりイオン化傾向が大きいということは，(ii)式の反応の方が(i)式よりも左に進みやすいということなので，Zn が負極となる。Zn の標準電極電位は，負の値となる。

＊金属 M が Cu (水素よりイオン化傾向が小さい金属)の場合

$$2H^+ + 2e^- \rightleftharpoons H_2 \qquad \cdots(\text{i})$$
$$Cu^{2+} + 2e^- \rightleftharpoons Cu \qquad \cdots(\text{iii})$$

水素よりイオン化傾向が小さいということは，(iii)式の反応の方が(i)式よりも右に進みやすいということなので，Cu が正極となる。Cu の標準電極電位は，正の値となる。

これを踏まえて空欄ア～ウを考えると，標準電極電位が高い金属ほど，還元反応($M^{n+} + ne^- \longrightarrow M$)が起こり${}_\text{ア}$やすく，標準電極電位が低い金属ほど，酸化反応($M \longrightarrow M^{n+} + ne^-$)が起こり${}_\text{イ}$やすいといえる。表1の金属において，イオン化傾向は，Zn>Fe>Sn>Pb>Cu>Ag であり，標準電極電位の値は，Zn<Fe<Sn<Pb<Cu<Ag の順に大きくなっている。よって，イオン化傾向が大きい金属ほど標準電極電位が${}_\text{ウ}$低いとわかる。

問2 　27　⑥

問1で考察したように，イオン化傾向が大きい金属ほど標準電極電位が低いことより，表1の金属 A は，イオン化傾向が Fe より小さく Sn より大きい金属と考えられる。選択肢の中では，⑥ Ni が当て

はまる。

金属のイオン化列

Li>K>Ca>Na>Mg>Al>Zn>Fe>Ni
>Sn>Pb>(H₂)>Cu>Hg>Ag>Pt>Au

問3 　a　28　⑤

ダニエル型電池の起電力を求める式は問題文に与えられている。水溶液の濃度がいずれも 1 mol/L であるとき

　　（起電力）
　　＝（正極の標準電極電位）
　　　　－（負極の標準電極電位）　　　…(i)

正極は Cu で，表1より標準電極電位は +0.34 V，負極は Zn で，表1より標準電極電位は −0.76 V である(いずれも，水溶液中の陽イオンの濃度は 1 mol/L)。よって，求める起電力は，(i)式に数値を代入すると

$$+0.34\,V - (-0.76\,V) = 1.10\,V$$

と算出できる。

b　29　②　　30　②

亜鉛 Zn は負極で，表1より標準電極電位は −0.76 V である。正極の金属 B の標準電極電位を X 〔V〕とすると，いずれも水溶液中の陽イオンの濃度は 1 mol/L で，電池の起電力が 0.62 V であることより，(i)式より得られる式から

$$X\,(V) - (-0.76\,V) = 0.62\,V$$
$$\therefore \quad X = -0.14\,V$$

と求められる。

問4 　31　①

表1より，標準電極電位は，Zn が −0.76 V，Cu が +0.34 V であり，$[Zn^{2+}] = 0.1$ mol/L，$[Cu^{2+}] = 0.5$ mol/L と与えられているので，この値を用いて Zn，Cu それぞれの電極の電位を計算する。電極の電位を求める式は次のように与えられている。

$$E = E^0 + \frac{0.059}{n}\log_{10}[M^{n+}]\ (V)$$

（ただし，E^0 は標準電極電位）

Zn^{2+}，Cu^{2+} はいずれも 2 価なので，$n = 2$ である。

亜鉛について

$$E = -0.76\,V + \frac{0.059}{2}\log_{10}0.1\,V$$

銅について

$$E = 0.34\,V + \frac{0.059}{2}\log_{10}0.5\,V$$

よって，このダニエル電池の起電力は

$$\left(0.34 \text{ V} + \frac{0.059}{2}\log_{10}0.5 \text{ V}\right)$$

$$- \left(-0.76 \text{ V} + \frac{0.059}{2}\log_{10}0.1 \text{ V}\right)$$

$$= 1.10 \text{ V} + \frac{0.059}{2}\left(\log_{10}0.5 - \log_{10}0.1\right) \text{ V}$$

$$= 1.10 \text{ V} + \frac{0.059}{2} \times \log_{10}\frac{0.5}{0.1} \text{ V}$$

$$= 1.10 \text{ V} + \frac{0.059}{2} \times \log_{10}5 \text{ V}$$

$$= 1.10 \text{ V} + \frac{0.059}{2} \times 0.70 \text{ V}$$

$$= 1.120 \text{ V}$$

問 3 a で解答したダニエル電池の起電力は 1.10 V であることより，起電力は

$$1.120 \text{ V} - 1.10 \text{ V} = 0.02 \text{ V}$$

大きくなるとわかる。

模試 第5回

解　答

第1問小計 ☐　第2問小計 ☐　第3問小計 ☐　第4問小計 ☐　第5問小計 ☐　**合計点** ／100

問題番号(配点)	設問		解答番号	正解	配点	自己採点	問題番号(配点)	設問		解答番号	正解	配点	自己採点
第1問(20)	1	a	1	②	3		第4問(20)	1		19	②	3	
		b	2	⑥	3			2		20	③	3	
	2		3	⑥	4			3	a	21	④	3	
	3		4	⑦	4				b	22	④	4	
	4	a	5	①	3			4		23	②	3	
		b	6	④	3			5		24	②	4	
第2問(20)	1		7	⑧	4		第5問(20)	1	a	25	⑥	3	
	2		8	③	4				b	26	②	2	
	3	a	9	④	4					27	⑥	2	
		b	10	②	4				c	28	③	3	
		c	11	①	4			2	a	29	④	3	
第3問(20)	1		12	②	4				b	30	③	4*	
	2		13	④	4					31	⓪		
	3		14	⑥	4					32	⓪		
	4	a	15	③	4				c	33	⑧	3*	
		b	16	③	4*					34	④		
			17	⑨									
			18	②									

(注)
＊は，全部正解の場合にのみ点を与える。

— ⑤－1 —

化 学

第1問

問1 a **1** ②

加熱を始めた段階では水もエタノールも同じように温度が上昇する。加熱後4分付近では，温度上昇が緩やかになっている。これは，水は温度上昇し続けている一方で，エタノールは状態変化に熱が使われているためである。したがって，点B付近がエタノールの沸点であり，これ以降エタノールの沸騰が始まると考えられる。

b **2** ⑥

水よりエタノールの方が，沸点が低い。よって，はじめに集められた液体ほどエタノールが多く含まれていると考えられる。エタノールは可燃性の液体であるため，火を近づけると燃焼し，さらに発生した熱によりエタノールが蒸発することで燃焼が継続する。エタノールの燃焼で生成する二酸化炭素や水蒸気は大気中に拡散するため，エタノールを多く含んでいたものほど，残る液体は少なくなる。

問2 **3** ⑥

銀の単位格子において，銀原子は各頂点および各面の中心に位置している。よって，単位格子に含まれる銀原子の数は，次のように求めることができる。

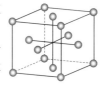
面心立方格子

頂点 $\dfrac{1}{8} \times 8 = 1$ 〔個〕

面の中心 $\dfrac{1}{2} \times 6 = 3$ 〔個〕

したがって，銀の単位格子中には4個分の原子が含まれていることがわかる。

一方，銀のモル質量を M 〔g/mol〕とすると，銀原子1個の質量は $\dfrac{M}{N_A}$ 〔g〕と表される。銀の単位格子には銀原子が4個分含まれているので，単位格子の質量は $\dfrac{M}{N_A} \times 4$ 〔g〕である。よって，銀の密度 d 〔g/cm³〕について次式が成立する。

$$d = \dfrac{\dfrac{M}{N_A} \times 4}{a^3}$$

これを M について解くと，次のようになる。

$$M = \dfrac{N_A a^3 d}{4}$$

問3 **4** ⑦

沸騰水に塩化鉄（Ⅲ）水溶液を加えると，水酸化鉄（Ⅲ）のコロイドのほかに HCl が生じる。HCl は H⁺ と Cl⁻ に電離した状態で存在している。

Ⅰ　コロイド粒子は半透膜を通過しないため，コロイド溶液を半透膜に入れて，純水中に静置すると，イオンや分子などが半透膜を通過し，純水側へ移動する。この操作により，不純物を取り除くことができるため，コロイド溶液は精製される（**透析**）。

しかし，純水中へ流出した不純物の濃度が増加すると，これらの一部は半透膜の外側から内側へも移動する。このため，この操作を一度行っただけでは完全に不純物を取り除くことはできない。できる限り不純物を取り除くには，流水に浸すなどして，純水側の不純物の濃度を低く保つ必要がある。**誤**

Ⅱ　透析によって H⁺ が純水中に移動するため，操作後の純水に BTB 溶液を加えると，**黄色**に変化する。**誤**

Ⅲ　Ⅱと同様に，透析によって Cl⁻ が純水中に移動するため，操作後の純水に硝酸銀水溶液を加えると，塩化銀の白色沈殿が生じる。**正**

Cl⁻ + Ag⁺ ⟶ AgCl↓

問4 a **5** ①

容器内の温度が一定に保たれているので，水（液体）が容器内に存在している間は，容積が大きくなっても容器内の圧力は飽和蒸気圧に保たれている。したがって，容積が 0.50 L のとき，容器内の圧力は 3.6×10^3 Pa である。

次に，27℃で容積が 2.49 L になるまでピストンをゆっくりと引いたとき，液体の水が存在するかどうかを確認する。水 72 mg（分子量 18）がすべて気体として存在すると仮定し，このときの容器内の圧力 P を，気体の状態方程式を用いて求める。

$$PV = nRT = \dfrac{m}{M}RT \quad \text{より}, \quad P = \dfrac{mRT}{MV}$$

$$P = \dfrac{72 \times 10^{-3}\,\text{g} \times 8.3 \times 10^3\,\text{Pa·L/(K·mol)} \times (273+27)\,\text{K}}{18\,\text{g/mol} \times 2.49\,\text{L}}$$

$$= 4.0 \times 10^3\,\text{Pa}$$

この圧力 4.0×10^3 Pa は，同温における飽和蒸気圧 3.6×10^3 Pa を超えている。したがって，容積が 2.49 L のときも容器内には液体の水が存在し，圧力は 3.6×10^3 Pa であることがわかる。したがって，グラフは，容積が 0.50 L から 2.49 L まで増加しても，圧力は 3.6×10^3 Pa で一定になる。

b 　**6**　**④**

問題文中の条件より，大気圧 1.0×10^5 Pa，20 ℃ の下で，水銀柱の高さは 760 mm である。すなわち，大気圧 1.0×10^5 Pa＝760 mmHg である。

揮発性の液体化合物 X は水銀柱の上部で蒸発し，上部の空間で圧力を生じる。この X の圧力によって水銀柱が押し下げられ，その高さが 320 mm になったのである。このとき水銀柱の圧力 320 mmHg と X の圧力の合計が大気圧と等しい状態になっている。したがって，X の圧力は次のように求められる。

$$760 \text{ mmHg} - 320 \text{ mmHg} = 440 \text{ mmHg}$$

第2問

問1　**7**　**⑧**

求める熱量を Q kJ とすると，この熱の出入りを表す化学反応式は次のようになる。

HClaq＋NaOHaq　$\longrightarrow$　NaClaq＋H_2O（液）
$$\Delta H = -Q \text{ kJ} \qquad (1)$$

一方で，4.0 g の水酸化ナトリウムの固体 $\left(\dfrac{4.0 \text{ g}}{40 \text{ g/mol}} = 0.10 \text{ mol} \right)$ を多量の水に溶かしたときに A kJ の熱を放出したことから，水酸化ナトリウム 1 mol あたりでは

$$A \text{ kJ} \times \frac{1 \text{ mol}}{0.10 \text{ mol}} = 10A \text{ kJ}$$

の熱を放出することがわかる。同様に，2.0 g の水酸化ナトリウムの固体 $\left(\dfrac{2.0 \text{ g}}{40 \text{ g/mol}} = 5.0 \times 10^{-2} \text{ mol} \right)$ を十分量の塩酸と完全に反応させると B kJ の熱を放出したことから，水酸化ナトリウム 1 mol あたりでは

$$B \text{ kJ} \times \frac{1 \text{ mol}}{5.0 \times 10^{-2} \text{ mol}} = 20B \text{ kJ}$$

の熱を放出する。これらを，エンタルピー変化を含む化学反応式で表すと次のようになる。

NaOH（固）＋aq
　$\longrightarrow$ NaOHaq　　$\Delta H = -10A$ kJ　　(2)

NaOH（固）＋HClaq
　$\longrightarrow$ NaClaq＋H_2O（液）
$$\Delta H = -20B \text{ kJ} \qquad (3)$$

以上より，(1)式は，(3)式＋(2)式 ×（−1）により導くことができるので，$Q = 20B - 10A$ となる。

問2　**8**　**③**

それぞれの電気分解で，陽極および陰極で起こる反応を電子 e^- を含むイオン反応式で表すと次のようになる。

⓪　陽極；$Cu \longrightarrow Cu^{2+} + 2e^-$
　　陰極；$2H_2O + 2e^- \longrightarrow H_2 + 2OH^-$

②　陽極；$4OH^- \longrightarrow O_2 + 2H_2O + 4e^-$
　　陰極；$2H_2O + 2e^- \longrightarrow H_2 + 2OH^-$

③　陽極；$2H_2O \longrightarrow O_2 + 4H^+ + 4e^-$
　　陰極；$Ag^+ + e^- \longrightarrow Ag$

④　陽極；$2I^- \longrightarrow I_2 + 2e^-$
　　陰極；$2H_2O + 2e^- \longrightarrow H_2 + 2OH^-$

⑤　陽極；$2Cl^- \longrightarrow Cl_2 + 2e^-$
　　陰極；$2H^+ + 2e^- \longrightarrow H_2$

したがって，どちらの電極からも水素が生じないのは，電解質水溶液が硝酸銀水溶液で，陽極と陰極に Pt を用いて電気分解を行ったとき（③）である。

問3　**a**　**9**　**④**

ア (2)式の正反応は共有結合しているヨウ素原子どうしが引き離される反応である。このときに必要なエネルギーを結合エネルギーという。結合を切断する反応は吸熱反応である。

イ (3)式において，H_2 と I の衝突によってエネルギーの高い不安定な状態が形成される。この状態を経て安定な化合物である HI が生成する。この不安定な状態のことを遷移状態（活性化状態）という。

b　**10**　**②**

(1)～(3)式の反応を，エンタルピー変化を含む化学反応式で表すと，それぞれ次のようになる（(3)式の反応エンタルピーを Q kJ/mol とする）。

H_2（気）＋I_2（気）
　$\rightleftharpoons 2HI$（気）　　$\Delta H = -9$ kJ　…①

I_2（気）$\rightleftharpoons 2I$（気）　　$\Delta H = 151$ kJ　…②

H_2（気）＋$2I$（気）
　$\longrightarrow 2HI$（気）　　$\Delta H = Q$ kJ　…③

ここで，③式は①式＋②式 ×（−1）により導くことができるので，$Q = -9 - 151 = -160$ となる。

— ⑤ - 3 —

c $\boxed{11}$ ①

条件より，つねに(2)式の平衡が成立しているとするので，(4)式がつねに成立すると考えてよい。

(4)式を(5)式に代入して整理すると，次のようになる。

$$v_{HI} = Kk_3[H_2][I_2]$$

ここで，K および k_3 は定数であるため，v_{HI} は $[H_2]$ と $[I_2]$ の積に比例することがわかる。

第3問

問1 $\boxed{12}$ ②

① ハロゲン単体の酸化力の強さの大小関係は，$F_2 > Cl_2 > Br_2 > I_2$ である。よって

$$2KBr + Cl_2 \longrightarrow 2KCl + Br_2$$

の反応は進行し，臭素の生成により溶液は赤褐色に変化する。**正**

② 塩化ナトリウムに濃硫酸を加えて加熱すると

$$NaCl + H_2SO_4 \longrightarrow NaHSO_4 + HCl$$

のように反応し，塩化水素が発生する。塩化水素は水に溶けやすく空気より重いため，下方置換で捕集する。**誤**

③ ハロゲン化水素のうち，フッ化水素のみが弱酸であり，それ以外の物質は強酸である。

フッ化水素の水溶液をフッ化水素酸という。フッ化水素酸は弱酸ではあるが，ガラスを溶かすため，ポリエチレン製の容器に保存する。**正**

④ 高度さらし粉は $Ca(ClO)_2 \cdot 2H_2O$ で表される化合物であるが，塩酸を加えたときに次亜塩素酸イオンが反応して塩素を発生する点は，ふつうのさらし粉と同様である。

$$Ca(ClO)_2 \cdot 2H_2O + 4HCl$$
$$\longrightarrow CaCl_2 + 4H_2O + 2Cl_2\uparrow$$
$$CaCl(ClO) \cdot H_2O + 2HCl$$
$$\longrightarrow CaCl_2 + 2H_2O + Cl_2\uparrow$$

塩素を水に溶かすと，次式のように反応し，次亜塩素酸が生じる。

$$Cl_2 + H_2O \rightleftharpoons HCl + HClO$$

次亜塩素酸は，強い酸化作用を示し，漂白作用や殺菌効果をもつ。**正**

問2 $\boxed{13}$ ④

① カルシウムもバリウムも常温の水と反応して水素が発生する。

$$Ca + 2H_2O \longrightarrow Ca(OH)_2 + H_2\uparrow$$

$$Ba + 2H_2O \longrightarrow Ba(OH)_2 + H_2\uparrow$$

2族元素は，周期表の下に位置する元素ほど，水との反応性は大きくなる。カルシウム，バリウムの両方に当てはまる記述である。

② カルシウム，バリウムの水酸化物はともに水に溶けて強塩基性を示す。それぞれの水酸化物の水溶液に二酸化炭素を通じると，炭酸カルシウムや炭酸バリウムの白色沈殿が生じるが，過剰に二酸化炭素を通じると炭酸水素塩が生じ，沈殿が溶解する。カルシウムの場合の化学反応式は次のようになる。

$$Ca(OH)_2 + CO_2 \longrightarrow CaCO_3\downarrow + H_2O$$
$$CaCO_3 + CO_2 + H_2O \rightleftharpoons Ca(HCO_3)_2$$

よって，カルシウム，バリウムの両方に当てはまる記述である。

③ カルシウムやバリウムを含む物質の水溶液を白金線につけ，高温の炎にかざすと，カルシウムは橙赤色，バリウムは黄緑色の特有の炎色反応が観察される。カルシウム，バリウムの両方に当てはまる記述である。

④ バリウムの硫酸塩である硫酸バリウムは水に難溶性の白色沈殿である。酸とも反応しないため，X線撮影の造影剤として使用される。

カルシウムの硫酸塩は，二水和物 $CaSO_4 \cdot 2H_2O$ がセッコウとして知られている。セッコウは，建築材料や医療用ギプスなどに用いられる。

よって，これがバリウムのみに当てはまる記述である。

問3 $\boxed{14}$ ⑥

操作Ⅰより，塩酸を加えて生じる可能性のある沈殿は $AgCl$ か $PbCl_2$ である。

$$Ag^+ + Cl^- \longrightarrow AgCl\downarrow$$
$$Pb^{2+} + 2Cl^- \longrightarrow PbCl_2\downarrow$$

このうち，熱水を加えると沈殿がすべて溶解するのは $PbCl_2$ である。ここへクロム酸カリウム水溶液を加えると，$PbCrO_4$ の黄色沈殿が生じる。

$$Pb^{2+} + CrO_4^{2-} \longrightarrow PbCrO_4\downarrow$$

よって，水溶液 A には Pb^{2+} が含まれていることがわかる。

操作Ⅱより，ろ液 B に水酸化ナトリウム水溶液を加えることで生じる可能性のある沈殿は $Cu(OH)_2$，$Al(OH)_3$，$Zn(OH)_2$ のいずれかである。

$$Cu^{2+} + 2OH^- \longrightarrow Cu(OH)_2\downarrow$$
$$Al^{3+} + 3OH^- \longrightarrow Al(OH)_3\downarrow$$
$$Zn^{2+} + 2OH^- \longrightarrow Zn(OH)_2\downarrow$$

— ⑤ - 4 —

このうち，$Al(OH)_3$，$Zn(OH)_2$ は過剰の水酸化ナトリウム水溶液に溶解するが，$Cu(OH)_2$ は溶解しない。

$$Al(OH)_3 + OH^- \longrightarrow [Al(OH)_4]^-$$
$$Zn(OH)_2 + 2OH^- \longrightarrow [Zn(OH)_4]^{2-}$$

一方，$Cu(OH)_2$ は過剰のアンモニア水に溶解し，深青色の溶液となる。

$$Cu(OH)_2 + 4NH_3 \longrightarrow [Cu(NH_3)_4]^{2+} + 2OH^-$$

よって，水溶液 A には Cu^{2+} が含まれていることがわかる。

操作Ⅲと**操作Ⅳ**，および水溶液 A に含まれている金属イオンは残り1種であることを踏まえると，**操作Ⅲ**では，金属イオンは同定できず，**操作Ⅳ**の炎色反応により同定されたと考えられる。候補として残っている金属イオンのうち，炎色反応を示す金属イオンは K^+ のみである。

したがって，水溶液 A に含まれる3種類の金属イオンは，Pb^{2+}，Cu^{2+}，K^+ である。

補足 **操作Ⅲ**において，仮に Al^{3+}，Zn^{2+} が含まれていたとすると，アンモニア水を加えることで次のように反応する。

$$Al^{3+} + 3OH^- \longrightarrow Al(OH)_3\downarrow$$
$$Zn^{2+} + 2OH^- \longrightarrow Zn(OH)_2\downarrow$$

このうち，$Zn(OH)_2$ のみが過剰のアンモニア水に溶解する。

$$Zn(OH)_2 + 4NH_3 \longrightarrow [Zn(NH_3)_4]^{2+} + 2OH^-$$

問4 a 15 ③

銅片に濃硝酸を加えて生じた気体 X は赤褐色の二酸化窒素である。

$$Cu + 4HNO_3$$
$$\longrightarrow Cu(NO_3)_2 + 2NO_2\uparrow + 2H_2O \quad (1)$$

一方，二酸化窒素に対して水上置換を行うと，二酸化窒素は温水に溶解して，硝酸と一酸化窒素（無色）が生じる。

$$3NO_2 + H_2O \longrightarrow 2HNO_3 + NO\uparrow \quad (2)$$

したがって，容器 B に捕集される気体 Y は一酸化窒素である。

同温・同圧の条件下で，1 mol あたりの気体の体積は，気体の種類にかかわらず等しいので，分子量が大きい気体ほど密度は大きい。よって，気体 X（分子量46）は気体 Y（分子量30）より密度が大きいことがわかる。

b 16 ③ 17 ⑨ 18 ②

(1)式より，銅片 0.80 g が反応して生じた二酸化

窒素の，標準状態における体積は次式で求められる（これ以降，本問では気体の体積を標準状態で表す）。

$$\frac{0.80\ \text{g}}{64\ \text{g/mol}} \times 2 \times 22400\ \text{mL/mol}$$
$$= 5.6 \times 10^2\ \text{mL}$$

これが容器 A に捕集された二酸化窒素と，注射器に捕集された二酸化窒素の合計であるので，ここから注射器に捕集された二酸化窒素の体積を引けば，容器 A に捕集された二酸化窒素の体積がわかる。

容器 B に捕集された一酸化窒素の体積が 56 mL であるため，(2)式より，注射器に捕集された二酸化窒素の体積は

$$56\ \text{mL} \times 3 = 168\ \text{mL}$$

となる。したがって，容器 A に捕集された二酸化窒素の体積は，次式で求められる。

$$5.6 \times 10^2\ \text{mL} - 168\ \text{mL} = 392\ \text{mL}$$

第4問

問1 19 ②

分子式 C_4H_8 は一般式 C_nH_{2n} に該当するため，アルケンもしくはシクロアルカンであることがわかる。立体異性体を区別すると，考えられる構造は以下の6種類である。

アルケン

1-ブテン　　　2-メチル-1-プロペン

シス-2-ブテン　　　トランス-2-ブテン

シクロアルカン

シクロブタン　　　メチルシクロプロパン

① 光を照射しながら塩素1分子を作用させると置換反応が起こるのはアルカンの性質であり，ここではシクロアルカンが該当する。シクロブタンとメチルシクロプロパンの2つである。シクロブタンの場合は次のように反応する。

アルケンは，置換反応よりも付加反応の方が起こりやすい。正

② 上で列挙した6種類のアルケンおよびシクロアルカンの中に不斉炭素原子をもつものは存在しない。**誤**

③ アルケンのうち，シス-2-ブテンとトランス-2-ブテンは，互いにシス-トランス異性体の関係にある。**正**

④ 過マンガン酸カリウム水溶液により酸化することができる物質はアルケンである。1-ブテン，シス-2-ブテン，トランス-2-ブテン，2-メチル-1-プロペンの4つである。**正**

問2 ▨20▨ ③

① ナトリウムフェノキシドに高温・高圧下で二酸化炭素を作用させると，サリチル酸ナトリウムが生じる。

ナトリウムフェノキシド　サリチル酸ナトリウム

これに希硫酸を作用させると，弱酸の遊離によって，弱酸であるサリチル酸が得られる。**正**

サリチル酸ナトリウム　サリチル酸

② サリチル酸に濃硫酸を触媒として無水酢酸を作用させると，ヒドロキシ基がアセチル化されてアセチルサリチル酸が生じる。**正**

アセチルサリチル酸

③ サリチル酸メチルは芳香のある液体で，消炎鎮痛剤として用いられている。**誤**

サリチル酸メチル

④ 塩化鉄(Ⅲ)水溶液で呈色するのは，フェノール性ヒドロキシ基をもつ構造(フェノール類)である。サリチル酸メチルとアセチルサリチル酸のうち，フェノール性ヒドロキシ基をもつのはサリチル酸メチルである。**正**

問3 a ▨21▨ ④

まず，アルコールE～H，カルボン酸I～Kの構造を決定し，その後選択肢①～④の正誤を検討する。

エステルA～Dは分子式 $C_4H_8O_2$ で表されることから，エステル結合以外に二重結合をもたないことがわかる。また，炭素数が4なので，エステルA～Dを構成しているアルコールとカルボン酸の炭素数の組合せは，右の3通りである。

	アルコール	カルボン酸
(ⅰ)	1	3
(ⅱ)	2	2
(ⅲ)	3	1

炭素数1～3のアルコールは次のとおりであり，それぞれを酸化するとカルボン酸やケトンを生じる。

・炭素数1

CH_3-OH →(酸化) $HCOOH$
メタノール　ギ酸

・炭素数2

CH_3-CH_2-OH →(酸化) CH_3-COOH
エタノール　酢酸

・炭素数3

$CH_3-CH_2-CH_2-OH$
1-プロパノール
→(酸化) CH_3-CH_2-COOH
プロピオン酸

$CH_3-CH-CH_3$ (OH) →(酸化) CH_3-C-CH_3 (O)
2-プロパノール　アセトン

問題文より，Kは還元性をもつカルボン酸であるため，ギ酸であることがわかる。また，アルコールEの酸化によりギ酸が生じるため，アルコールEはメタノールと決定できる。

CH_3-OH →(酸化) $HCOOH$
メタノール(E)　ギ酸(K)

また，アルコールHは酸化によってケトンを生じるため，第二級アルコールであることがわかる。したがって，Hは2-プロパノールであり，Lはアセトンである。

$CH_3-CH-CH_3$ (OH) →(酸化) CH_3-C-CH_3 (O)
2-プロパノール(H)　アセトン(L)

さらに，アルコールFおよびGの候補は，エタノールか1-プロパノールのいずれかである。ここで，アルコールFの方が炭素数が多いため，Gがエタノール，Fが1-プロパノールということがわかる。

さらに，Gの酸化によりIが生じるため，Iは酢酸，Fの酸化によりJが生じるため，Jはプロピオン酸であることがわかる。

— ⑤ - 6 —

$$CH_3-CH_2-OH \xrightarrow{\text{酸化}} CH_3-COOH$$
エタノール (G)　　　　　酢酸 (I)

$$CH_3-CH_2-CH_2-OH$$
1-プロパノール (F)

$$\xrightarrow{\text{酸化}} CH_3-CH_2-COOH$$
プロピオン酸 (J)

① ヨードホルム反応は，アセチル基 CH_3-CO- や，酸化するとアセチル基に変化する構造 $CH_3-CH(OH)-$ をもつ化合物において陽性である（これらの部分構造が水素原子や炭化水素基に結合したもののみ）。したがって，ギ酸とアセトンのうち，ヨードホルム反応を示すのはアセトンである。**誤**

② ギ酸は酸性，アセトンは中性であるため，BTB 溶液を加えると黄色に変化するのはギ酸である。**誤**

③ 酢酸カルシウムの乾留によって，次式の反応が起こる。

$$(CH_3COO)_2Ca \longrightarrow CH_3COCH_3 + CaCO_3$$

よって，アセトンが生じる。**誤**

④ クメン法は，フェノールの工業的製法の一つである。触媒を用いてプロペンにベンゼンを付加させ，酸化させた後に希硫酸を用いて分解するとフェノールとアセトンが生じる。**正**

② アミノ酸にニンヒドリン水溶液を加えて加熱すると，赤紫～青紫に呈色する。これは，アミノ酸やタンパク質のアミノ基の検出に用いられる。**正**

③ アミノ酸は，水溶液中において陽イオン，双性イオン，陰イオンのいずれかで存在している。等電点とは，これらの電荷の総和が 0 となるときの溶液の pH の値を表す。中性アミノ酸であれば，等電点が 7.0 付近であるが，グルタミン酸のような酸性アミノ酸や，リシンのような塩基性アミノ酸の等電点は 7.0 から大きく離れている。**誤**

④ キサントプロテイン反応とは，試料に濃硝酸を加えて加熱すると黄色沈殿が生じ，冷却後にアンモニア水を加えると橙黄色に変化する反応であり，タンパク質中にベンゼン環が含まれる場合に陽性を示す反応である。

したがって，ベンゼン環をもっていないタンパク質では，この反応は起こらない。**誤**

⑤ 塩基性条件下でタンパク質を加熱分解した後に酢酸鉛(Ⅱ)水溶液を加えて黒色沈殿が生じたとき，この黒色沈殿は硫化鉛(Ⅱ) PbS であり，タンパク質中に硫黄原子が含まれている場合に陽性を示す反応である。**誤**

問5 　24　　②

ポリビニルアルコールの繰り返し単位は，式量 44 の $-CH_2-CH(OH)-$ であるが，アセタール化ではヒドロキシ基 2 箇所から架橋構造 ($-O-CH_2-O-$) 1 つが生じるため，繰り返し単位 2 つあたりで考えた方がわかりやすい。

（n；重合度）

繰り返し単位 2 つ分の式量は 88 であり，これがアセタール化されると炭素原子 1 個分増えるため，式量は 12 増加して 100 となる。

上の化学反応式より，ポリビニルアルコールの物質量とアセタール化後のビニロンの物質量は変化がない。よって，704 g のポリビニルアルコールに含まれるヒドロキシ基がすべてアセタール化された場合，質量は

$$704\,g \times \frac{100 \times \dfrac{n}{2}}{88 \times \dfrac{n}{2}} = 800\,g$$

b 　22　　④

エステルの炭素数が 4 のため，それを構成していたアルコールとカルボン酸の炭素数の合計も 4 である。加水分解によって E（メタノール，炭素数 1）と一緒に生じたカルボン酸は，炭素数 3 の J（プロピオン酸），G（エタノール，炭素数 2）と一緒に生じたカルボン酸は，炭素数 2 の I（酢酸）ということがわかる。

問4 　23　　②

① 多くの α-アミノ酸は不斉炭素原子をもつが，グリシンは不斉炭素原子をもたない。**誤**

$$H_2N-CH_2-COOH$$
グリシン

— ⑤ - 7 —

となり，質量増加は

$$800\,\mathrm{g} - 704\,\mathrm{g} = 96\,\mathrm{g}$$

となる。ここでは，質量は

$$728\,\mathrm{g} - 704\,\mathrm{g} = 24\,\mathrm{g}$$

増加しているので，アセタール化されたヒドロキシ基の割合は

$$\frac{24\,\mathrm{g}}{96\,\mathrm{g}} = 0.25 = 25\,\%$$

となる。

第5問

問1 **a** 　25　 **⑥**

弱酸とその塩，または弱塩基とその塩の混合水溶液には，少量の酸や塩基を加えても pH の変動を小さく抑えるはたらきがある（**緩衝作用**）。

シュウ酸水溶液に水酸化ナトリウム水溶液を少しずつ滴下すると，第一中和点付近までは中和反応によってシュウ酸水素ナトリウムが徐々に生じ，ここから第二中和点付近までは中和反応によってシュウ酸ナトリウムが徐々に生じる。すると，シュウ酸（正確にはシュウ酸水素イオン）とシュウ酸ナトリウムの混合水溶液になり，弱酸とその塩の混合水溶液である緩衝液となる。

選択肢①～⑥の中で，弱酸とその塩，または弱塩基とその塩の水溶液の組合せは，アンモニア水と塩化アンモニウム水溶液であり，これが緩衝作用を示す。

b **ア** 　26　 **②** **イ** 　27　 **⑥**

第1段階の電離定数 K_1 の式を変形すると，次式が得られる。

$$[\mathsf{HA}^-] = \frac{[\mathsf{H_2A}]}{[\mathsf{H}^+]}\,K_1$$

また，第1段階および第2段階の電離定数の式を辺々かけると，次式が得られる。

$$K_1 K_2 = \frac{[\mathsf{A}^{2-}][\mathsf{H}^+]^2}{[\mathsf{H_2A}]}$$

よって

$$[\mathsf{A}^{2-}] = \frac{[\mathsf{H_2A}]}{[\mathsf{H}^+]^2}\,K_1 K_2$$

c 　28　 **③**

pH 4 であるから，$[\mathsf{H}^+] = 1.0 \times 10^{-4}\,\mathrm{mol/L}$ である。よって，$[\mathsf{HA}^-]$ および $[\mathsf{A}^{2-}]$ を $[\mathsf{H_2A}]$ のみで表すと，次のようになる。

$$[\mathsf{HA}^-] = \frac{K_1}{[\mathsf{H}^+]} \times [\mathsf{H_2A}]$$

$$= \frac{5.4 \times 10^{-2}\,\mathrm{mol/L}}{1.0 \times 10^{-4}\,\mathrm{mol/L}} \times [\mathsf{H_2A}]$$

$$= 5.4 \times 10^2 [\mathsf{H_2A}]$$

$$[\mathsf{A}^{2-}] = \frac{K_1 K_2}{[\mathsf{H}^+]^2} \times [\mathsf{H_2A}]$$

$$= \frac{(5.4 \times 10^{-2}\,\mathrm{mol/L}) \times (5.4 \times 10^{-5}\,\mathrm{mol/L})}{(1.0 \times 10^{-4}\,\mathrm{mol/L})^2} \times [\mathsf{H_2A}]$$

$$= 2.91 \times 10^2 [\mathsf{H_2A}]$$

したがって，pH 4 付近における $[\mathsf{H_2A}]$，$[\mathsf{HA}^-]$，$[\mathsf{A}^{2-}]$ の大小関係は，$[\mathsf{HA}^-] > [\mathsf{A}^{2-}] > [\mathsf{H_2A}]$ となる。

問2 **a** 　29　 **④**

高校化学で用いられる有機溶媒の多くは，水より密度が小さい。これに対して，有機化合物の中でもジクロロメタンなどのハロゲン化物や，ニトロベンゼンなどのニトロ化合物は，水より密度が大きいものが多い。

有機化合物	密度 (20℃) 〔g/cm^3〕
ジエチルエーテル	0.714
ヘキサン	0.655
アセトン	0.808
ベンゼン	0.879
ジクロロメタン	1.33
ニトロベンゼン	1.20

ベンゼンは密度が水より小さいため，水の方が下層に移動する。一方で，ニトロベンゼンは密度が水より大きいため，水の方が上層に移動する。

b 　30　 **③** 　31　 **⓪** 　32　 **⓪**

操作Ⅰより，有機層には 0.75 g の溶質 A が移動したため，水層には 1.00 g − 0.75 g = 0.25 g の溶質 A が残存している。水層も有機層も体積は 100 mL であるので，分配係数 K_d は次式で求められる。

$$K_\mathrm{d} = \frac{\dfrac{0.75\,\mathrm{g}}{100\,\mathrm{mL}}}{\dfrac{0.25\,\mathrm{g}}{100\,\mathrm{mL}}} = 3.0$$

c 　33　 **⑧** 　34　 **④**

操作Ⅱで，1回目に溶質 A が有機層へ a〔g〕移動したとする。a は次式で求められる。

$$3.0 = \frac{\dfrac{a}{50\,\mathrm{mL}}}{\dfrac{1.00\,\mathrm{g} - a}{100\,\mathrm{mL}}}$$

∴　$a = 0.60\,\mathrm{g}$

また，2回目に溶質 **A** が有機層へ b〔g〕移動したとする。b は次式で求められる。

$$3.0 = \dfrac{\dfrac{b}{50\,\mathrm{mL}}}{\dfrac{1.00\,\mathrm{g} - 0.60\,\mathrm{g} - b}{100\,\mathrm{mL}}}$$

∴　$b = 0.24\,\mathrm{g}$

したがって，2回の抽出操作によって有機層に移動した溶質 **A** の質量は，$0.60\,\mathrm{g} + 0.24\,\mathrm{g} = 0.84\,\mathrm{g}$（$= 8.4 \times 10^{-1}\,\mathrm{g}$）である。

この結果と，**操作 I** の結果より，一度に $100\,\mathrm{mL}$ の有機溶媒 **Y** を加えるよりも，$50\,\mathrm{mL}$ ずつ2回に分けて加えた方が，より多くの溶質 **A** を有機層へ抽出できることが読み取れる。つまり，同じ体積の抽出液を用いる場合，一度に多くの抽出液を用いるより，少量の抽出液を複数回用いた方が，目的とする物質の抽出量は多くなることがわかる。

2024 本試

解　答

第1問 小計		第2問 小計		第3問 小計		第4問 小計		第5問 小計		合計点	/100

問題 番号 (配点)	設問	解答 番号	正解	配点	自己 採点	問題 番号 (配点)	設問	解答 番号	正解	配点	自己 採点
第1問 (20)	1	1	④	3		第4問 (20)	1	21	③	4	
	2	2	①	4			2	22	①	3	
	3	3	④	3			3	23	⑦	4	
	4	4	④	3			4	24	②	3	
		5	③	3				25	②	3	
		6	⑤	4				26	⑤	3	
第2問 (20)	1	7	①	3		第5問 (20)	1	27	④	4	
	2	8	③	3			2	28	③	4	
	3	9	④	3			3	29	④	4	
	4	10	④	4				30	②	4	
		11	②	4				31	①	4	
		12	④	3							
第3問 (20)	1	13 - 14	① - ③	4*		(注) 1　＊は，両方正解の場合のみ点を与える。 2　－（ハイフン）でつながれた正解は，順序を問わない。					
	2	15	④	3							
	3	16	③	2							
		17	④	2							
	4	18	③	3							
		19	⑤	3							
		20	②	3							

第1問

問1 | 1 | ④

①－不適

$$NH_3 + H^+ \longrightarrow NH_4^+$$

で生じたNとHとの共有結合では，共有電子対はN から供与されたもので，配位結合である。

②－不適

$$H_2O + H^+ \longrightarrow H_3O^+$$

で生じたOとHとの共有結合では，共有電子対はO から供与されたもので，配位結合である。

③－不適

$$Ag^+ + 2NH_3 \longrightarrow [Ag(NH_3)_2]^+$$

で生じたNとAgとの共有結合では，共有電子対は Nから供与されたもので，配位結合である。

④－適。$HCOO^-$においてHとC，CとOの結合は 互いの原子の電子を共有した共有結合であるため， 配位結合ではない。

よって，④が正解。

問2 | 2 | ①

液体のメタンCH_4 16gの体積は，温度111K，圧 力$1.0×10^5$Paで，$16g÷0.42g/cm^3＝38.0cm^3$である。

気体のメタンの体積は，気体の状態方程式を用い て求める。メタンのモル質量が16g/molであるから， 気体のメタン16gの物質量は1.0molになる。気体の メタンの体積をV〔L〕とすると，圧力$1.0×10^5$Pa， 温度300Kでは

$$1.0×10^5Pa×V〔L〕$$
$$=1.0mol×8.3×10^3Pa·L/(K·mol)×300K$$
$$∴ \quad V＝24.9L$$

液体のメタンをすべて気体にすると，

$$\frac{24.9×10^3cm^3}{38.0cm^3}≒6.6×10^2$$

より，体積は$6.6×10^2$倍になる。

よって，①が正解。

問3 | 3 | ④

砂は粒子が大きく，ろ紙も半透膜のセロハン膜も 通過できない。直径1〜数百nmの粒子をコロイド 粒子といい，ろ紙の目より小さく，セロハン膜の目 より大きい。トリプシンは水中で分子コロイドにな っているので，ろ紙を通過するがセロハン膜を通過 できない。グルコースの分子は非常に小さく，ろ紙 もセロハン膜も通過する。

よって，④が正解。

問4 **a** | 4 | ④

①－正。水の状態図より，水は$6.11×10^2$Paより低 い圧力では液体の状態とならない。昇華する温度は 圧力が低いほど低下し，$2×10^2$Paでは0℃より低 い温度で昇華する。

②－正。水の状態図から，$1.01×10^5$Paにおいて， 0℃は氷の融点である。0℃のもとで，これより圧 力が高い状態では液体であることがわかる。

③－正。0.01℃，$6.11×10^2$Paは水の三重点である。 固体，液体，気体の3つの状態が共存する。

④－誤。$9×10^4$Paで蒸気圧曲線を読むと，沸点は 100℃より低い温度であるため誤りである。

よって，④が正解。

b | 5 | ③

いずれも図2から数値を読み取って判断する。

①－誤。0℃での氷の密度は同温での水の密度より 小さい。したがって0℃での1gの氷の体積は同温 での1gの水の体積より大きい。

②－誤。氷の密度は0℃で最小である。

③－正。過冷却とは液体を冷却して凝固点以下でも 液体になっている現象である。12℃での水の密度は －4℃の水の密度よりわずかに大きい。

④－誤。図2の範囲においては，水の密度は4℃で 最大となるので，冷却して温度が4℃より低くなっ た水は密度が小さくなる。したがって，下に移動す ることはない。

よって，③が正解。

c | 6 | ⑤

水のモル質量は18g/molであるので，54gの水の 物質量は3.0molである。

氷の融解熱が6.0kJ/molであるため，6.0kJの熱を 加えたときに融解する氷の物質量は，

$$\frac{6.0kJ}{6.0kJ/mol}＝1.0mol$$

したがって，融解せずに残った氷の物質量は，

$$3.0mol－1.0mol＝2.0mol$$

であるから，2.0molの氷の質量は，

$$18g/mol×2.0mol＝36g$$

である。

0℃の氷の密度は図2より$0.917g/cm^3$であるから， 36gの氷の体積は，

$$\frac{36g}{0.917g/cm^3}≒39cm^3$$

よって，⑤が正解。

別解 6.0kJの熱で融解した氷の質量は,

$$\frac{6.0\text{kJ}}{6.0\text{kJ/mol}}\times18\text{g/mol}=18\text{g}$$

残った氷の質量は,

$$54\text{g}-18\text{g}=36\text{g}$$

である。

0℃の氷の密度は図2より0.917g/cm³であるから,
残った氷の体積は,

$$\frac{36\text{g}}{0.917\text{g/cm}^3}\fallingdotseq39\text{cm}^3$$

第2問

問1 7 ①

吸熱反応においては,吸収される熱の分だけ,生成物のもつエネルギーは反応物のもつエネルギーよりも大きくなる。したがって,エネルギー図では,上に向かう反応が吸熱反応である。反応物はNH_4NO_3(固)であり,生成物の水溶液はNH_4NO_3aqと表す。

①−正。NH_4NO_3(固)が溶媒としての水 aq に溶け,熱を吸収してエネルギーの大きい水溶液NH_4NO_3aqに変化する図である。

②−誤。下に向かう(エネルギーが高い状態から低い状態へ向かう)図は発熱反応であり,溶液から溶質と溶媒が分離する変化を表している。

③−誤。NH_4NO_3(固)が溶解する変化を表しているが,発熱反応を表す図となっている。

④−誤。溶液から溶質と溶媒が分離する変化を表している。

よって,①が正解。

問2 8 ③

可逆反応が平衡状態にあるとき,条件を変化させると,その影響を打ち消す方向へ平衡が移動する。

①−不適。容器内の温度を下げれば発熱の方向に平衡が移動する。したがって平衡は左に移動し,COの物質量は減少する。

②−不適。左辺と右辺とでそれぞれの物質量の和が等しく,圧力の変化による平衡の移動はない。COの物質量は変化しない。

③−適。H_2を加えるとH_2が減少する方向に平衡が移動するので,平衡が右に移動する。COの物質量が増加する。

④−不適。温度・圧力一定でアルゴンArを加える

と,各気体の分圧は減少するので,平衡は気体分子の総物質量が増加する方向へ移動する。しかし,式⑴の反応では反応の前後で気体分子の総物質量が等しいので,平衡が移動せず,COの物質量は変化しない。

よって,③が正解。

問3 9 ④

電子1molが流れる電気量で消費される物質の質量を求め,判断する。

それぞれの電池の反応式から,反応物の物質量と,流れる電子の物質量の関係を判断する。

アルカリマンガン乾電池では

$$2MnO_2 + Zn +2H_2O$$
$$\longrightarrow 2MnO(OH) + Zn(OH)_2$$

において,Znの酸化数が$0 \to +2$に変化することから,MnO_2 2mol,Zn 1mol,H_2O 2molが消費されるときに,電子2molが流れることがわかる。

空気亜鉛電池では

$$O_2 + 2Zn \longrightarrow 2ZnO$$

において,Znの酸化数が$0 \to +2$に変化することから,O_2 1mol,Zn 2molが消費されるときに,電子4molが流れることがわかる。

リチウム電池では

$$Li + MnO_2 \longrightarrow LiMnO_2$$

において,Liの酸化数が$0 \to +1$に変化することから,Li 1mol,MnO_2 1molが消費されるときに,電子1molが流れることがわかる。

次にそれぞれの電池で消費される反応物の質量の総計を求め,電子1molあたりに消費される質量を計算する。

アルカリマンガン乾電池

電子2molが流れるときに消費される反応物の質量は,

$$2\,\text{mol}\times87\text{g/mol}+1\,\text{mol}\times65\text{g/mol}$$
$$+2\text{mol}\times18\text{g/mol}=275\text{g}$$

よって,電子1molあたり

$$275\text{g}\div2=\underline{137.5\text{g}}$$

の反応物が消費される。

空気亜鉛電池

電子4molが流れるときに消費される反応物の質量は,

$$1\,\text{mol}\times32\text{g/mol}+2\text{mol}\times65\text{g/mol}=162\text{g}$$

よって,電子1molあたり

$$162\text{g}\div4=\underline{40.5\text{g}}$$

の反応物が消費される。

リチウム電池

電子1molが流れるときに消費される反応物の質量は,

$$1\,mol×6.9g/mol＋1\,mol×87g/mol＝\underline{93.9g}$$

電子1molあたりに消費される反応物の質量が小さいほど反応物1kgあたりの電子の物質量が大きくなる。

よって,④が正解。

別解 各電池において反応物の総量1kgが消費されるときに流れる電気量を計算する。それぞれの電池で消費される反応物の質量と流れる電子の物質量をそれぞれ求める。

アルカリマンガン乾電池　　275g　　2 mol
空気亜鉛電池　　　　　　　162g　　4 mol
リチウム電池　　　　　　　93.9g　　1 mol

1molの電子がもつ電気量の大きさは$9.65×10^4$Cであるから,各電池において反応物の総量1kgが消費されるときに流れる電気量は,

アルカリマンガン乾電池

$$\frac{2\,mol×9.65×10^4C/mol}{0.275kg}＝7.27×9.65×10^4\,C/kg$$

空気亜鉛電池

$$\frac{4\,mol×9.65×10^4C/mol}{0.162kg}＝24.7×9.65×10^4\,C/kg$$

リチウム電池

$$\frac{1\,mol×9.65×10^4C/mol}{0.0939kg}＝10.6×9.65×10^4\,C/kg$$

電気量の大きさは,

空気亜鉛電池＞リチウム電池＞アルカリマンガン乾電池

となる。

問4 **a** **10** **④**

1価の弱酸**HA**のモル濃度をc〔mol/L〕,電離度を$α$,電離定数をK_aとする。平衡状態では

$$HA \rightleftarrows H^+ ＋ A^-$$

電離前　　　c　　　　0　　　　0　　　〔mol/L〕
変化量　　$-cα$　　$+cα$　　$+cα$　　〔mol/L〕
平衡時　$c(1-α)$　　$cα$　　　$cα$　　〔mol/L〕

弱酸**HA**の電離定数K_aは,次の式で示される。

$$K_a＝\frac{[H^+][A^-]}{[HA]}＝\frac{cα×cα}{c(1-α)}$$

$$＝\frac{cα^2}{1-α}\,\text{〔mol/L〕}$$

$α$は1より十分に小さいので$1-α≒1$から

$$K_a＝cα^2$$

よって,$α＝\sqrt{\dfrac{K_a}{c}}$ となる。$α$が$\sqrt{c}$ に反比例しているグラフは④である。

よって,④が正解。

b **11** **②**

1価の弱酸**HA**は,次の式のような平衡状態にある。

$$HA \rightleftarrows H^+ ＋ A^-$$

電離定数K_aは次の式で示される。

$$K_a＝\frac{[H^+][A^-]}{[HA]}$$

グラフから,**NaOH**水溶液の滴下量が2.5mLのとき

$$[HA]＝0.060mol/L \quad [A^-]＝0.020mol/L$$

また,このとき,$[H^+]＝8.1×10^{-5}mol/L$であるから,

$$K_a＝\frac{8.1×10^{-5}mol/L×0.020mol/L}{0.060mol/L}$$

$$＝2.7×10^{-5}mol/L$$

よって,②が正解。

c **12** **④**

弱酸**HA**の電離式を下に示す。

$$HA \rightleftarrows H^+ ＋ A^-$$

①－正。1価の弱酸**HA**の電離式より,**HA**の水溶液で陽イオンと陰イオンの総数が等しい。**NaOH**は水溶液中でNa^+とOH^-に電離している。**HA**水溶液に**NaOH**水溶液を滴下すると中和反応

$$H^+ ＋ OH^- \longrightarrow H_2O$$

によってOH^-は増加しない。Na^+は増加するが**HA**の電離平衡が右に移動して同数のA^-が生じている。したがって水溶液中の陽イオンの総数と陰イオンの総数は等しい。中和点を過ぎて**NaOH**水溶液を滴下するとNa^+とOH^-が同数増加するので陽イオンの総数と陰イオンの総数は等しい。

②－正。水溶液の温度が一定であれば,水のイオン積$K_w＝[H^+][OH^-]$の値は水溶液の溶性によらず一定である。

③－正。0.10mol/Lの1価の酸**HA**の水溶液10.0mLは0.10mol/Lの**NaOH**水溶液10.0mLと過不足なく中和する。**NaOH**水溶液10.0mL未満の範囲では中和反応によって$[H^+]$が減少して**HA**の電離平衡が右に移動する。したがって,$[A^-]$が増加する。

④－誤。**NaOH**水溶液が10.0mLより多い範囲では

中和点を過ぎているため中和反応は起こらない。
[A^-]は水溶液の体積増加によって減少する。

よって，④が正解。

第3問

問1 | 13 |, | 14 | ①，③（順不同）

①－誤。ナトリウムはエタノールと反応して水素を発生するため，エタノール中に保存できない。

②－正。水酸化ナトリウム水溶液は強塩基性で皮膚を侵すため，ただちに多量の水で洗う。

③－誤。濃硫酸の溶解熱は大きく，濃硫酸に水を加えると沸騰することがある。多量の水に濃硫酸を少しずつ加えて溶かす。

④－正。濃硝酸は光で分解して二酸化窒素と酸素を発生するため，褐色びんで保管する。

$$4HNO_3 \longrightarrow 4NO_2 + 2H_2O + O_2$$

⑤－正。硫化水素は毒性があるのでドラフト（局所排気装置）内で取り扱う。

よって，①と③が正解。

問2 | 15 | ④

ハロゲンは原子番号がフッ素F，塩素Cl，臭素Br，ヨウ素I，アスタチンAtの順に原子番号が大きくなり，単体や化合物の性質は原子番号の大きさに関係している。

①－正。常温でフッ素F_2と塩素Cl_2は気体，臭素Br_2は液体，ヨウ素I_2は固体である。分子量が大きいほどファンデルワールス力が大きく，沸点・融点が高い。アスタチンAt_2はハロゲンの中で最も融点・沸点が高い。

②－正。ハロゲンの単体は無極性分子であるが酸化力が強く，フッ素F_2は水と激しく反応して酸素を生じる。

$$2F_2 + 2H_2O \longrightarrow 4HF + O_2$$

塩素は水に少し溶け，塩化水素と次亜塩素酸を生じる。

$$Cl_2 + H_2O \longrightarrow HCl + HClO$$

臭素Br_2は水にわずかに溶けるが，ヨウ素I_2はほとんど溶けない。アスタチンAt_2も水にほとんど溶けない。

③－正。フッ化銀AgFは水に溶けるが，塩化銀AgCl，臭化銀AgBr，ヨウ化銀AgIは水に溶けにくい。アスタチン化銀AgAtも難溶性と推定される。

④－誤。ハロゲンの単体は酸化力があり，ほかの物質から電子を奪う性質がある。酸化力の強さは原子番号が小さいほど強い。したがって，次の酸化還元反応が起こる。

$$2At^- + Br_2 \longrightarrow At_2 + 2Br^-$$
$$\underset{2e^-}{\underline{\hspace{2cm}}}$$

$$2NaAt + Br_2 \longrightarrow 2NaBr + At_2$$

よって，④が正解。

問3 | 16 | ③，| 17 | ④

鉄はさびやすく，合金やめっきなどの対策が施される。

ステンレス鋼は鉄Fe，クロムCr，ニッケルNiの合金である。CrとNiは表面に強固な酸化皮膜をつくる性質があり，ステンレス鋼は酸化皮膜によってさびにくい。

トタンは鋼板に亜鉛Znをめっきしたものである。Znは表面がさびやすいが，生じた酸化皮膜が内部を守る。また，ZnはFeより酸化されやすいため自身が酸化されてFeを守る。

よって，| 16 | は③が正解，| 17 | は④が正解。

問4 **a** | 18 | ③

NiSはNi^{2+}とS^{2-}とのイオン結晶，$NiCl_2$はNi^{2+}とCl^-とのイオン結晶である。

化学反応式でNiとSの酸化数を示した。

$$\underset{+2}{Ni}\underset{-2}{S} + 2CuCl_2 \longrightarrow \underset{+2}{Ni}Cl_2 + 2CuCl + \underset{0}{S}$$

Niの酸化数は反応の前後で＋2であり変化がなく，酸化も還元もされていない。

Sの酸化数は反応の前後で－2から0に増加し，酸化されている。

よって，③が正解。

b | 19 | ⑤

$$NiS + 2CuCl_2 \longrightarrow NiCl_2 + 2CuCl + S \cdots(1)$$
$$2CuCl + Cl_2 \longrightarrow 2CuCl_2 \qquad \cdots(2)$$

式(1)と式(2)より，

$$NiS + Cl_2 \longrightarrow NiCl_2 + S$$

この式より，NiSとCl_2とは等しい物質量で反応する。使用したNiSの物質量は，

$$\frac{36.4 \times 10^3 g}{(59+32)g/mol} = 400mol$$

したがって，Cl_2の物質量も400molである。

よって，⑤が正解。

c | 20 | ②

電気分解において，陰極に流れる電子の総物質量

―2024本－5―

と陽極に流れる電子の総物質量は等しい。

陰極　$Ni^{2+} + 2e^- \longrightarrow Ni$　　…(3)
　　　　　　2 mol　　　1 mol

　　　$2H^+ + 2e^- \longrightarrow H_2$　　…(4)
　　　　　　2 mol　　　1 mol

陽極　$2Cl^- \longrightarrow Cl_2 + 2e^-$　　…(5)
　　　　　　　　　1 mol　　2 mol

式(3)，式(4)，式(5)のそれぞれで同じ物質量の電子から同じ物質量の Ni，H_2，Cl_2 が生成している。したがって，陰極で生成する Ni と H_2 の物質量の合計と陽極で生成する Cl_2 の物質量が等しいことになる。生成する Ni の物質量は Cl_2 の物質量から H_2 の物質量を引けばよい。Cl_2，H_2 の物質量は気体の状態方程式から求める。気体の体積を V〔L〕，物質量を n〔mol〕とすると，

$$PV = nRT \text{ から，} n = \frac{PV}{RT}$$

Ni の物質量は，$\dfrac{PV_{Cl_2}}{RT} - \dfrac{PV_{H_2}}{RT} = \dfrac{P(V_{Cl_2} - V_{H_2})}{RT}$

物質量と Ni のモル質量 M〔g/mol〕との積が Ni の質量である。

$$\frac{MP(V_{Cl_2} - V_{H_2})}{RT}$$

よって，②が正解。

別解　電子の物質量は式(3)，式(4)，式(5)で生成する物質の物質量の 2 倍になっている。電子の物質量はそれぞれの式で

式(3)：$\dfrac{w\,〔g〕}{M\,〔g/mol〕} \times 2$

式(4)：$\dfrac{PV_{H_2}}{RT} \times 2$

式(5)：$\dfrac{PV_{Cl_2}}{RT} \times 2$

電気分解において陰極に流れる電子の総物質量と陽極に流れる電子の総物質量は等しい。

$$\frac{w\,〔g〕}{M\,〔g/mol〕} \times 2 + \frac{PV_{H_2}}{RT} \times 2 = \frac{PV_{Cl_2}}{RT} \times 2$$

よって，$w = \dfrac{MP(V_{Cl_2} - V_{H_2})}{RT}$

第4問

問1　**21**　**③**

エチレン（エテン）を塩化パラジウム（Ⅱ）$PdCl_2$ と

塩化銅（Ⅱ）$CuCl_2$ を触媒として酸化させるとアセトアルデヒドが生成する。化学反応式で反応の前後の C，H，O 原子の数を確認する。

　この反応はワッカー法とよばれ，現在アセトアルデヒドの工業的製法として用いられている。
　よって，③が正解。

問2　**22**　**①**

①－誤。デンプンは多数の α-グルコースが縮合重合した高分子化合物で，アミロースとアミロペクチンから構成されるがどちらも冷水に溶けにくい。
　アミロースは比較的分子量が小さく直線状の構造をもつ。冷水に溶けにくいが熱水に溶ける。

　アミロペクチンは比較的分子量が大きく枝分かれの構造をもつ。冷水にも熱水にも溶けにくい。

②－正。アクリル繊維は，アクリロニトリルを付加重合させて得られるポリアクリロニトリルを主成分とした合成繊維である。ウールに近い風合いをもつ。

アクリロニトリル　　ポリアクリロニトリル

　染色性をよくするために少量のアクリル酸メチル $CH_2=CHCOOCH_3$ を共重合させる場合もある。

③－正。生ゴムの主成分はポリイソプレンで鎖状構造をもっている。

ポリイソプレン

　生ゴムに数パーセントの粉末硫黄を加えて加熱すると（加硫），架橋構造が生じて弾性，強度，耐久性が向上する。

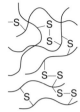
加硫した生ゴム

④ー正。レーヨンはセルロースを原料とした再生繊維である。吸湿性が高い。

よって，①が正解。

問3 23 ⑦

図1に示すトリペプチドはアミノ基－NH₂，芳香族アミノ酸の側鎖，2つのペプチド結合をもつ。

ア　ニンヒドリン反応

ニンヒドリン水溶液を加えて加熱すると紫色を呈する。アミノ基の検出に用いられる。

イ　キサントプロテイン反応

濃硝酸を加えて加熱すると黄色になり，さらにアンモニア水を加えて塩基性にすると橙黄色になる反応。ベンゼン環のニトロ化によって生じ，芳香族アミノ酸の検出に用いられる。

ウ　ビウレット反応

水酸化ナトリウム水溶液を加えて塩基性にした後，少量の硫酸銅(II)水溶液を加えると赤紫色になる。2つ以上のペプチド結合をもつペプチドで見られる。

図1のトリペプチドはア，イ，ウのいずれにも該当する。

よって，⑦が正解。

問4 a 24 ②

①ー正。2つの分子が脱水縮合して生じたグリコシド結合は希硫酸を加えて加熱するか，または適切な酵素を作用させると加水分解される。

②ー誤。サリシンの分子にはホルミル基(アルデヒド基)－CHOのような還元性を示す構造が存在しない。また，サリシンはヘミアセタール構造をもたないから，グルコース部分が開環することができない。したがって，銀鏡反応は見られない。

③ー正。サリチル酸は工業的に，ナトリウムフェノキシドに高温・高圧のもとで二酸化炭素を反応させてサリチル酸ナトリウムとし，これに希硫酸を作用させて得られる。

④ー正。サリチル酸に少量の濃硫酸(触媒)を加えてメタノールと反応させると，エステル化によって，サリチル酸メチルが得られる。強い芳香をもち，消炎鎮痛剤として用いられている。

よって，②が正解。

b 25 ②

分子内のアミノ基－NH₂とカルボキシ基－COOHが脱水縮合して環構造ができる。β-ラクタム環は四員環構造である。

よって，②が正解。

c 26 ⑤

反応経路を下図に示す。

トルエンをニトロ化すると，o-ニトロトルエンとp-ニトロトルエンが得られるが，p-ニトロ安息香酸を合成する経路であるため，化合物Aはp-ニトロトルエンである。

化合物Aに過マンガン酸カリウムを加えると，炭化水素基（メチル基－CH₃)が酸化されて，カルボキシ基－COOHに変化する。化合物Bはp-ニトロ安息香酸である。化合物Bをスズと塩酸で還元するとニトロ基－NO₂が還元されてアミノ基－NH₂に変化し，化合物Cを生じる。これに触媒として

少量の濃硫酸を加えて，エタノールとエステル化させれば，p-アミノ安息香酸エチルが得られる。したがって，化合物 C は p-アミノ安息香酸である。

よって，⑤が正解。

第5問

問1 27 ④

図1より，信号強度が10では尿3.0mL中のテストステロン質量は5.0×10^{-9}gと読み取れる。尿90mLでは

$$5.0\times10^{-9}\text{g}\times\frac{90\text{mL}}{3.0\text{mL}}=1.5\times10^{-7}\text{g}$$

よって，④が正解。

問2 28 ③

金属試料 X に含まれる Ag の物質量をx〔mol〕とする。**実験 I** からx〔mol〕の **Ag** は^{107}Ag が50.0%，^{109}Ag も50.0%であった。したがって，それぞれの物質量は$0.500x$〔mol〕になる。**実験 II** では**実験 I** で調製した溶液200mLのうち100mLを使用した。**実験 II** で用いた試料には

$$0.500x\text{〔mol〕}\times\frac{100\text{mL}}{200\text{mL}}=0.250x\text{〔mol〕}$$

の^{107}Ag と^{109}Ag がそれぞれ含まれる。

実験 II では100mLの試料に5.00×10^{-3}molの^{107}Ag を加えている。したがって，**実験 II** の試料に含まれる物質量は

　　　^{107}Ag が$0.250x$〔mol〕$+5.00\times10^{-3}$mol
　　　^{109}Ag が$0.250x$〔mol〕

である。質量分析の結果は物質量の割合が

　　　^{107}Ag が75.0%
　　　^{109}Ag が25.0%

である。

　　　^{107}Ag：^{109}Ag
　　　$=(0.250x\text{〔mol〕}+5.00\times10^{-3}\text{mol})：0.250x\text{〔mol〕}$
　　　$=75.0：25.0$
　　　$x=1.00\times10^{-2}$mol

よって，③が正解。

別解

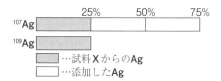

実験 I の結果から金属試料 X に含まれていた^{107}Ag と^{109}Ag の物質量は等しいことがわかる。**実験 II** では^{109}Ag を添加していないことから，25%の^{109}Ag は金属試料 X に含まれていた^{109}Ag である。75%の^{107}Ag には，金属試料 X に含まれていた^{107}Ag が25%含まれることになる。残りの50%が**実験 II** で加えた5.00×10^{-3}molの^{107}Ag である。

実験 II では金属試料 X で調製した溶液200mLから100mLを使っている。

$$5.00\times10^{-3}\text{mol}\times\frac{200\text{mL}}{100\text{mL}}=1.00\times10^{-2}\text{mol}$$

問3 a 29 ④

^{35}Cl からなるクロロメタンCH_3Clの相対質量は50であり，^{37}Cl からなるクロロメタンの相対質量は52である。^{35}Cl と^{37}Cl の天然存在比が3：1であることからクロロメタンの質量スペクトルでの相対強度は相対質量50と52で3：1になるはずである。

よって，④が正解。

b 30 ②

^{1}H，^{12}C，^{14}N，^{16}O の相対質量からCO^+，$C_2H_4^+$，N_2^+の相対質量はそれぞれ27.995，28.032，28.006となる。図4により，アがCO^+，イがN_2^+，ウが$C_2H_4^+$に対応している。

よって，②が正解。

c 31 ①

図でメチルビニルケトンをA，B，Cの部分に分けてみる。

　　　A｜B｜C
　　H_3C┼CO┼$CH=CH_2$

破線の部分で切断されると断片イオンはAB，BC，A，Cの4種類が考えられ，それぞれの相対質量は43，55，15，27と計算される。またメチルビニルケトンの相対質量は70である。これらは①図の質量スペクトルに対応している。

よって，①が正解。

2023 本試

解　答

第1問 小計		第2問 小計		第3問 小計		第4問 小計		第5問 小計		合計点	/100

問題番号（配点）	設問	解答番号	正解	配点	自己採点	問題番号（配点）	設問	解答番号	正解	配点	自己採点
第1問 (20)	1	1	③	3		第4問 (20)	1	23	②	3	
	2	2	⑥	3			2	24	②	4	
	3	3	②	4			3	25	④	4	
	4	4	②	2			4	26	⓪	3*	
		5	①	2				27	②		
		6	②	3				28	⓪		
		7	②	3*				29	③	3	
		8	①					30	④	3	
第2問 (20)	1	9	⑥	3		第5問 (20)	1	31	②	4	
	2	10 - 11	③ - ④	4 (各2)				32	①	4	
	3	12	④	4			2	33	③	4	
		13	④	3			3	34	③	4	
	4	14	⑥	3				35	④	4	
		15	⑤	3							
第3問 (20)	1	16	④	4							
	2	17 - 18	③ - ⑤	4*							
	3	19	⑤	2							
		20	②	2							
		21	③	4							
		22	④	4							

(注)
1　＊は，全部正解の場合のみ点を与える。
2　－（ハイフン）でつながれた正解は，順序を問わない。

第1問

問1 1 ③

① — 不適。CHO中のC原子とO原子間の結合は二重結合である。
② — 不適。2個のC原子間の結合は三重結合である。
③ — 適。2個のBr原子間の結合は単結合である。
④ — 不適。$BaCl_2$は固体(結晶)状態では，Ba^{2+}とCl^-が規則正しく配列してできたイオン結晶であり，共有結合(単結合や二重結合)は存在しない。

$$① \quad H-\underset{\underset{H}{|}}{\overset{\overset{H}{|}}{C}}-\underset{H}{\overset{O}{C}}-H \qquad ② \quad H-C\equiv C-H$$
$$③ \quad Br-Br$$

よって，③が正解。

問2 2 ⑥

(a) 流動性のあるコロイドをゾル，流動性のないコロイドをゲルといい，下線部(a)の流動性を失ったかたまり(「ところてん」とよばれる)はゲルである。
(b) 下線部(b)の「乾燥した寒天」のように，ゲルを乾燥させて水(一般には分散媒)を失わせたものをキセロゲルという。なお，エアロゾルは気体を分散媒とするコロイドである。

よって，⑥が正解。

問3 3 ②

圧縮前，300K，24.9Lの空気に含まれる水蒸気の分圧は3.0×10^3Paだから，この水蒸気の物質量をn_0[mol]とすると，理想気体の状態方程式より，

$$n_0 = \frac{3.0 \times 10^3 \text{Pa} \times 24.9 \text{L}}{8.3 \times 10^3 \text{Pa} \cdot \text{L}/(\text{K} \cdot \text{mol}) \times 300 \text{K}}$$
$$= 0.030 \text{mol}$$

圧縮後，体積が8.3Lになったとき，液体の水が生じていたから，水蒸気の分圧は300Kにおける飽和蒸気圧3.6×10^3Paである。したがって，この水蒸気の物質量をn_1[mol]とすると，理想気体の状態方程式より，

$$n_1 = \frac{3.6 \times 10^3 \text{Pa} \times 8.3 \text{L}}{8.3 \times 10^3 \text{Pa} \cdot \text{L}/(\text{K} \cdot \text{mol}) \times 300 \text{K}}$$
$$= 0.012 \text{mol}$$

このとき生じている液体の水の物質量は，

$n_0 - n_1 = 0.030 \text{mol} - 0.012 \text{mol} = 0.018 \text{mol}$

よって，②が正解。

補足 圧縮後の全圧を求めてみよう。

圧縮前，300Kで24.9Lを占める水蒸気と空気の混合気体の全圧が1.0×10^5Paだから，このときの空気の分圧は，

$1.0 \times 10^5 \text{Pa} - 3.0 \times 10^3 \text{Pa} = 0.97 \times 10^5 \text{Pa}$

圧縮後，300Kで8.3Lを占める水蒸気と空気の混合気体中の空気の分圧をp_1[Pa]とすると，空気についてボイルの法則が成り立つから，

$$p_1 = \frac{0.97 \times 10^5 \text{Pa} \times 24.9 \text{L}}{8.3 \text{L}} = 2.91 \times 10^5 \text{Pa}$$

このとき，水蒸気の分圧は飽和蒸気圧3.6×10^3Paだから，全圧は，

$p_1 + 3.6 \times 10^3 \text{Pa}$
$= 2.91 \times 10^5 \text{Pa} + 3.6 \times 10^3 \text{Pa}$
$= 2.946 \times 10^5 \text{Pa} \fallingdotseq 3 \times 10^5 \text{Pa}$[注]

(注) 圧縮前の空気の分圧の計算値は有効数字1桁になる(0.97×10^5Paは計算の途中だから1桁多くとっている)ので，圧縮後の空気の分圧p_1の有効数字も1桁になってしまう。圧縮前の全圧が「1.00×10^5Pa」と与えられていれば，圧縮後の全圧は有効数字2桁で「2.9×10^5Pa」と求められる。

問4 a 4 ② 5 ①

ア 図2のCaSの結晶構造はNaCl型であり，一方のイオンだけに着目すると，面心立方格子と同じ配列になっている。以下の図2′で，各面の中心に位置する6個のS^{2-}(●)は，立方体の中心に位置するCa^{2+}(○)から最短距離にある。よって，Ca^{2+}の配位数(1個のCa^{2+}から最も近い位置にあるS^{2-}の数)は6である。図2′の立方体を2分の1個分ずらして同様に考えると，S^{2-}の配位数も6である。

よって，4 は②が正解。

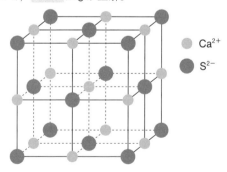

図2′(○，●はイオンの位置を示す。)

イ 図2より，CaS結晶の単位格子の一辺の長さは，

$2R_S + 2r_{Ca} = 2(R_S + r_{Ca})$

だから，単位格子の体積Vは，

$V = \{2(R_S + r_{Ca})\}^3$
$= 8(R_S + r_{Ca})^3$

よって，5 は①が正解。

b 6 ②

CaSはエタノールに溶けず，40gのCaSの結晶を加えると，メスシリンダー内のエタノールの液面の目盛りの位置が40mLから55mLに上昇したから，40gのCaSの結晶の体積は，

$$55mL - 40mL = 15mL = 15cm^3$$

よって，CaSの密度$\left(=\dfrac{質量}{体積}\right)$は，

$$\dfrac{40g}{15cm^3} = \dfrac{40}{15} g/cm^3$$

単位格子の体積Vは次の式で求められる。

$$単位格子の体積 V = \dfrac{単位格子の質量}{密度}$$

単位格子の質量は単位格子中の原子(イオン)の質量の総和に等しく，CaS結晶の単位格子中にはCa²⁺とS²⁻が4個ずつ含まれているから，

CaS結晶の単位格子の質量
$= (Ca^{2+}の質量 + S^{2-}の質量) \times 4$
$= \left(\dfrac{Caのモル質量}{N_A} + \dfrac{Sのモル質量}{N_A}\right) \times 4$
$= \dfrac{CaSのモル質量}{N_A} \times 4$ (N_A:アボガドロ定数)

以上より，

$$V = \dfrac{\dfrac{(40+32)g/mol}{6.0 \times 10^{23}/mol} \times 4}{\dfrac{40}{15} g/cm^3}$$

$$= \dfrac{72 \times 15 \times 4}{6.0 \times 10^{23} \times 40} cm^3$$

$$= 1.8 \times 10^{-22} cm^3$$

よって，②が正解。

c 7 ② 8 ①

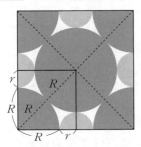

上図より，両方のイオンが接するとき，

$$2R = (R+r) \times \sqrt{2}$$

$$R = \dfrac{\sqrt{2}}{2-\sqrt{2}} r = (\sqrt{2}+1)r$$

Rがこれより大きくなる(言い換えると，rがこの関係を満たす値より小さくなる)と，半径Rのイオンどうしが接した状態で，半径Rのイオンと半径rのイオンが接することができなくなって，この結晶構造は不安定になる。

したがって，ウ には2が，エ には1が当てはまる。

よって，7 は②，8 は①が正解。

第2問

■問1 9 ⑥

$CO_2(気) + 2NH_3(気)$
$= (NH_2)_2CO(固) + H_2O(液) + QkJ$ ……(1)

問題に$CO_2(気)$，$NH_3(気)$，$(NH_2)_2CO(固)$，H_2O(液)の生成熱が与えられているので，次の式(i)の関係式を利用して反応熱Qを求める。

反応熱 = (生成物の生成熱の総和)
　　　 − (反応物の生成熱の総和)　…(i)

$Q = (333kJ/mol \times 1mol + 286kJ/mol \times 1mol)$
$\quad - (394kJ/mol \times 1mol + 46kJ/mol \times 2mol)$
$= 133kJ$

よって，⑥が正解。

別解 問題に与えられた生成熱のデータより，以下の式(ii)〜(v)が成り立つ。

$C(黒鉛) + O_2(気) = CO_2(気) + 394kJ$ …(ii)

$\dfrac{1}{2}N_2(気) + \dfrac{3}{2}H_2(気) = NH_3(気) + 46kJ$ …(iii)

$C(黒鉛) + 2H_2(気) + N_2(気) + \dfrac{1}{2}O_2(気)$
$\quad = (NH_2)_2CO(固) + 333kJ$ …(iv)

$H_2(気) + \dfrac{1}{2}O_2(気) = H_2O(液) + 286kJ$ …(v)

式(1) = 式(iv) + 式(v) − 式(ii) − 式(iii)×2 だから，

$Q = 333kJ + 286kJ − 394kJ − 46kJ \times 2$
$= 133kJ$

参考 エネルギー図は次のようになる。

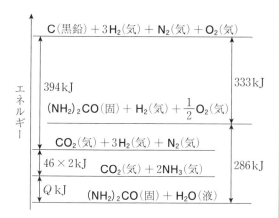

問2 10 , 11 ③ , ④ （順不同）

①, ②－いずれも正。電極AではAg⁺が還元されてAgが析出し,電極BではH₂Oが酸化されてO₂が発生するとともにH⁺が生成するので,水溶液中のH⁺濃度が増加した。

　A（陰極, Pt）：$Ag^+ + e^- \longrightarrow Ag$
　B（陽極, Pt）：$2H_2O \longrightarrow O_2 + 4H^+ + 4e^-$

③－誤。電極BではH₂でなく,O₂が発生した。

④－誤。Naはイオン化傾向が大きいので,水溶液の電気分解で単体のNaが析出することはない。電極CではH₂Oが還元されてH₂が発生した。

　C（陰極, C）：$2H_2O + 2e^- \longrightarrow H_2 + 2OH^-$

⑤－正。電極DではCl⁻が酸化されてCl₂が発生した。

　D（陽極, C）：$2Cl^- \longrightarrow Cl_2 + 2e^-$

よって, ③と④が正解。

問3 12 ④

温度Tでの密閉容器X中での式(2)の反応の平衡状態について,

　　　　　$H_2 + I_2 \rightleftarrows 2HI$　　……(2)
平衡時　0.40　0.40　　3.2　（単位：mol）

これより, Xの容積をVとすると,温度Tにおける式(2)の反応の平衡定数Kは次のように求まる。

$$K = \frac{[HI]^2}{[H_2][I_2]} = \frac{\left(\frac{3.2}{V}\right)^2}{\left(\frac{0.40}{V}\right)^2} = 64$$

温度Tで容積$\frac{V}{2}$の密閉容器Yに1.0 molのHIを入れたとき,平衡状態でH₂がx[mol]生じたとすると,反応による物質量の変化は次のようになる。

　　　　　$H_2 + I_2 \rightleftarrows 2HI$
はじめ　　0　　0　　1.0
変化量　$+x$　$+x$　$-2x$
平衡時　　x　　x　1.0−2x （単位：mol）

温度が一定のとき平衡定数Kは一定だから,

$$K = \frac{\left(\frac{(1.0\,\mathrm{mol}-2x)}{V/2}\right)^2}{\left(\frac{x[\mathrm{mol}]}{V/2}\right)^2} = 64$$

$x > 0$, $1.0\,\mathrm{mol} - 2x > 0$だから,

$$\frac{1.0\,\mathrm{mol} - 2x}{x} = 8.0 \quad x = 0.10\,\mathrm{mol}$$

したがって,平衡時のHIの物質量は,

$$1.0\,\mathrm{mol} - 2 \times x = 0.80\,\mathrm{mol}$$

よって, ④が正解。

問4 a 13 ④

　　$2H_2O_2 \longrightarrow 2H_2O + O_2$　　……(3)

①－正。水溶液中でのH₂O₂の分解反応に対してFe³⁺やMnO₂が触媒としてはたらく。

②－正。酵素カタラーゼはH₂O₂の分解反応に対する触媒としてはたらく。

③－正。一般に,温度が高いほど反応速度は大きくなる。この主な理由は,温度が高くなると,活性化エネルギー以上のエネルギーをもつ反応物の分子の数が急激に増加することである。

④－誤。反応の前後で触媒自身は変化しない。MnO₂が触媒としてはたらくとき,MnO₂自身は変化せず,Mnの酸化数も+4のままで変化しない。

　よって, ④が正解。

b 14 ⑥

H₂O₂の分解反応の反応速度は,H₂O₂のモル濃度[H₂O₂]の減少速度によって表される。

反応開始後の時間t_1, t_2 ($t_1 < t_2$)における[H₂O₂]をそれぞれC_1[mol/L], C_2[mol/L]とし,この間の時間の変化量をΔt, [H₂O₂]の変化量を$\Delta[H_2O_2]$とすると,平均反応速度$\overline{v}$は次式で表される。

$$\overline{v} = -\frac{\Delta[H_2O_2]}{\Delta t} = -\frac{C_2 - C_1}{t_2 - t_1}$$

本問題では,H₂O₂の分解反応に伴って発生したO₂の物質量を測定している。

式(3)より, H₂O₂ 2 molが分解するとO₂ 1 molが発生するから, Δtの間に発生したO₂の物質量をΔn_{O_2}[mol]とすると,この間に分解した（減少した）H₂O₂の物質量は$\Delta n_{O_2} \times 2$[mol]と表される。

表1のデータより,反応開始後1.0分から2.0分までの間に発生したO₂の物質量は,

$$0.747 \times 10^{-3}\,\mathrm{mol} - 0.417 \times 10^{-3}\,\mathrm{mol}$$
$$= 0.330 \times 10^{-3}\,\mathrm{mol}$$

だから，この間に分解したH₂O₂の物質量は，
$$0.330\times10^{-3}\,\text{mol}\times2=0.660\times10^{-3}\,\text{mol}$$
したがって，反応開始後1.0分から2.0分までの間における[H₂O₂]の変化量Δ[H₂O₂]は，
$$\Delta[\text{H}_2\text{O}_2]=\frac{-0.660\times10^{-3}\,\text{mol}}{10.0\times10^{-3}\,\text{L}}$$
$$=-6.60\times10^{-2}\,\text{mol/L}$$
だから，反応開始後1.0分から2.0分までの間におけるH₂O₂の分解反応の平均反応速度$\overline{v}$は，
$$\overline{v}=-\frac{\Delta[\text{H}_2\text{O}_2]}{\Delta t}=-\frac{-6.60\times10^{-2}\,\text{mol/L}}{2.0\,\text{min}-1.0\,\text{min}}$$
$$=6.6\times10^{-2}\,\text{mol/(L·min)}$$
よって，⑥が正解。

c 15 ⑤

表1および図2の実験と同じ濃度と体積のH₂O₂水を反応させた場合，反応前のH₂O₂の物質量は$0.400\,\text{mol/L}\times0.0100\,\text{L}=4.00\times10^{-3}\,\text{mol}$だから，式(3)より，H₂O₂がすべて分解したときに発生するO₂の物質量は，図2の場合と同じく$2\times10^{-3}\,\text{mol}$を超えることはない。よって，選択肢①～⑥のグラフのうち，①，②，③，⑥は不適である。

選択肢④と⑤のどちらが適当かを検討する。

H₂O₂の分解反応速度は[H₂O₂]に比例するから，[H₂O₂]が同じであれば，反応速度定数が2.0倍になると反応速度は2.0倍になる。

H₂O₂の分解反応において，発生するO₂の物質量の時間変化を表すグラフの反応開始時における接線の傾きは，反応開始時のH₂O₂の分解反応速度に比例する。よって，H₂O₂水の濃度と体積が同じ条件で反応速度定数が2.0倍になると，発生するO₂の物質量を表すグラフの反応開始時における接線の傾きも2.0倍になる。図2と選択肢④，⑤のグラフの反応開始時における接線を作図し，傾きを計算すると，

図2：$\dfrac{0.9\times10^{-3}\,\text{mol}}{2\,\text{min}}=0.45\times10^{-3}\,\text{mol/min}$

④：$\dfrac{2\times10^{-3}\,\text{mol}}{1.3\,\text{min}}\fallingdotseq1.5\times10^{-3}\,\text{mol/min}$

⑤：$\dfrac{1.6\times10^{-3}\,\text{mol}}{2\,\text{min}}=0.80\times10^{-3}\,\text{mol/min}$

よって，反応開始時における接線の傾きが図2の場合の2倍のグラフとしては，⑤が適する。

よって，⑤が正解。

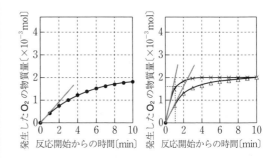

補足 一般に，本問題のH₂O₂の分解反応のように，反応速度が反応物の濃度に比例する反応（一次反応）では，反応物の濃度が2分の1になるのに要する時間（半減期）は初濃度によらず常に一定で，反応速度定数に反比例することが知られている。

$$\left(\begin{array}{l}\text{より詳しくは，半減期}\,t_{\frac{1}{2}}\,\text{は反応速度定数}\,k\\ \text{を用いて，次のように表される。}\\ \quad t_{\frac{1}{2}}=\dfrac{\log_e 2}{k}=\dfrac{0.69}{k}\end{array}\right)$$

図2のグラフにおいて，半減期は発生するO₂の物質量が$1.00\times10^{-3}\,\text{mol}$になるまでの時間であり，3分と読み取れるから，反応速度定数が2.0倍になったときの半減期は1.5分になる。選択肢④，⑤のグラフのうち，これに該当するのは⑤である。

第3問

問1 16 ④

①－正。ハロゲン化水素のうち，HFは弱酸，HCl，HBr，HIはいずれも強酸である。

②－正。ハロゲン化銀のうち，AgFは水に可溶，AgCl，AgBr，AgIはいずれも水に不溶である。

③－正。HF分子では，HとFの電気陰性度の差が大きいため，H－F結合の極性が大きく，HF分子間に水素結合が形成されるので，HFはHCl，HBr，HIより沸点が高い。ちなみに，HFの沸点は20℃，HCl，HBr，HIはいずれも常温で気体であり，これらの沸点はいずれも0℃より低い。

④－誤。ハロゲンの単体の酸化力の強さは$F_2>Cl_2>Br_2>I_2$の順であり，反応：$I_2+2HF\longrightarrow F_2+2HI$は起こらない。

よって，④が正解。

問2 17 , 18 ③，⑤（順不同）

水溶液AにAg^+が含まれているとすれば，これに希塩酸を加えるとAgClの沈殿が生じるはずであ

る。しかし，**操作Ⅰ**の結果，沈殿が生じなかったから，水溶液 A には Ag^+ は含まれないと推定できる。

操作Ⅱで，塩酸を加えて酸性になった水溶液 B に H_2S を吹き込んだ結果，沈殿が得られたから，この沈殿は CuS で，水溶液 A には Cu^{2+} が含まれると推定できる。なお，CuS は酸性の水溶液からでも沈殿するが，FeS や ZnS は酸性では沈殿しない（中性〜塩基性の水溶液から沈殿する）。

水溶液 A に Al^{3+} や Fe^{3+} が含まれているとすれば，**操作Ⅲ**で，水溶液 C に HNO_3 を加えたのち，過剰の NH_3 水を加えると $Al(OH)_3$ または水酸化鉄（Ⅲ）の沈殿が生じるはずである。しかし，**操作Ⅲ**の結果，沈殿が生じなかったから，水溶液 A には Al^{3+} も Fe^{3+} も含まれないと推定できる。

操作Ⅳで，NH_3 水を加えて塩基性になった水溶液 D に H_2S を吹き込んだ結果，沈殿が得られたから，この沈殿は ZnS で，水溶液 A には Zn^{2+} が含まれると推定できる。なお，**操作Ⅲ**で過剰の NH_3 水を加えているので，水溶液 D 中で Zn^{2+} は錯イオン $[Zn(NH_3)_4]^{2+}$ となって溶けている。

よって，③と⑤が正解。

補足 Fe^{3+} が含まれている場合，**操作Ⅱ**で，Fe^{3+} は H_2S によって還元されて Fe^{2+} に変化するが，次の**操作Ⅲ**で，Fe^{2+} は HNO_3 によって酸化されて Fe^{3+} に戻る。

問3 a ⨯19⨯ ⑤ ⨯20⨯ ②

Li，Na，K，Be，Mg，Ca はいずれも希塩酸と反応し，これらのうち，Li，Na，K，Ca は室温の水とも反応する。X の陽イオンの価数を n，Y の陽イオンの価数を m とすると（n，$m=1$ または 2），X と塩酸との反応，Y と水との反応は，次のように表される。

$$2X + 2nHCl \longrightarrow 2XCl_n + nH_2$$
$$2Y + 2mH_2O \longrightarrow 2Y(OH)_m + mH_2$$

これより，X 1 mol から H_2 $\dfrac{n}{2}$〔mol〕が発生し，Y 1 mol から H_2 $\dfrac{m}{2}$〔mol〕が発生する[(注1)]。

図2より，反応させた X あるいは Y の質量と発生した H_2 の体積は比例し，X 50 mg から H_2 約 46 mL が発生し，Y 50 mg から H_2 約 24 mL が発生する。よって，X の原子量を M_X，Y の原子量を M_Y とすると，次の式が成り立つ[(注2)]。

$$\frac{50 \times 10^{-3}\mathrm{g}}{M_X \mathrm{g/mol}} \times \frac{n}{2} \fallingdotseq \frac{46 \times 10^{-3}\mathrm{L}}{22.4\,\mathrm{L/mol}}$$

$$M_X \fallingdotseq 12n \qquad\qquad \cdots\cdots(\mathrm{i})$$

$$\frac{50 \times 10^{-3}\mathrm{g}}{M_Y \mathrm{g/mol}} \times \frac{m}{2} \fallingdotseq \frac{24 \times 10^{-3}\mathrm{L}}{22.4\,\mathrm{L/mol}}$$

$$M_Y \fallingdotseq 23m \qquad\qquad \cdots\cdots(\mathrm{ii})$$

式(i)，(ii)より，X は Mg（$M_X=24$，$n=2$），Y は Na（$M_Y=23$，$m=1$）と推定できる。

よって，⨯19⨯ は⑤が正解，⨯20⨯ は②が正解。

(注1) この反応における量的関係は，反応式を書かずに，次のように考えて導くこともできる。

単体の X が陽イオンに変化するとき，X 原子 1 mol は電子 n〔mol〕を失い，HCl が還元されて H_2 1 mol が発生するとき電子 2 mol を得る。X 1 mol が反応したときに発生する H_2 の物質量を x〔mol〕とすると，X 原子が失う電子の物質量と H 原子が得る電子の物質量は等しいから，

$$n = 2 \times x \qquad x = \frac{n}{2}$$

Y についても同様に考えればよい。

(注2) 0℃，1.013×10^5 Pa における気体のモル体積は 22.4 L/mol である。この値は理想気体の状態方程式を使って求めることもできるが，記憶しておくとよい。

b ⨯21⨯ ③

混合物 A を酸素中で加熱すると，MgO は変化しないが，$Mg(OH)_2$ と $MgCO_3$ は次のように反応する。

$$Mg(OH)_2 \longrightarrow MgO + H_2O$$
$$MgCO_3 \longrightarrow MgO + CO_2$$

発生した水蒸気と CO_2 の質量を別々に測定するには，有機化合物の元素分析と同様に，吸収管 B に入れた塩化カルシウムに H_2O だけを吸収させ，吸収管 C に入れたソーダ石灰に CO_2 だけを吸収させて，それぞれの質量増加を測定する。仮に吸収管 B にソーダ石灰を入れると，H_2O と CO_2 の両方が吸収されてしまうので不適当である。なお，酸化銅（Ⅱ）CuO には H_2O も CO_2 も吸収されない。

よって，③が正解。

c ⨯22⨯ ④

混合物 A を加熱すると，

$Mg(OH)_2$（式量58）1 mol から MgO（式量40）1 mol と H_2O（分子量18）1 mol が生じ，$MgCO_3$（式量84）1 mol から MgO 1 mol と CO_2（分子量44）1 mol が生じる。

ある量の混合物 A に含まれている MgO，$Mg(OH)_2$，

$MgCO_3$ の物質量をそれぞれ x〔mol〕，y〔mol〕，z〔mol〕とすると，残った MgO の物質量について，

$$x+y+z = \frac{2.00\,\text{g}}{40\,\text{g/mol}} = 0.050\,\text{mol} \quad \cdots\cdots(\text{i})$$

生成した H_2O の物質量について，

$$y = \frac{0.18\,\text{g}}{18\,\text{g/mol}} = 0.010\,\text{mol} \quad \cdots\cdots(\text{ii})$$

生成した CO_2 の物質量について，

$$z = \frac{0.22\,\text{g}}{44\,\text{g/mol}} = 0.0050\,\text{mol} \quad \cdots\cdots(\text{iii})$$

式(i)〜(iii)より，$x=0.035\,\text{mol}$

混合物 A に含まれる MgO の物質量の割合は，

$$\frac{x}{x+y+z} = \frac{0.035\,\text{mol}}{0.050\,\text{mol}} = 0.70 = 70\%$$

よって，④が正解。

第4問

問1 23 ②

ア 次の構造がヨードホルム反応を示す。

CH₃-C-R   CH₃-CH-R
    ‖ |
    O   OH

①はヨードホルム反応を示すから，アの条件を満たすのは，②，③，④である。

イ ②，③，④のそれぞれを脱水したのち Br_2 を付加させたときの生成物は次のとおり。

② $CH_3-CH_2-CH_2-OH$

$\xrightarrow{-H_2O}$ $CH_3-CH=CH_2$

$\xrightarrow{+Br_2}$ $CH_3-\overset{*}{CH}-CH_2-Br$
                       |
                       Br

③ $CH_3-\underset{CH_3}{\overset{CH_3}{C}}-OH$ $\xrightarrow{-H_2O}$

④ $CH_3-\underset{CH_3}{CH}-CH_2-OH$ $\xrightarrow{-H_2O}$ $CH_3-\underset{}{\overset{CH_3}{C}}=CH_2$

$\xrightarrow{+Br_2}$

$CH_3-\underset{Br}{\overset{CH_3}{C}}-CH_2-Br$

（*は不斉炭素原子）

これより，②，③，④のうち，イの条件を満たすのは②である。

よって，②が正解。

問2 24 ②

①－正。

フタル酸 $\xrightarrow[\text{加熱}]{-H_2O}$ 無水フタル酸

②－誤。アミノ基 $-NH_2$ をもつアニリンは弱塩基であり，塩酸には溶けるが，強塩基である $NaOH$ 水溶液には溶けにくい。

アニリン

③－正。ジクロロベンゼンには，オルト置換体，メタ置換体，パラ置換体の3種類がある。

o-ジクロロベンゼン   m-ジクロロベンゼン   p-ジクロロベンゼン

④－正。フェノール類はベンゼン環に直接結合した $-OH$ をもち，$FeCl_3$ 水溶液を加えると青〜赤紫色を呈する。アセチルサリチル酸はベンゼン環に直接結合した $-OH$ をもたないので，$FeCl_3$ による呈色反応を示さない。

アセチルサリチル酸

よって，②が正解。

問3 25 ④

①－正。セルロースは多数の β-グルコースが縮合重合してできた高分子であり，分子内および分子間で多数の水素結合を形成して，分子全体として直鎖状の構造をしている。

②－正。核酸は鎖状のポリヌクレオチドである。DNAは2本のポリヌクレオチド鎖が，アデニンA－チミンT，グアニンG－シトシンCという相補的塩基対の間で水素結合を形成することにより，安定な二重らせん構造をとっている。

③－正。タンパク質は多数の α-アミノ酸が縮合重合して，ペプチド結合によって連なってできたポリペプチドであり，分子内のペプチド結合どうしの間の水素結合により，二次構造（α-らせん構造や β-シート構造）を形成している。

④－誤。ポリプロピレンはプロペンの付加重合によ

— 2023本 − 7 —

ってできた高分子であり，分子内に−OHなどの官能基をもたず，分子間で水素結合を形成することはない。

$$n\,CH_2=CH-CH_3 \xrightarrow{付加重合} \left[\begin{array}{c}CH_2-CH\\ \ \ \ \ \ |\\ \ \ \ \ CH_3\end{array}\right]_n$$

プロペン　　　　　　　ポリプロピレン

よって，④が正解。

問4 a　26　⓪　27　②　28　⓪

C＝C結合1個にH₂1分子が付加する。

$$-\underset{|}{C}=\underset{|}{C}- + H_2 \longrightarrow -\underset{|}{\underset{H}{C}}-\underset{|}{\underset{H}{C}}-$$

トリグリセリドX(分子量882) 1分子にはC＝C結合が4個あるから，X 1 molにH₂ 4 molが付加する。X 44.1 gとH₂を完全に反応させるとき，消費されるH₂の物質量は，

$$\frac{44.1\,g}{882\,g/mol} \times 4 = 0.200\,mol$$

よって，26 は⓪，27 は②，28 は⓪が正解。

b　29　③

トリグリセリドXを完全に加水分解するといずれも炭素数18の脂肪酸AとBが物質量比1：2で得られたから，X 1分子を構成する脂肪酸はA 1分子とB 2分子である。X 1分子にはC＝C結合が4個含まれるから，A 1分子とB 2分子のもつC＝C結合の数の合計は4である。

また，脂肪酸A，Bはいずれも硫酸酸性のKMnO₄水溶液の赤紫色を脱色したから，脂肪酸A，Bはいずれも不飽和脂肪酸であり(注)，A 1分子にはC＝C結合が2個，B 1分子にはC＝C結合が1個あると推定される。

AやBの分子中のC＝C結合の位置や示性式は，問題文に記された情報からは推定できないが，選択肢⓪〜⑤のうちC＝C結合が2個あるのは③だけだから，これがAの示性式であると判断できる。

よって，③が正解。

(注) C＝C結合はKMnO₄によって容易に酸化されるので，C＝C結合をもつ化合物をKMnO₄水溶液に加えると，MnO₄⁻の赤紫色が脱色される。

[補足] 炭素数が18で("炭素数"は−COOHのC原子の数を含めて数える)，C＝C結合を1個もつ脂肪酸Bは，炭素数17のアルケンC₁₇H₃₄のH原子1個を−COOHで置換した化合物だから，BはC₁₇H₃₃−COOHと表すことができる。同様に，炭素数が18でC＝C結合を2個もつ脂肪酸Aは，炭素数が17でC＝C結合を2個もつ鎖式炭化水素C₁₇H₃₂のH原子1個を−COOHで置換した化合物だから，AはC₁₇H₃₁−COOHと表すことができ，これは③から得られる式と一致する。

c　30　④

脂肪酸AをR^A−COOH，脂肪酸BをR^B−COOHと表すと，物質量比1：2のAとBからなるトリグリセリドには，次のX−1とX−2の2種がある。

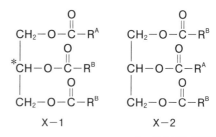

(＊は不斉炭素原子)

Xには鏡像異性体が存在するから，Xは不斉炭素原子をもつX−1と決まる。

X−1を部分的に加水分解すると，A，B，化合物Yのみが物質量比1：1：1で生成したから，Yとしては次のY−1とY−2の2種が考えられる。

$$\begin{array}{c}CH_2-O-H\\ |\\ CH-O-\overset{O}{\overset{\|}{C}}-R^B\\ |\\ CH_2-O-H\end{array} \qquad \begin{array}{c}CH_2-O-\overset{O}{\overset{\|}{C}}-R^B\\ |\\ {}^*CH-O-H\\ |\\ CH_2-O-H\end{array}$$

Y−1　　　　　　　　Y−2

(＊は不斉炭素原子)

Yには鏡像異性体が存在しないから，Yは不斉炭素原子をもたないY−1と決まる。

したがって，ア にはHが，イ には$\overset{O}{\overset{\|}{C}}-R^B$が当てはまる。

よって，④が正解。

第5問

問1 a　31　②

⓪−正。弱酸であるH₂Sの塩FeSに強酸のH₂SO₄を加えると，弱酸であるH₂Sが遊離する。

$$FeS + H_2SO_4 \longrightarrow FeSO_4 + H_2S$$

②-誤。H_2SO_4の塩Na_2SO_4にH_2SO_4を加えてもSO_2は発生しない。

③-正。H_2Sが還元剤，SO_2が酸化剤としてはたらき，次の反応が起こる。

$$2H_2S + SO_2 \longrightarrow 3S + 2H_2O$$

④-正。酸性酸化物であるSO_2が塩基と反応して塩が生成する反応である。

$$SO_2 + 2NaOH \longrightarrow Na_2SO_3 + H_2O$$

よって，②が正解。

b 32 ①

$$2SO_2 + O_2 \rightleftharpoons 2SO_3 \quad \cdots\cdots(1)$$

①-誤。温度一定で圧力を減少させると，平衡は気体の総物質量（分子数）が増加する方向に移動する。式(1)の反応の場合，平衡は左に移動する。

②-正。圧力一定で温度を上昇させると，平衡は吸熱反応の方向に移動する。正反応が発熱反応である式(1)の反応の場合，平衡は左に移動する。

③-正。式(1)の正反応の反応速度式が，反応式中の係数を用いて，

$$v = k[SO_2]^2[O_2] \quad k:反応速度定数$$

のように書けるとすれば，$[SO_2]$を2倍にすると，反応速度vは$2^2 = 4$倍になる。しかし，反応速度式を反応式中の係数から単純に導き出すことはできないから，$[SO_2]$を2倍にしたとき，vが何倍になるかは，反応式中の係数から単純に導き出すことはできない。

④-正。正反応の速度と逆反応の速度が等しくなって，見かけ上反応が停止している状態が平衡状態である。

よって，①が正解。

問2 33 ③

試料中のH_2Sを一定量のI_2と反応させて，未反応のI_2を$Na_2S_2O_3$水溶液で滴定している。

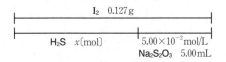

$$H_2S \longrightarrow 2H^+ + S + 2e^- \quad \cdots\cdots(2)$$
$$I_2 + 2e^- \longrightarrow 2I^- \quad \cdots\cdots(3)$$
$$2S_2O_3^{2-} \longrightarrow S_4O_6^{2-} + 2e^- \quad \cdots\cdots(4)$$

H_2SとI_2の反応は，式(2)＋式(3)より，次の式(5)で，I_2と$S_2O_3^{2-}$の反応は，式(3)＋式(4)より，次の式(6)で表される。

$$H_2S + I_2 \longrightarrow 2HI + S \quad \cdots\cdots(5)$$
$$I_2 + 2S_2O_3^{2-} \longrightarrow 2I^- + S_4O_6^{2-} \quad \cdots\cdots(6)$$

H_2SとI_2は1:1の物質量比で反応するから，試料中のH_2Sの物質量をx[mol]とすると，H_2Sと反応せずに残ったI_2の物質量は，

$$\frac{0.127\,g}{254\,g/mol} - x\,[mol] = (5.00 \times 10^{-4} - x)\,[mol]$$

I_2と$Na_2S_2O_3$は1:2の物質量比で反応するから，滴定結果より，

$$(5.00 \times 10^{-4} - x)\,[mol] \times 2$$
$$= 5.00 \times 10^{-2}\,mol/L \times \frac{5.00}{1000}\,L$$

$$\therefore \quad x = 3.75 \times 10^{-4}\,mol$$

このH_2Sの0℃，1.013×10^5 Paにおける体積は，

$$22.4\,L/mol \times 3.75 \times 10^{-4}\,mol$$
$$= 8.40 \times 10^{-3}\,L$$
$$= 8.40\,mL$$

よって，③が正解。

問3 **a** 34 ③

問題文の記述より，物質による光の吸収について，以下の関係式が成り立つ。

$$\log_{10}T = kcL \quad (k:比例定数) \quad \cdots\cdots(7)$$

T：透過率 $\quad T = \dfrac{I}{I_0}$

I_0：入射光の量 $\quad I$：透過光の量

c：光を吸収する物質のモル濃度

L：物質が封入されている容器の長さ

長さLの密閉容器内のSO_2のモル濃度c[$\times 10^{-8}$ mol/L]と$\log_{10}T$との関係が表1に与えられている。気体試料Bについて，同じ条件で測定した透過率が0.80と与えられているので，表1のデータを利用して試料B中のSO_2のモル濃度を求める。

表1のデータを方眼紙上にプロットして，c[$\times 10^{-8}$ mol/L]と$\log_{10}T$との関係を示すグラフを作成し，$\log_{10}T = \log_{10}0.80$となるときの$c$の値をグラフから読み取ればよい（次図）。

$$\log_{10}T = \log_{10}0.80$$
$$= \log_{10}(2^3 \times 10^{-1})$$
$$= -1 + 3\log_{10}2$$
$$= -0.10$$

作成したグラフにおいて，$\log_{10}T = -0.10$のときのcの値を読み取って，

$$c = 3.0 \times 10^{-8}\,mol/L$$

よって，③が正解。

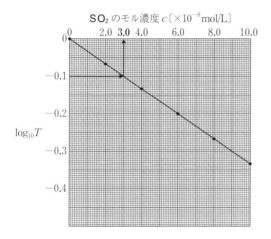

b 　35　 ④

式(7)より，c が一定のとき，$\log_{10}T$ は L に比例する。**a** と同じ条件で長さ $2L$ の密閉容器を用いて試料Bについて測定した透過率を T' とすると，長さ L のときの透過率が0.80だから，$\log_{10}T'$ は $\log_{10}0.80$ の2倍に等しい。

$$\log_{10}T' = (\log_{10}0.80) \times 2 = \log_{10}0.80^2$$
$$T' = 0.80^2 = 0.64$$

よって，④が正解。

2022 本試

解　答

	合計点	/100

問題番号（配点）	設問	解答番号	正解	配点	自己採点	問題番号（配点）	設問	解答番号	正解	配点	自己採点
第1問 (20)	1	1	②	3		第4問 (20)	1	18	④	3	
	2	2	②	3			2	19	②	2	
	3	3	④	4				20	②	2	
	4	4	④	3			3	21	⑤	4	
	5	5	②	3			4	22	②	2	
		6	③	4				23	⑤	3	
第2問 (20)	1	7	③	3				24	④	4*1	
	2	8	③	3		第5問 (20)	1	25	③	4	
	3	9	①	3				26	④	4	
	4	10	④	4				27	③	4	
		11	④	3			2	28	③	4*2	
		12	④	4				29	②		
第3問 (20)	1	13	③	4				30	⑧		
	2	14	①	4				31	②	4*2	
	3	15	⑤	4				32	⑤		
		16	①	4				33	⑤		
		17	②	4							

(注)
1　＊1は，③を解答した場合は2点を与える。
2　＊2は，全部正解の場合のみ点を与える。

	出題内容	目安時間	難易度 大問別	難易度 全体
第1問	物質の構成，物質の状態	12分	標準	やや難
第2問	物質の変化	12分	標準	
第3問	無機物質，物質の変化	10分	やや易	
第4問	有機化合物，高分子化合物	12分	やや難	
第5問	物質の変化，有機化合物	14分	やや難	

第1問

問1 1 ②

周期表の第2周期，第3周期に属する元素では，原子の最外電子殻はそれぞれL殻，M殻であり，18族以外の典型元素では最外殻電子(価電子)の数は族番号の1位の数に等しい。よって，L殻に3個の電子をもつ原子の最外電子殻はL殻で，最外殻電子の数が3である。したがって，この元素は第2周期，3族の B である。なお，①～⑤の各原子の電子配置を記すと次のようになる。

① Al：K(2)L(8)M(3)
② B：K(2)L(3)
③ Li：K(2)L(1)
④ Mg：K(2)L(8)M(2)
⑤ N：K(2)L(5)

よって，②が正解。

問2 2 ②

化合物1mol中に含まれるN原子の物質量をもとに，各化合物について，Nの含有率(質量パーセント)を計算すると，

NH_4Cl：$\dfrac{14\,g/mol \times 1\,mol}{53.5\,g/mol \times 1\,mol} \times 100\% = \dfrac{1400}{53.5}\%$

$(NH_2)_2CO$：$\dfrac{14\,g/mol \times 2\,mol}{60\,g/mol \times 1\,mol} \times 100\% = \dfrac{1400}{30}\%$

NH_4NO_3：$\dfrac{14\,g/mol \times 2\,mol}{80\,g/mol \times 1\,mol} \times 100\% = \dfrac{1400}{40}\%$

$(NH_4)_2SO_4$：$\dfrac{14\,g/mol \times 2\,mol}{132\,g/mol \times 1\,mol} \times 100\% = \dfrac{1400}{66}\%$

これらのうち N の含有率が最大なのは $(NH_2)_2CO$ である。

よって，②が正解。

問3 3 ④

分子量が M の気体 w [g] について，理想気体の状態方程式より，次式が成り立つ。

$$pV = \dfrac{w}{M}RT$$

これより，気体の密度 $d = \dfrac{w}{V}$ は次の式(i)で表される。

$$d = \dfrac{pM}{RT} \quad (R：気体定数) \quad \cdots(i)$$

貴ガスのAとBの混合気体について，温度Tが一定，全圧もp_0で一定のとき，平均分子量を$\overline{M}$とすると，次の式(ii)が成り立つから，dは$\overline{M}$に比例する。

$$d = \dfrac{p_0}{RT}\overline{M} \quad \cdots(ii)$$

A，Bの分子量をそれぞれM_A, M_B ($M_A < M_B$)，Aの分圧をp_Aとする。

$p_A = 0$ のとき，気体はBのみからなり，$\overline{M} = M_B$だから，

$$d = \dfrac{p_0}{RT}M_B$$

$p_A = p_0$ のとき，気体はAのみからなり，$\overline{M} = M_A$だから，

$$d = \dfrac{p_0}{RT}M_A$$

また，$p_A = \dfrac{p_0}{2}$ のとき，AとBの物質量比は1:1で，$\overline{M} = \dfrac{M_A + M_B}{2}$だから，

$$d = \dfrac{p_0}{RT} \cdot \dfrac{M_A + M_B}{2} = \dfrac{1}{2}\left(\dfrac{p_0}{RT}M_A + \dfrac{p_0}{RT}M_B\right)$$

以上より，d と p_A の関係を表すグラフは以下の直線になると考えられる。

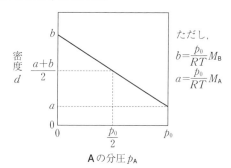

よって，④が正解。

(補足) d と p_A の関係が上記の直線の式で表されることを，d と p_A の関係式を導いて確かめてみよう。

AとBの混合気体の密度dは，温度Tが一定，圧力もp_0で一定のとき，上記の式(ii)で表される。ここで，平均分子量$\overline{M}$は，A，Bの分子量M_A, M_B ($M_A < M_B$)，Aのモル分率xを用いて，次の式(iii)で表される。

$$\overline{M} = M_A \times x + M_B \times (1-x)$$
$$= (M_A - M_B)x + M_B \quad \cdots(iii)$$

式(ii)，式(iii)より，

$$d = \dfrac{p_0}{RT}\{(M_A - M_B)x + M_B\} \quad \cdots(iv)$$

ここで，**A**の分圧$p_A=p_0 x$だから，

$$x=\frac{p_A}{p_0}$$

これを式(ⅳ)に代入して整理すると，次の式(ⅴ)が得られる。

$$d=\frac{M_A-M_B}{RT}p_A+\frac{p_0 M_B}{RT} \quad \cdots(ⅴ)$$

これは上記の直線の式に一致する。

問4 ⟨ 4 ⟩ ④

①−正。非晶質は結晶と異なり，一定の融点を示さない。

②−正。アモルファス金属・アモルファス合金は，融解した高温の金属・合金を急冷することにより得られる。

③−正。高純度のSiO_2を融解して得た非晶質のSiO_2(石英ガラス)は光ファイバーなどに利用される。

④−誤。非晶質の部分が少なく，結晶部分の割合が大きいポリエチレン(高密度ポリエチレン)は，半透明で硬いのに対し，非晶質の部分の割合が大きい低密度ポリエチレンは透明で軟らかい。

よって，④が正解。

問5 **a** ⟨ 5 ⟩ ②

図1より，1.0×10^5PaのO_2と接している水1Lに溶けるO_2の物質量は，10℃で1.75×10^{-3}mol，20℃で1.40×10^{-3}molだから，1.0×10^5PaのO_2と接している水20Lの温度を10℃から20℃にするとき，溶けているO_2の物質量の減少量は，

$$1.75\times10^{-3}\text{mol}\times\frac{20\text{L}}{1\text{L}}-1.40\times10^{-3}\text{mol}\times\frac{20\text{L}}{1\text{L}}$$

$$=7.0\times10^{-3}\text{mol}$$

よって，②が正解。

b ⟨ 6 ⟩ ③

図1より，20℃で1.0×10^5PaのN_2と接している水1Lに溶けるN_2の物質量は0.70×10^{-3}molである。ピストンに加える圧力(容器内の空気の全圧)が5.0×10^5Pa，1.0×10^5Paのとき，N_2の分圧はそれぞれ4.0×10^5Pa，0.80×10^5Paであり，また，水の体積は1.0Lで変わらない。

20℃でN_2の分圧が4.0×10^5Paのとき，水1.0Lに溶けるN_2の物質量は，ヘンリーの法則より，次のようになる。

$$0.70\times10^{-3}\text{mol}\times\frac{4.0\times10^5\text{Pa}}{1.0\times10^5\text{Pa}}$$

$$=0.70\times4.0\times10^{-3}\text{mol}$$

同様に，N_2の分圧が0.80×10^5Paのとき，水1.0Lに溶けるN_2の物質量は次のようになる。

$$0.70\times10^{-3}\text{mol}\times\frac{0.80\times10^5\text{Pa}}{1.0\times10^5\text{Pa}}$$

$$=0.70\times0.80\times10^{-3}\text{mol}$$

したがって，ピストンを引き上げて空気の全圧を5.0×10^5Paから1.0×10^5Paに変化させたとき，水中から遊離したN_2の物質量は，

$$0.70\times4.0\times10^{-3}\text{mol}-0.70\times0.80\times10^{-3}\text{mol}$$

$$=2.24\times10^{-3}\text{mol}$$

0℃，1.013×10^5Paにおける気体のモル体積は22.4×10^3mL/molだから，遊離したN_2の0℃，1.013×10^5Paのもとでの体積は，

$$22.4\times10^3\text{mL/mol}\times2.24\times10^{-3}\text{mol}$$

$$=50.1\text{mL}≒50\text{mL}$$

$$\left(\begin{array}{l}\text{あるいは，理想気体の状態方程式より，}\\[4pt]\dfrac{2.24\times10^{-3}\text{mol}\times8.31\times10^3\text{Pa·L/(K·mol)}\times273\text{K}}{1.013\times10^5\text{Pa}}\\[6pt]=5.01\times10^{-2}\text{L}≒50\text{mL}\end{array}\right)$$

よって，③が正解。

【別解】 以下で，温度は20℃，気体の体積はすべて0℃，1.013×10^5Paのもとで測定した値とする。

1.0×10^5PaのN_2と接している水1Lに溶けるN_2の物質量は0.70×10^{-3}molだから，その体積は，

$$22.4\times10^3\text{mL/mol}\times0.70\times10^{-3}\text{mol}$$

$$=15.68\text{mL}≒15.7\text{mL}$$

N_2の分圧が4.0×10^5Paのとき，水1.0Lに溶けるN_2の体積は，

$$15.7\text{mL}\times\frac{4.0\times10^5\text{Pa}}{1.0\times10^5\text{Pa}}=15.7\times4.0\text{mL}$$

同様に，N_2の分圧が0.80×10^5Paのとき，水1.0Lに溶けるN_2の体積は，

$$15.7\text{mL}\times\frac{0.80\times10^5\text{Pa}}{1.0\times10^5\text{Pa}}=15.7\times0.80\text{mL}$$

よって，求めるN_2の体積は，

$$15.7\times4.0\text{mL}-15.7\times0.80\text{mL}$$

$$=50.2\text{mL}≒50\text{mL}$$

第2問

問1 ⟨ 7 ⟩ ③

①−不適。完全燃焼は発熱反応である。

②−不適。中和反応は発熱反応である。

③ − 適。たとえば，水酸化ナトリウム $NaOH$ の水への溶解は発熱反応であるが，塩化ナトリウム $NaCl$ の水への溶解は吸熱反応である。

④ − 不適。純物質の固体から液体への状態変化（融解）は吸熱反応であり，逆に，液体から固体への状態変化（凝固）は発熱反応である。

よって，③が正解。

問2 **8** **③**

等しいモル濃度（$0.060\,mol/L$）の CH_3COONa 水溶液と HCl（強酸）水溶液を $50\,mL$ ずつ混合すると，次の反応が起こり，CH_3COOH（弱酸）と $NaCl$ の混合水溶液になる。

$$CH_3COONa + HCl \longrightarrow CH_3COOH + NaCl$$

この混合水溶液の CH_3COOH の濃度は，

$$0.060\,mol/L \times \frac{50\,mL}{50\,mL + 50\,mL} = 0.030\,mol/L$$

一般に，弱酸 HA の電離定数を K_a とすると，c〔mol/L〕の HA の水溶液の H^+ のモル濃度 $[H^+]$ は，HA の電離度が 1 に比べて十分小さいとき，次のように表される。

$$[H^+] = \sqrt{cK_a} \qquad \cdots(1)$$

これに，$c = 0.030\,mol/L$，$K_a = 2.7 \times 10^{-5}\,mol/L$ を代入して計算すると，

$$[H^+] = \sqrt{0.030\,mol/L \times 2.7 \times 10^{-5}\,mol/L}$$
$$= 9.0 \times 10^{-4}\,mol/L$$

よって，③が正解。

（補足）式(1)の導出過程を次に示す。

弱酸 HA の電離度を α とすると，

$$HA \rightleftharpoons A^- + H^+$$

	HA	A^-	H^+
反応前	c	0	0
変化量	$-c\alpha$	$+c\alpha$	$+c\alpha$
反応後	$c(1-\alpha)$	$c\alpha$	$c\alpha$

（単位：mol/L）

弱酸 HA の電離定数を K_a とすると，

$$K_a = \frac{[A^-][H^+]}{[HA]} = \frac{c\alpha \times c\alpha}{c(1-\alpha)} = \frac{c\alpha^2}{1-\alpha}$$

α が 1 に比べて十分に小さいとき，$1-\alpha \fallingdotseq 1$ と近似できるので，

$$K_a = c\alpha^2$$

よって，$\alpha = \sqrt{\dfrac{K_a}{c}}$

弱酸 HA から生じた $[H^+]$ は $c\alpha$〔mol/L〕なので，

$$[H^+] = c\alpha = c\sqrt{\frac{K_a}{c}} = \sqrt{cK_a}$$

問3 **9** **①**

$$A \rightleftharpoons B + C \qquad \cdots(1)$$
$$v_1 = k_1[A] \qquad k_1 = 1 \times 10^{-6}/s$$
$$v_2 = k_2[B][C] \qquad k_2 = 6 \times 10^{-6}\,L/(mol \cdot s)$$

式(1)の反応の平衡定数 K は，平衡状態における各物質の濃度を用いて，次のように表される。

$$K = \frac{[B][C]}{[A]}$$

平衡状態においては，$v_1 = v_2$ だから，

$$k_1[A] = k_2[B][C]$$

よって，

$$K = \frac{k_1}{k_2} = \frac{1 \times 10^{-6}/s}{6 \times 10^{-6}\,L/(mol \cdot s)} = \frac{1}{6}\,mol/L$$

溶液中での反応なので，体積は一定と考えてよいから，平衡状態における $[B] = x$〔mol/L〕とすると，反応によるモル濃度の変化は，次のようになる。

$$A \rightleftharpoons B + C$$

はじめ　1　　0　　0
平衡時　$1-x$　　x　　x　　（単位：mol/L）

したがって，平衡定数 K について，

$$K = \frac{x^2\,〔mol^2/L^2〕}{(1-x)\,〔mol/L〕} = \frac{1}{6}\,mol/L$$

整理して，

$$6x^2 + x - 1 = 0 \quad (0 < x < 1)$$
$$(2x+1)(3x-1) = 0$$
$$x = \frac{1}{3}\,mol/L$$

よって，①が正解。

問4 **a** **10** **④**

$248\,g$ の X（密度 $6.2\,g/cm^3$）の体積は，

$$\frac{248\,g}{6.2\,g/cm^3} = 40\,cm^3 = 40 \times 10^{-3}\,L$$

これに貯蔵できる H_2 の $0\,°C$，$1.013 \times 10^5\,Pa$ での体積は，

$$40 \times 10^{-3}\,L \times 1200 = 40 \times 1.2\,L$$

$0\,°C$，$1.013 \times 10^5\,Pa$ での気体のモル体積は $22.4\,L/mol$ だから，この H_2 の物質量は，

$$\frac{40 \times 1.2\,L}{22.4\,L/mol} = 2.14\,mol \fallingdotseq 2.1\,mol$$

（あるいは，理想気体の状態方程式より，

$$\frac{1.013 \times 10^5\,Pa \times 40 \times 1.2\,L}{8.3 \times 10^3\,Pa \cdot L/(K \cdot mol) \times 273\,K}$$
$$= 2.14\,mol \fallingdotseq 2.1\,mol$$
）

よって，④が正解。

b 11 ④

電池の負極では酸化反応が，正極では還元反応が起こる。燃料電池（水素－酸素燃料電池）は水素の燃焼反応を利用した電池であり，全体の反応は次の式で表される。

$$2H_2 + O_2 \longrightarrow 2H_2O$$

したがって，電解液にリン酸水溶液を用いたリン酸型燃料電池の各電極での反応は次の式で表される。

負極：$H_2 \longrightarrow 2H^+ + 2e^-$ …(i)
正極：$O_2 + 4H^+ + 4e^- \longrightarrow 2H_2O$ …(ii)

この電池では，正極側で H_2O が生成する。

図1で，電子が外部回路に向かって流れ出ている左側の電極が負極であり，右側の電極が正極である。したがって，アは H_2，ウは反応せずに残った H_2 であり，イは O_2，エは生成した H_2O と反応せずに残った O_2 である。

よって，④が正解。

c 12 ④

H_2 2.00 mol と O_2 1.00 mol は過不足なく反応する。式(i)より，H_2 2.00 mol が反応したとき流れる e^- の物質量は 4.00 mol だから，このとき流れた電気量は，

$$9.65 \times 10^4 \text{ C/mol} \times 4.00 \text{ mol} = 3.86 \times 10^5 \text{ C}$$

よって，④が正解。

第3問

問1 13 ③

$AlK(SO_4)_2 \cdot 12H_2O$ の水溶液をA，NaCl の水溶液をBとする。

ア－区別可能。NH_3 水を加えると A では $Al(OH)_3$ の白色沈殿が生じ，これは過剰の NH_3 水にも溶けないが，B では沈殿は生じない。

イ－区別可能。$CaBr_2$ 水溶液を加えると A では $CaSO_4$ の白色沈殿が生じるが，B では沈殿は生じない。

ウ－区別不可能。A は $Al_2(SO_4)_3$ と K_2SO_4 との混合水溶液とみなせる。$Al_2(SO_4)_3$ は強酸と弱塩基からなる正塩であり，加水分解して弱酸性を示す。B は中性であり，フェノールフタレイン溶液の変色域は塩基性側だから，酸性や中性の水溶液にフェノールフタレイン溶液を加えても呈色しない。

エ－区別可能。それぞれの電極での反応は，

Aの陰極：$2H^+ + 2e^- \longrightarrow H_2$
および，$2H_2O + 2e^- \longrightarrow H_2 + 2OH^-$

Aの陽極：$2H_2O \longrightarrow O_2 + 4H^+ + 4e^-$
Bの陰極：$2H_2O + 2e^- \longrightarrow H_2 + 2OH^-$
Bの陽極：$2Cl^- \longrightarrow Cl_2 + 2e^-$

A では両極から無色・無臭の気体（H_2，O_2）が発生し，電気分解後の水溶液は弱酸性のままである。B では陰極からは無色・無臭の気体（H_2）が発生するが，陽極からは黄緑色・刺激臭の気体（Cl_2）が発生する。

よって，③が正解。

問2 14 ①

図1より，M 2.00×10^{-2} mol と O_2 $(3.00 - 2.00) \times 10^{-2} = 1.00 \times 10^{-2}$ mol が過不足なく反応する。

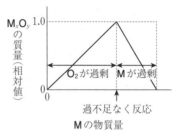

よって，M_xO_y を構成する M と O の原子数の比は，

M：O $= 2.00 \times 10^{-2}$ mol：1.00×10^{-2} mol $\times 2$
$= 1 : 1$

したがって，M_xO_y の組成式は MO である。

なお，M と O_2 から MO が生成する反応の化学反応式を書くと，

$$2M + O_2 \longrightarrow 2MO$$

これより，M と O_2 は 2：1 の物質量比で過不足なく反応することが確かめられる。

よって，①が正解。

【別解】 M と O_2 から M_xO_y が生成する反応の化学反応式は，次のように表すことができる。

$$xM + \frac{y}{2}O_2 \longrightarrow M_xO_y$$

M と O_2 が過不足なく反応するときの物質量比について，図1より，

$$x : \frac{y}{2} = 2.00 \times 10^{-2} \text{ mol} : 1.00 \times 10^{-2} \text{ mol}$$

$x : y = 1 : 1$

したがって，M_xO_y の組成式は MO である。

問3 a 15 ⑤

CO_2 は酸性酸化物であり，水溶液は酸性を示す。

$$CO_2 + H_2O \rightleftarrows H^+ + HCO_3^-$$

Na_2CO_3 は弱酸と強塩基からなる正塩であり，水溶液は加水分解により塩基性を示す。

$$CO_3^{2-} + H_2O \rightleftarrows HCO_3^- + OH^-$$

NH_4Cl は強酸と弱塩基からなる正塩であり，水溶液は加水分解により酸性を示す。

$$NH_4^+ + H_2O \rightleftarrows NH_3 + H_3O^+$$

よって，⑤が正解。

b 16 ①

アンモニアソーダ法は次の5つの工程からなる。

工程 i ：$CaCO_3 \longrightarrow CaO + CO_2$

工程 ii ：$NaCl + H_2O + NH_3 + CO_2$
$\qquad \longrightarrow NaHCO_3 + NH_4Cl$

工程 iii ：$2NaHCO_3 \longrightarrow Na_2CO_3 + H_2O + CO_2$

工程 iv ：$CaO + H_2O \longrightarrow Ca(OH)_2$

工程 v ：$2NH_4Cl + Ca(OH)_2$
$\qquad \longrightarrow CaCl_2 + 2H_2O + 2NH_3$

①－誤。上記の工程 ii では，溶解度が比較的小さい $NaHCO_3$ が沈殿するが，NH_4Cl は沈殿しない。

②－正。CO_2 は $NaCl$ 水溶液には少し溶けるだけであるが，塩基性の水溶液には，次式の平衡が右に移動するため，よく溶ける。

$$CO_2 + H_2O \rightleftarrows H^+ + HCO_3^-$$

そこで，工程 ii では，先に NH_3 を吸収させ，そのあとに CO_2 を通じる。

③－正。上記の工程 i ～ v の反応は，いずれも触媒を必要としない。

④－正。上記の工程 iii では，Na_2CO_3，CO_2 とともに H_2O も生成する。

よって，①が正解。

c 17 ②

アンモニアソーダ法の全工程の反応を一つにまとめると，次のようになる。

$$2NaCl + CaCO_3 \longrightarrow Na_2CO_3 + CaCl_2$$

したがって，$NaCl$（式量58.5）1 mol と $CaCO_3$（式量100）$\dfrac{1}{2}$ mol が反応するから，$NaCl$ 58.5 kg に対して最小限必要な $CaCO_3$ の質量は，

$$100\,\text{g/mol} \times \frac{58.5 \times 10^3\,\text{g}}{58.5\,\text{g/mol}} \times \frac{1}{2}$$
$$= 50.0 \times 10^3\,\text{g} = 50.0\,\text{kg}$$

よって，②が正解。

第4問

問1 18 ④

①－正。メタンに塩素を混合して光（紫外線）を当てると，次のように順次反応する。

$$CH_4 \xrightarrow{Cl_2} CH_3Cl \xrightarrow{Cl_2} CH_2Cl_2 \xrightarrow{Cl_2} CHCl_3 \xrightarrow{Cl_2} CCl_4$$

②－正。ブロモベンゼン C_6H_5Br はベンゼン C_6H_6 よりも分子量が大きく，また，C_6H_6 は無極性分子だが，C_6H_5Br は極性分子なので，C_6H_5Br の方が C_6H_6 より分子間力が強く，沸点が高い。

③－正。ポリクロロプレンは合成ゴムとして用いられる。

$$n\,CH_2{=}C{-}CH{=}CH_2 \xrightarrow{\text{付加重合}} \left[CH_2{-}C{=}CH{-}CH_2 \right]_n$$
$$\qquad\quad | \qquad\qquad\qquad\qquad\quad |$$
$$\qquad\quad Cl \qquad\qquad\qquad\qquad\quad Cl$$
ポリクロロプレン

④－誤。生成物は1, 1, 2, 2-テトラブロモプロパンである。

$$CH_3{-}C{\equiv}CH + 2Br_2 \longrightarrow CH_3{-}\underset{\underset{Br}{|}}{\overset{\overset{Br}{|}}{C}}{-}\underset{\underset{Br}{|}}{CH}{-}Br$$

1, 1, 2, 2-テトラブロモプロパン

よって，④が正解。

問2 19 ② 20 ②

最終生成物が2, 4, 6-トリニトロフェノールだから，中間生成物のニトロフェノールおよびジニトロフェノールは，出発物質のフェノールの OH 基に対してオルト位かパラ位に NO_2 基が導入されていると考えられる。

ニトロフェノール

ジニトロフェノール

2, 4, 6-トリニトロフェノール

ニトロフェノールの異性体 19

上記の*o*-および*p*-ニトロフェノールの2種類。

　よって，②が正解。

ジニトロフェノールの異性体　**20**

　上記の2，4-および2，6-ジニトロフェノールの2種類。

　よって，②が正解。

問3　**21**　⑤

①－正。タンパク質は分子内の多数の水素結合，ジスルフィド結合$-S-S-$，イオン結合などによって，特有のかたち(三次構造)に折りたたまれ，安定化されている。

②－正。タンパク質の変性は，加熱やpHの変化によって高次構造(特に三次構造)が変化するために起こる。

③－正。アセテート繊維の主成分はジアセチルセルロースであり，トリアセチルセルロースを部分的に加水分解して得る。

$$[C_6H_7O_2(OH)_3]_n \xrightarrow[\text{アセチル化}]{(CH_3CO)_2O} [C_6H_7O_2(OCOCH_3)_3]_n$$
セルロース　　　　　　　　　　トリアセチルセルロース

$$\xrightarrow[\text{加水分解}]{} [C_6H_7O_2(OH)(OCOCH_3)_2]_n$$
ジアセチルセルロース

④－正。天然ゴム(ポリイソプレン)・合成ゴムを放置しておくと，二重結合の部分が酸素によって酸化されて，ゴム弾性を失う。

⑤－誤。ポリエチレンテレフタラートを加水分解するとテレフタル酸とエチレングリコールが，ポリ乳酸を加水分解すると乳酸が生じる。

ポリエチレンテレフタラート

$$\xrightarrow[\text{加水分解}]{} n\,HOOC-\text{〈〉}-COOH$$
テレフタル酸

$$+\ n\,HO-CH_2-CH_2-OH$$
エチレングリコール

ポリ乳酸

$$\xrightarrow[\text{加水分解}]{} n\,HO-\underset{\underset{O}{|}}{\overset{CH_3}{\overset{|}{C}}}H-C-OH$$

乳酸

よって，⑤が正解。

問4　**a**　**22**　②

　ジカルボン酸$HOOC(CH_2)_4COOH$を試薬Xで還元するとき，反応は次のように進むと考えられる。

　ジカルボン酸$HOOC(CH_2)_4COOH$
↓
　ヒドロキシ酸$HOOC(CH_2)_4CH_2OH$
↓
　2価アルコール$HOCH_2(CH_2)_4CH_2OH$

　図2のグラフで，反応開始後減少し続けるA(●)は出発物質のジカルボン酸であり，反応開始時に0で，その後増加し続けるB(▲)は最終生成物の2価アルコールである。また，反応開始時に0で，その後48hころまで増加し，それ以降は減少し続けるC(□)は中間生成物のヒドロキシ酸である。

　よって，②が正解。

b　**23**　⑤

　ジカルボン酸$HOOC(CH_2)_2COOH$を試薬Xで還元するとき，途中で生成した化合物Yは，銀鏡反応を示さないことからホルミル基(アルデヒド基)CHOをもたず，また，$NaHCO_3$水溶液を加えてもCO_2が発生しないことからカルボキシ基$COOH$をもたない。よって，Yの候補として，選択肢のうちから①～③は除外される。

　Yの完全燃焼のデータより，Y86mg中の各元素の質量は，

$$C：176mg \times \frac{12}{44} = 48mg$$

$$H：54mg \times \frac{2.0}{18} = 6.0mg$$

$$O：86mg - (48mg + 6.0mg) = 32mg$$

これらの原子数の比は，

$$C：H：O = \frac{48}{12}：\frac{6.0}{1.0}：\frac{32}{16} = 2：3：1$$

よって，Yの組成式はC_2H_3Oであるが，YのC原子数は4だから，Yの分子式は$C_4H_6O_2$と決まる。

　選択肢④，⑤，⑥のうち，この分子式に該当するのは⑤のみである。

　なお，ジカルボン酸$HOOC(CH_2)_2COOH$をXで還元するときの反応は，上記の**a**と同様に考えると，次のように進むと考えられる。

（i）$HOOC(CH_2)_2COOH$（分子式$C_4H_6O_4$）
↓
（ii）$HOOC(CH_2)_2CH_2OH$（分子式$C_4H_8O_3$）
↓
（iii）$HOCH_2(CH_2)_2CH_2OH$（分子式$C_4H_{10}O_2$）

⑤（Y）はヒドロキシ酸(ii)が分子内で脱水して生成したエステルである。

よって，⑤が正解。

（補足）　選択肢⑥はヘミアセタール構造をもつので，水溶液中でホルミル基（アルデヒド基）CHOが生じ，銀鏡反応を示すと考えられる。

c ｜24｜　④

ア　図3の4種類のジカルボン酸を還元して生成するヒドロキシ酸の構造は以下のとおり（＊印は不斉炭素原子を示す）。よって，立体異性体を区別しなければ，5種類ある。

イ　上記のうち，不斉炭素原子をもつものは3種類。よって，④が正解。

第5問

問1　｜25｜　③

①－正。エチレン（エテン）の2個のC原子と4個のH原子の合計6個の原子は，常に同一平面上に存在する。つまり，一方のC原子を固定したとき，他方のC原子は自由に回転できない。

②－正。アルケンは二重結合C＝Cを1個もち，その一般式はC_nH_{2n}で表され，シクロアルケンは二重結合1個と環状構造1個をもち，その一般式はC_nH_{2n-2}で表される。

③－誤。アルキンでは，三重結合する2個のC原子とそれと結合する2個の原子の合計4個の原子は常に同一直線上に存在する。1-ブチンでは，下記の(i)～(iii)の3個のC原子および(0)のH原子の合計4個の原子は，常に同一直線上に存在するが，(iv)のC原子はこの直線上に存在しない。これは，(ii)および(iv)のC原子は，(iii)のC原子を中心とする正

四面体の頂点に位置するため，(ii)，(iii)，(iv)の3個のC原子は一直線上に存在することができないからである。

$$\underset{(0)}{H}-\underset{(i)}{C}\equiv\underset{(ii)}{C}-\underset{(iii)}{CH_2}-\underset{(iv)}{CH_3}$$

④－正。ポリアセチレンは，以下のように二重結合をもつ。

$$n\,CH\equiv CH \longrightarrow -[CH=CH]_n-$$
ポリアセチレン

よって，③が正解。

問2　**a**　｜26｜　④

アルケン A（分子式C_6H_{12}）の構造式において，

$$R^1+R^2+R^3=C_4H_{11}$$

ここで，

$R^1＝H,\ CH_3,\ CH_3CH_2$のいずれか

$R^2,\ R^3＝CH_3,\ CH_3CH_2$のいずれか

AのO_3による酸化反応（オゾン分解）によって生成したアルデヒド B（R^1-CHO）はヨードホルム反応を示さないから，$R^1\neq CH_3$

よって，次の2通りのケースがありうる。

ケース1：$R^1＝H,\ R^2＝R^3＝CH_3CH_2$

ケース2：$R^1＝CH_3CH_2,\ R^2＝R^3＝CH_3$

また，Aのオゾン分解によってBとともに生成したケトン C（R^2-CO-R^3）はヨードホルムの反応を示すから，$R^2,\ R^3$の少なくとも一方はCH_3である。

以上より，ケース2が適する。

よって，④が正解。

b　｜27｜　③

熱化学方程式(2)の反応熱Q〔kJ〕を，熱化学方程式(3)，(4)および表1の有機化合物の生成熱のデータを使って求める。

$$+Q\,kJ\cdots(2)$$

$$SO_2(気)+\frac{1}{2}O_2(気)=SO_3(気)+99\,kJ\quad\cdots(3)$$

— 2022本 - 8 —

$$\frac{3}{2}O_2(気) = O_3(気) - 143 \text{ kJ} \quad \cdots(4)$$

熱化学方程式(4)はO_3(気)の生成熱が-143 kJ/molであることを示している。

そこで，次の公式を利用する。

「反応熱＝生成物（右辺の物質）の生成熱の総和
　　　　－反応物（左辺の物質）の生成熱の総和」

まず，SO_2(気)，SO_3(気)の生成熱をそれぞれq_1 kJ/mol，q_2 kJ/molとして，式(3)の反応熱にこの公式を適用すると，次の式(5)が成り立つ（生成熱の基準となる安定な単体O_2(気)の生成熱は0である）。

$$99 \text{ kJ} = q_2 \text{ kJ} - q_1 \text{ kJ} = (q_2 - q_1) \text{ kJ} \quad \cdots(5)$$

さらに，上記の公式を式(2)の反応熱に適用すると

$$Q \text{ kJ} = (186 \text{ kJ} + 217 \text{ kJ} + q_2 \text{ kJ})$$
$$\quad\quad - \{67 \text{ kJ} + (-143 \text{ kJ}) + q_1 \text{ kJ}\}$$
$$\quad\quad = (186 + 217 - 67 + 143) \text{ kJ} + (q_2 - q_1) \text{ kJ}$$

式(5)を代入して計算すると，

$$Q \text{ kJ} = 578 \text{ kJ}$$

よって，③が正解。

【別解】熱化学方程式(2)～(4)および表1の生成熱のデータをもとにエネルギー図を描いて考える。以下の図で，黒鉛以外の物質の状態は省略する。

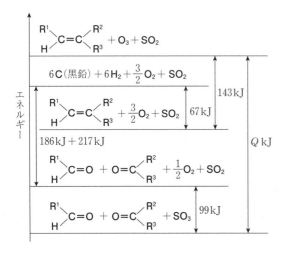

図より，

$$Q \text{ kJ} = 186 \text{ kJ} + 217 \text{ kJ} - 67 \text{ kJ}$$
$$\quad\quad + 143 \text{ kJ} + 99 \text{ kJ}$$
$$\quad\quad = 578 \text{ kJ}$$

c 28 ③　29 ②　30 ⑧

AとO_3からXが生成する式(1)の反応について，

$$\underset{アルケン A}{C_6H_{12}} + O_3 \longrightarrow \underset{化合物 X}{C_6H_{12}O_3} \quad \cdots(1)$$

図1より，反応時間$t = 1.0$ sのとき，Aのモル濃度$[A] = 4.40 \times 10^{-7}$ mol/L，また，$t = 6.0$ sのとき，$[A] = 2.80 \times 10^{-7}$ mol/Lだから，この間の平均の反応速度（$[A]$の平均の減少速度）は，

$$-\frac{2.80 \times 10^{-7} \text{ mol/L} - 4.40 \times 10^{-7} \text{ mol/L}}{6.0 \text{ s} - 1.0 \text{ s}}$$

$$= 3.2 \times 10^{-8} \text{ mol/(L·s)}$$

よって，28 は③，29 は②，30 は⑧が正解。

d 31 ②　32 ⑤　33 ⑤

式(1)の反応の反応開始直後の反応速度式は次のように書くことができる。

$$v = k[A]^a[O_3]^b$$

表2の実験1～実験3の結果より，

$$5.0 \times 10^{-9} \text{ mol/(L·s)}$$
$$= k \times (1.0 \times 10^{-7} \text{ mol/L})^a \times (2.0 \times 10^{-7} \text{ mol/L})^b$$
$$\quad \cdots(\text{i})$$

$$1.0 \times 10^{-8} \text{ mol/(L·s)}$$
$$= k \times (4.0 \times 10^{-7} \text{ mol/L})^a \times (1.0 \times 10^{-7} \text{ mol/L})^b$$
$$\quad \cdots(\text{ii})$$

$$1.5 \times 10^{-8} \text{ mol/(L·s)}$$
$$= k \times (1.0 \times 10^{-7} \text{ mol/L})^a \times (6.0 \times 10^{-7} \text{ mol/L})^b$$
$$\quad \cdots(\text{iii})$$

(i)，(iii)を辺々割って，

$$\frac{5.0 \times 10^{-9} \text{ mol/(L·s)}}{1.5 \times 10^{-8} \text{ mol/(L·s)}} = \left(\frac{2.0 \times 10^{-7} \text{ mol/L}}{6.0 \times 10^{-7} \text{ mol/L}}\right)^b$$

整理して，$3.0^b = 3.0$

よって，$b = 1$ $\quad \cdots(\text{iv})$

(i)，(ii)を辺々割って，(iv)を代入し，

$$\frac{5.0 \times 10^{-9} \text{ mol/(L·s)}}{1.0 \times 10^{-8} \text{ mol/(L·s)}}$$

$$= \left(\frac{1.0 \times 10^{-7} \text{ mol/L}}{4.0 \times 10^{-7} \text{ mol/L}}\right)^a \times \frac{2.0 \times 10^{-7} \text{ mol/L}}{1.0 \times 10^{-7} \text{ mol/L}}$$

整理して，$4.0^a = 2.0^2$

よって，$a = 1$

以上より，反応速度式は，次のように書ける。

$$v = k[A][O_3]$$

したがって，実験1より，

$$k = \frac{5.0 \times 10^{-9} \text{ mol/(L·s)}}{1.0 \times 10^{-7} \text{ mol/L} \times 2.0 \times 10^{-7} \text{ mol/L}}$$

$$= 2.5 \times 10^5 \text{ L/(mol·s)}$$

よって，31 は②，32 は⑤，33 は⑤が正解。

【別解】$a = b = 1$であることは次のように考えれば，すぐに導くことができる。

実験 1 と実験 3 の結果の比較より，$[A]$ を一定にして $[O_3]$ を3.0倍にすると，v は3.0倍になるから，$b = 1$。したがって，$v = k[A]^a[O_3]$

v の単位は mol/(L·s) であり，問題文中に k の単位が L/(mol·s) であることが与えられているので，$[A]^a[O_3]$ の単位は $(mol/L)^2$ であることがわかる。$[A]^a$ の単位は mol/L であるとわかるから，$a = 1$。

毎月の効率的な実戦演習で本番までに共通テストを攻略できる！

専科 共通テスト攻略演習

──── 7教科17科目セット　教材を毎月1回お届け ────

セットで1カ月あたり **3,910** 円（税込）　※「12カ月一括払い」の講座料金

セット内容

英語（リーディング）／英語（リスニング）／数学Ⅰ／数学A／数学Ⅱ／数学B／数学C／国語／化学基礎／生物基礎／地学基礎／物理／化学／生物／歴史総合，世界史探究／歴史総合，日本史探究／地理総合，地理探究／公共，倫理／公共，政治・経済／情報Ⅰ

※答案の提出や添削指導はありません。
※学習には「Z会学習アプリ」を使用するため、対応OSのスマートフォンやタブレット、パソコンなどの端末が必要です。

※「共通テスト攻略演習」は1月までの講座です。

POINT 1　共通テストに即した問題に取り組み、万全の対策ができる！

2024年度の共通テストでは、英語・リーディングで読解量（語数）が増えるなど、これまで以上に速読即解力や情報処理力が必要とされました。新指導要領で学んだ高校生が受験する2025年度の試験は、この傾向がより強まることが予想されます。

本講座では、毎月お届けする教材で、共通テスト型の問題に取り組んでいきます。傾向の変化に対応できるようになるとともに、「自分で考え、答えを出す力」を伸ばし、万全の対策ができます。

新設「情報Ⅰ」にも対応！
国公立大志望者の多くは、共通テストで「情報Ⅰ」が必須となります。本講座では、「情報Ⅰ」の対応教材も用意しているため、万全な対策が可能です。

8月…基本問題　12月・1月…本番形式の問題
※3～7月、9～11月は、大学入試センターから公開された「試作問題」や、「情報Ⅰ」の内容とつながりの深い「情報関係基礎」の過去問の解説を、「Z会学習アプリ」で提供します。
※「情報Ⅰ」の取り扱いについては各大学の要項をご確認ください。

POINT 2　月60分の実戦演習で、効率的な時短演習を！

全科目を毎月バランスよく継続的に取り組めるよう工夫された内容と分量で、本科の講座と併用しやすく、着実に得点力を伸ばせます。

1. **教材に取り組む**
本講座の問題演習は、1科目あたり月60分（英語のリスニングと理科基礎、情報Ⅰは月30分）。無理なく自分のペースで学習を進められます。

2. **自己採点する／復習する**
問題を解いたらすぐに自己採点して結果を確認。わかりやすい解説で効率よく復習できます。
英語、数学、国語は、毎月の出題に即した「ポイント映像」を視聴できます。1授業10分程度なので、スキマ時間を活用できます。共通テストならではの攻略ポイントや、各月に押さえておきたい内容を厳選した映像授業で、さらに理解を深められます。

POINT 3　戦略的なカリキュラムで、得点力アップ！

本講座は、本番での得意科目9割突破へ向けて、毎月着実にレベルアップできるカリキュラム。基礎固めから最終仕上げまで段階的な対策で、万全の態勢で本番に臨めます。

3～8月	知識のヌケをなくして基礎を固めながら演習を行います。
9～11月	実戦的な演習を繰り返して、得点力を磨きます。
12～1月	本番形式の予想問題で、9割突破への最終仕上げを行います。

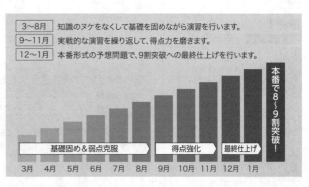

必要な科目を全部対策できる 7教科17科目セット

*12月・1月は、共通テスト本番に即した学習時間（解答時間）となります。
※2023年度の「共通テスト攻略演習」と一部同じ内容があります。

英語（リーディング）
学習時間（問題演習） 60分×月1回*

3月	情報の検索
4月	情報の整理
5月	情報の検索・整理
6月	概要・要点の把握①
7月	概要・要点の把握②
8月	テーマ・分野別演習のまとめ
9月	速読速解力を磨く①
10月	速読速解力を磨く②
11月	速読速解力を磨く③
12月	直前演習1
1月	直前演習2

英語（リスニング）
学習時間（問題演習） 30分×月1回*

3月	情報の聞き取り①
4月	情報の聞き取り②
5月	情報の比較・判断など
6月	概要・要点の把握①
7月	概要・要点の把握②
8月	テーマ・分野別演習のまとめ
9月	多めの語数で集中力を磨く
10月	速めの速度で聞き取る
11月	1回聞きで聞き取る
12月	直前演習1
1月	直前演習2

数学Ⅰ、数学A
学習時間（問題演習） 60分×月1回*

3月	2次関数
4月	数と式
5月	データの分析
6月	図形と計量、図形の性質
7月	場合の数と確率
8月	テーマ・分野別演習のまとめ
9月	日常の事象～もとの事象の意味を考える～
10月	数学の事象～一般化と発展～
11月	数学の事象～批判的考察～
12月	直前演習1
1月	直前演習2

数学Ⅱ、数学B、数学C
学習時間（問題演習） 60分×月1回*

3月	三角関数、指数・対数関数
4月	微分・積分、図形と方程式
5月	数列
6月	ベクトル
7月	平面上の曲線・複素数平面, 統計的な推測
8月	テーマ・分野別演習のまとめ
9月	日常の事象～もとの事象の意味を考える～
10月	数学の事象～一般化と発展～
11月	数学の事象～批判的考察～
12月	直前演習1
1月	直前演習2

国語
学習時間（問題演習） 60分×月1回*

3月	評論
4月	文学的文章
5月	古文
6月	漢文
7月	テーマ・分野別演習のまとめ1
8月	テーマ・分野別演習のまとめ2
9月	図表から情報を読み取る
10月	複数の文章を対比する
11月	読み取った内容をまとめる
12月	直前演習1
1月	直前演習2

化学基礎
学習時間（問題演習） 30分×月1回*

3月	物質の構成（物質の構成，原子の構造）
4月	物質の構成（化学結合，結晶）
5月	物質量
6月	酸と塩基
7月	酸化還元反応
8月	テーマ・分野別演習のまとめ
9月	解法強化～計算～
10月	知識強化1～文章の正誤判断～
11月	知識強化2～組合せの正誤判断～
12月	直前演習1
1月	直前演習2

生物基礎
学習時間（問題演習） 30分×月1回*

3月	生物の特徴1
4月	生物の特徴2
5月	ヒトの体の調節1
6月	ヒトの体の調節2
7月	生物の多様性と生態系
8月	テーマ・分野別演習のまとめ
9月	知識強化
10月	実験強化
11月	考察力強化
12月	直前演習1
1月	直前演習2

地学基礎
学習時間（問題演習） 30分×月1回*

3月	地球のすがた
4月	活動する地球
5月	大気と海洋
6月	移り変わる地球
7月	宇宙の構成，地球の環境
8月	テーマ・分野別演習のまとめ
9月	資料問題に強くなる1～図・グラフの理解～
10月	資料問題に強くなる2～図・グラフの活用～
11月	知識活用・考察問題に強くなる～探究活動～
12月	直前演習1
1月	直前演習2

物理
学習時間（問題演習） 60分×月1回*

3月	力学（放物運動, 剛体, 運動量と力積, 円運動）
4月	力学（単振動, 慣性力）, 熱力学
5月	波動（波の伝わり方、レンズ）
6月	波動（干渉）, 電磁気（静電場, コンデンサー）
7月	電磁気（回路, 電流と磁場, 電磁誘導）, 原子
8月	テーマ・分野別演習のまとめ
9月	解法強化 ～図・グラフ, 小問対策～
10月	考察力強化1 ～実験・考察問題対策～
11月	考察力強化2 ～実験・考察問題対策～
12月	直前演習1
1月	直前演習2

化学
学習時間（問題演習） 60分×月1回*

3月	結晶，気体，熱
4月	溶液，電気分解
5月	化学平衡
6月	無機物質
7月	有機化合物
8月	テーマ・分野別演習のまとめ
9月	解法強化～計算～
10月	知識強化～正誤判断～
11月	読解・考察力強化
12月	直前演習1
1月	直前演習2

生物
学習時間（問題演習） 60分×月1回*

3月	生物の進化
4月	生命現象と物質
5月	遺伝情報の発現と発生
6月	生物の環境応答
7月	生態と環境
8月	テーマ・分野別演習のまとめ
9月	考察力強化1～考察とその基礎知識～
10月	考察力強化2～データの読解・計算～
11月	分野融合問題対応力強化
12月	直前演習1
1月	直前演習2

歴史総合、世界史探究
学習時間（問題演習） 60分×月1回*

3月	古代の世界
4月	中世～近世初期の世界
5月	近世の世界
6月	近・現代の世界1
7月	近・現代の世界2
8月	テーマ・分野別演習のまとめ
9月	能力別強化1～諸地域の結びつきの理解～
10月	能力別強化2～情報処理・分析の演習～
11月	能力別強化3～史料読解の演習～
12月	直前演習1
1月	直前演習2

歴史総合、日本史探究
学習時間（問題演習） 60分×月1回*

3月	古代
4月	中世
5月	近世
6月	近代（江戸後期～明治期）
7月	近・現代（大正期～現代）
8月	テーマ・分野別演習のまとめ
9月	能力別強化1～事象の比較・関連～
10月	能力別強化2～事象の推移／資料読解～
11月	能力別強化3～多面的・多角的考察～
12月	直前演習1
1月	直前演習2

地理総合、地理探究
学習時間（問題演習） 60分×月1回*

3月	地図／地域調査／地形
4月	気候／農林水産業
5月	鉱工業／現代社会の諸課題
6月	グローバル化する世界／都市・村落
7月	民族・領土問題／地誌
8月	テーマ・分野別演習のまとめ
9月	能力別強化1～資料の読解～
10月	能力別強化2～地誌～
11月	能力別強化3～地形図の読図～
12月	直前演習1
1月	直前演習2

公共、倫理
学習時間（問題演習） 60分×月1回*

3月	青年期の課題／源流思想1
4月	源流思想2
5月	日本の思想
6月	近・現代の思想1
7月	近・現代の思想2／現代社会の諸課題
8月	テーマ・分野別演習のまとめ
9月	分野別強化1～源流思想・日本思想～
10月	分野別強化2～西洋思想・現代思想～
11月	分野別強化3～青年期・現代社会の諸課題～
12月	直前演習1
1月	直前演習2

公共、政治・経済
学習時間（問題演習） 60分×月1回*

3月	政治1
4月	政治2
5月	経済
6月	国際政治・国際経済
7月	現代社会の諸課題
8月	テーマ・分野別演習のまとめ
9月	分野別強化1～政治～
10月	分野別強化2～経済～
11月	分野別強化3～国際政治・国際経済～
12月	直前演習1
1月	直前演習2

情報Ⅰ
学習時間（問題演習） 30分×月1回*

3月	※情報Ⅰの共通テスト対策に役立つコンテンツを「Z会学習アプリ」で提供。
4月	
5月	
6月	
7月	
8月	演習問題
9月	※情報Ⅰの共通テスト対策に役立つコンテンツを「Z会学習アプリ」で提供。
10月	
11月	
12月	直前演習1
1月	直前演習2

Z会の通信教育「共通テスト攻略演習」のお申し込みはWebで

Web　Z会　共通テスト攻略演習　検索

https://www.zkai.co.jp/juken/lineup-ktest-kouryaku-s/

共通テスト対策 おすすめ書籍

❶ 基本事項からおさえ、知識・理解を万全に　問題集・参考書タイプ

ハイスコア！共通テスト攻略

Z会編集部 編／A5判／リスニング音声はWeb対応
定価：数学Ⅱ・B・C、化学基礎、生物基礎、地学基礎 1,320円（税込）
それ以外 1,210円（税込）

全9冊
- 英語リーディング
- 英語リスニング
- 数学Ⅰ・A
- 数学Ⅱ・B・C
- 国語 現代文
- 国語 古文・漢文
- 化学基礎
- 生物基礎
- 地学基礎

ここがイイ！
新課程入試に対応！

こう使おう！
- 例題・類題と、丁寧な解説を通じて戦略を知る
- ハイスコアを取るための思考力・判断力を磨く

❷ 過去問5回分＋試作問題で実力を知る　過去問タイプ

共通テスト 過去問 英数国

Z会編集部 編／A5判／定価 1,870円（税込）
リスニング音声はWeb対応

収録科目
- 英語リーディング｜英語リスニング
- 数学Ⅰ・A｜数学Ⅱ・B｜国語

収録内容
| 2024年本試 | 2023年本試 | 2022年本試 |
| 試作問題 | 2023年追試 | 2022年追試 |

→ 2025年度からの試験の問題作成の方向性を示すものとして大学入試センターから公表されたものです

ここがイイ！
3教科5科目の過去問がこの1冊に！

こう使おう！
- 共通テストの出題傾向・難易度をしっかり把握する
- 目標と実力の差を分析し、早期から対策する

※表紙デザインは変更する場合があります。

❸ 実戦演習を積んでテスト形式に慣れる　模試タイプ

共通テスト 実戦模試

Z会編集部編／B5判
リスニング音声はWeb対応
解答用のマークシート付

※1 定価 各1,540円（税込）
※2 定価 各1,210円（税込）
※3 定価 各 880円（税込）
※4 定価 各 660円（税込）

全13冊
- 英語リーディング※1
- 英語リスニング※1
- 数学Ⅰ・A※1
- 数学Ⅱ・B・C※1
- 国語※1
- 化学基礎※2
- 生物基礎※2
- 物理※1
- 化学※1
- 生物※1
- 歴史総合、日本史探究※3
- 歴史総合、世界史探究※3
- 地理総合、地理探究※4

ここがイイ！
オリジナル模試は、答案にスマホをかざすだけで「自動採点」ができる！
得点に応じて、大問ごとにアドバイスメッセージも！

こう使おう！
- 予想模試で難易度・形式に慣れる
- 解答解説もよく読み、共通テスト対策に必要な重要事項をおさえる

※表紙デザインは変更する場合があります。

❹ 本番直前に全教科模試でリハーサル　模試タイプ

共通テスト 予想問題パック

Z会編集部編／B5箱入／定価 1,650円（税込）
リスニング音声はWeb対応

収録科目（7教科17科目を1パックにまとめた1回分の模試形式）
英語リーディング｜英語リスニング｜数学Ⅰ・A｜数学Ⅱ・B・C｜国語｜物理｜化学｜化学基礎
生物｜生物基礎｜地学基礎｜歴史総合、世界史探究｜歴史総合、日本史探究｜地理総合、地理探究
公共、倫理｜公共、政治・経済｜情報Ⅰ

ここがイイ！
- ☑ 答案にスマホをかざすだけで「自動採点」ができ、時短で便利！
- ☑ 全国平均点やランキングもわかる

こう使おう！
- 予想模試で難易度・形式に慣れる
- 解答解説もよく読み、共通テスト対策に必要な重要事項をおさえる

※表紙デザインは変更する場合があります。

書籍の詳細閲覧・ご購入が可能です　Z会の本 検索
https://www.zkai.co.jp/books/

2次・私大対策 おすすめ書籍

Z会の本

英語

入試に必須の1900語を生きた文脈ごと覚える
音声は二次元コードから無料で聞ける！

速読英単語 必修編 改訂第7版増補版
風早寛 著／B6変型判／定価 各1,540円（税込）

速単必修7版増補版の英文で学ぶ
英語長文問題 70
Z会出版編集部 編／B6変型判／定価 880円（税込）

この1冊で入試必須の攻撃点314を押さえる！
英文法・語法のトレーニング 1 戦略編 改訂版
風早寛 著／A5判／定価 1,320円（税込）

自分に合ったレベルから無理なく力を高める！
合格へ導く 英語長文 Rise 読解演習
2. 基礎〜標準編（共通テストレベル）
塩川千尋 著／A5判／定価 1,100円（税込）

3. 標準〜難関編
（共通テスト〜難関国公立・難関私立レベル）
大西純一 著／A5判／定価 1,100円（税込）

4. 最難関編（東大・早慶上智レベル）
杉田直樹 著／A5判／定価 1,210円（税込）

難関国公立・私立大突破のための1,200語
未知語の推測力を鍛える！
速読英単語 上級編 改訂第5版
風早寛 著／B6変型判／定価 1,650円（税込）

3ラウンド方式で
覚えた英文を「使える」状態に！
大学入試 英作文バイブル 和文英訳編
解いて覚える必修英文100
米山達郎・久保田智大 著／定価 1,430円（税込）
音声ダウンロード付

英文法をカギに読解の質を高める！
SNS・小説・入試問題など多様な英文を掲載
英文解釈のテオリア
英文法で迫る英文解釈入門
倉林秀男 著／A5判／定価 1,650円（税込）
音声ダウンロード付

英語長文のテオリア
英文法で迫る英文読解演習
倉林秀男・石原健志 著／A5判／定価 1,650円（税込）
音声ダウンロード付

基礎英文のテオリア
英文法で迫る英文読解の基礎知識
石原健志・倉林秀男 著／A5判／定価 1,100円（税込）
音声ダウンロード付

数学

教科書学習から入試対策への橋渡しとなる
厳選型問題集 ［新課程対応］
Z会数学基礎問題集 チェック＆リピート 改訂第3版
数学Ⅰ・A／数学Ⅱ・B+C／数学Ⅲ+C
亀田隆・髙村正樹 著／A5判
数学Ⅰ・A：定価 1,210円（税込）／数学Ⅱ・B+C：定価 1,430円（税込）
数学Ⅲ+C：定価 1,650円（税込）

入試対策の集大成！
理系数学 入試の核心 標準編 新課程増補版
Z会出版編集部 編／A5判／定価 1,100円（税込）

文系数学 入試の核心 新課程増補版
Z会出版編集部 編／A5判／定価 1,320円（税込）

国語

全受験生に対応。現代文学習の必携書！
正読現代文 入試突破編
Z会編集部 編／A5判／定価 1,320円（税込）

現代文読解に不可欠なキーワードを網羅！
現代文 キーワード読解 改訂版
Z会出版編集部 編／B6変型判／定価 990円（税込）

基礎から始める入試対策！
古文上達 基礎編
仲光雄 著／A5判／定価 1,100円（税込）

1冊で古文の実戦力を養う！
古文上達
小泉貴 著／A5判／定価 1,068円（税込）

基礎から入試演習まで！
漢文道場
土屋裕 著／A5判／定価 961円（税込）

地歴・公民

日本史問題集の決定版で実力養成と入試対策を！
実力をつける日本史 100題 改訂第3版
Z会出版編集部 編／A5判／定価 1,430円（税込）

難関大突破を可能にする実力を養成します！
実力をつける世界史 100題 改訂第3版
Z会出版編集部 編／A5判／定価 1,430円（税込）

充実の論述問題。地理受験生必携の書！
実力をつける地理 100題 改訂第3版
Z会出版編集部 編／A5判／定価 1,430円（税込）

政治・経済の2次・私大対策の決定版問題集！
実力をつける政治・経済 80題 改訂第2版
栗原久 著／A5判／定価 1,540円（税込）

理科

難関大合格に必要な実戦力が身につく！
物理 入試の核心 改訂版
Z会出版編集部 編／A5判／定価 1,540円（税込）

難関大合格に必要な、真の力が手に入る1冊！
化学 入試の核心 改訂版
Z会出版編集部 編／A5判／定価 1,540円（税込）

書籍の詳細閲覧・ご購入が可能です　Z会の本 検索

https://www.zkai.co.jp/books